我們為何存在
又該如何定義自己？

從人類起源到生命樹，重新定義你在宇宙中的多重身分

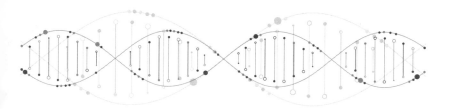

威廉・歐文
William B. Irvine

莊安祺————譯

YOU A NATURAL HISTORY

【一致讚譽】

在新冠病毒肆虐的過程當中，我不斷在思索人生的意義，以及生命的價值。閱讀本書，我瞭解人生的意義就是，不斷的探索我們的自然，要用最感恩的心情來面對疫情。病毒的出現不是誰的責任，而是演化中的一部分。本書的知識充實了我的認知，也提升了我的勇氣。

——**苑舉正**　臺灣大學哲學系教授

人類歷史跟真相一樣只有一個，介紹「人類大歷史」的書卻一本又一本。這麼多類似作品裡，本書作者不但是跨領域寫作的哲學家，還想帶你尋找生命的意義。寫起生物也有模有樣的哲學家，能帶來什麼別出心裁的視角呢？

——**寒波**　「盲眼的尼安德塔石器匠」版主

你是不是也曾經想過，你從何而來？又將從何而去？當你年紀愈來愈大，是否就愈來愈不關心這些問題了呢？讓這本好書再次喚醒你沉睡的好奇心吧！來認識一下你有多麼滄海一粟的同時又有多麼的獨一無二。

——**黃貞祥**　清華大學生命科學系助理教授

你是否疑惑自己來自何方，又要往何處去？或許你未曾想像過《我們為何存在，又該如何定義自己？》的觀點：以哲學家的眼光，觀察人類物質身分的種種層面。每一頁都有令人拍案叫絕的精彩觀點。

——**塔特索爾**（Ian Tattersall）
美國自然歷史博物館人類起源榮譽策展人

致傑米
為你協助細胞的我
能有生命的第二次機會
以及其他種種

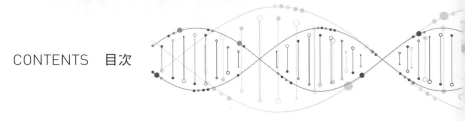

CONTENTS 目次

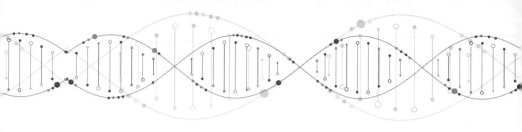

我們為何存在？

苑舉正　臺灣大學哲學系教授

　　2020年的春節，歲次庚子，迎來了國人最歡樂的佳節，也面對了新冠病毒的大爆發。這一場突如其來的疫情，讓全球所有的人都面對了一個嚴肅的問題：生死。

　　在防堵病毒傳染的過程中，我停下所有在教室的教學，改線上教學。教書方式的轉變，為我帶來了很多新嘗試，其中最重要的就是，有時間靜靜思考，我為什麼害怕病毒。這時，我有機會閱讀《我們為何存在，又該如何定義自己？》這本有趣，又有意義的哲學書籍。

　　或許有讀者會認為，本書中90%的內容都在談，人之所以會演化成今天這個樣子的自然歷史，看不出來在什麼意義上是與哲學相關的？我在這邊向大家說明，為什麼這是一本很有意義的哲學書。

　　我們哲學有三個最根本的問題：我從哪裡來？我往哪裡去？我是什麼？這三個問題很根本，使得學不學哲學的人，都必須嘗試回答這三個問題。

　　《我們為何存在，又該如何定義自己？》這本書，就是從自然史的角度，回答這三個問題。

本書可以分成兩個部分，其中，自然史部分，佔據了90%，而解釋人存在，佔據了10%。兩者結合在一作，作者很巧妙的應用了一個哲學議題，也就是「忒修斯之船」（ship of Theseus）這個概念。

「忒修斯之船」在哲學中討論的是「同一性」的議題。「同一性」的議題很有意思，可以直接用在我本人身上。比如說，每天早上我刷牙時，可以從鏡子中看到我自己。幾十年過去了，請問，小的時候的我，跟現在的我，長相已經伴隨歲月產生變化，但還是不是同一個「我」？

「同一性」的議題，在我本人，跟演化出我這個人的自然歷史之間，搭建了一個概念上的橋樑。我成為今日的我，是怎麼來的？我過去是由什麼因素所組成，所演化的？未來，我又會朝哪個方向發展，以及變成什麼樣子？最關鍵的是，這些都還是我嗎？

我們重視自己的認同，甚至歷史中曾經出現過追求純種的概念。我們喜歡在各種場合中，記錄著自己家庭的榮譽；我們有家譜，敘述自己的由來；先人的墓碑上，告訴我們，他們從什麼地方來。

這一切都說明，我們很重視自己的過去，而且我們會強調，我們之所以與眾不同，就是因為我們的先祖們曾經做過顯赫的事業，達成重要的任務，甚至為國家、民族盡過心力。在對家譜的重視中，我們建立祖先的歷史。

本書從科學的角度,說出了一整套令人無從拒絕,但是又有這麼一點遺憾的故事。本書所談的家譜,不僅是幾百年,甚至也不受幾千年的限制。這本書回溯到幾十萬年前,甚至上百萬年前,說明我們成為人的故事。在閱讀這一部分時,我發覺,時間在追溯我們的起源上,其實沒有什麼意義。

我們不得不承認,七百萬年前,我們有可能跟猿猴的祖先,是同一個類種,然後進一步進化成今天這個樣子。不但如此,萬物在幾億年前,甚至幾十億年前,根本都是從原生細胞由來,所以我們與萬物原來是相同的。

坦白說,我在閱讀這套自然歷史的過程中,不免有一些遺憾。我發覺,對於自己的現狀,不管是好,還是壞,其實都沒什麼意義,因為我的組成並不特別。我不但跟大家共有同樣的組織成分,而且從非常廣義的角度來講,萬物不再有動物,植物,甚至礦物的區別,因為我們都是看不到的原子、分子、核子所構成的。

我承認,遺憾來自我的「人類中心主義」(anthropocentrism)。然而,這想法在科學的解釋中是站不住腳的。把時間拉長,我們就會發覺,人類能夠形成今天這個樣子,其中基因、胺基酸、蛋白質、核苷酸、DNA,以及染色體,都發揮了非常關鍵的作用。本書告訴我們,不但人與萬物的分別很模糊,我甚至並不擁有我自己的基因。我的基因在運作的過程中,有自己立場,甚至還稱為「自私的基因」。

本書不斷地挑戰，我到底是什麼？在書中，從家譜回溯到萬物存在，我發覺其實我是由極小的細胞所構成的。然後它又說，細胞是由更小的分子所構成的，接著它還說，這些分子的由來，不是地球原生的，而是來自宇宙的「汙染」。

　　時間是生命形成非常重要的因素，因為這一切都是以極其緩慢的速度發生，但是在宇宙形成的過程裡，我們會發覺，人不但渺小，而且人在形成的過程中，其實包含非常多的意外。我只能說，在認識自我的過程中，我原先知道的實在太少了！

　　透過分子生物學的理解，我們的血管其實不只是單純的輸送血液而已。它的複雜功用，綜合了燃油管、水管、建築材料管、氧氣管、排氣管，甚至包含了汙水處理系統。

　　你也許不知道，人的形成是多麼的偶然，以及多麼的幸運。我們有投擲臂，使得我們在所有的動物中脫穎而出。我們有發聲器，以致於我們可以用最有效率的方式，做直接的溝通，而結果是，人跟人之間產生的信賴感。

　　我們甚至不知道，糞便裡頭包含了非常重要的腸道微生物。這些微生物聽起來很髒，很可怕，但是做夢都想不到，有一些可以解決脫髮的問題，也可以為我們解決體重過重的問題。大自然的奧妙，不是我們所能夠想像的。

　　最讓我感到驚訝的是，我以前認知尼安德塔人是一種已經滅絕的人類，但是萬萬沒有想到，有許多人身上有尼安德塔人的基因。同時我們對他們不但不應該排斥，還應該感恩。沒有

他們的先行離開非洲大陸，適應其他地區，我們在入住這些地區時，會遭遇到更多的困難。透過他們已經適應的基因，讓我們具有更多生存的機會。

最讓我感到驚訝的是，所有的生物不但都是來自於原初的共同祖先，也極有可能是以分子的狀態存在於地球形成的初期。這些分子開始是沒有生殖能力的，然後從無性到達有性。至於說，人類對於性別那種介於兩性的認知，相較於自然所產生的性別種類，實在是小巫見大巫。總而言之，這本書告訴我，人類發展的自然歷史裡，包含了太多的新知，多到讓我不得不思考起宗教的問題。

從宇宙的大爆炸到地球的誕生，從物種的演化到人類的出現，從我們的共同祖先到我坐在書桌前，這一切都是隨機的嗎？還是說，有一個創造者，祂提出有秩序的規劃，而我只是其中的一部分？作者對於這個神學問題，並沒有回避，但是他並不告訴我們，這是一個透過信仰可以回答的問題。他告訴了我們一個很重要的知識態度：我們應該持續求知。

當我們在研究家譜的時候，我們可以進一步問，我們更早的祖先是什麼樣？當我們仿佛有了一個答案的時候，我們馬上可以進一步問，他們的祖先是誰？這個問題可以反復不斷地問，甚至可以問到在大爆炸之前的宇宙！

這種不停發問的態度，強調兩點：第一、我們應當對於知識有一個不停止，勇敢求知，不停止探索的精神。第二、當我

們問，自己是誰？從哪裡來？往哪裡去？我們必須接受人類的自然歷史。同時，我們在接受它時，要心存感激地告訴自己，我們多麼幸運！

沒有這麼幸運，我們不會在長達幾十億年的演化中，極其偶然地成為現在這個樣子。對於這一點，我們要對於整個宇宙發生的秩序，表達最深刻的謝意，同時也要以最虔誠的心情，繼續面對我們作為一個生物物種所應當面對的演化。

在新冠病毒肆虐的過程當中，我不斷在思索人生的意義，以及生命的價值。閱讀本書，我瞭解人生的意義就是，不斷的探索我們的自然，要用最感恩的心情來面對疫情。病毒的出現不是誰的責任，而是演化中的一部分。本書的知識充實了我的認知，也提升了我的勇氣。

我在新冠疫情中，充分地體驗出，生命的價值就是把握當下。從閱讀本書，我體會出，「我從哪裡來，與我將往哪裡去」的答案，有兩種認知。從自然史的角度而言，我從分子的結合，逐步演化而來；在我生命的最終一點，我將受到分解的過程，又化為分子，回到自然。

然而，從我生命的意義而言，我能夠活在當下，是很獨特的。我生命的意義就是，在我擁有完整的意識中，我積極地做出人生的規劃，實現我的目標，完成我賦予自己的使命。強調我的普遍性與獨特性，是我閱讀本書中所得到的最大的收穫。

我以非常誠摯以及興奮的心，向國人鄭重推薦本書。

你的多重身分

　　你有很多身分。首先，你是人。你或許已為人父母，或許還沒有，但你一定是某人的子或女。如果要你提供更多詳細的訊息，你可能會繼續透露自己的身分，比如是會計師，業餘的低音管樂手，屬於中產階級。你還可能會說你是某個國家的公民，屬於某種種族或族裔。

　　可是如果你問科學家，你是什麼，就會得到截然不同的描述。例如，演化生物學家可能會把你視為**智人（Homo sapiens）**物種的一員，而微生物學者可能會告訴你，你基本上是多個細胞的集合。她可能會補充說，如果你想保持健康，就得和體內的數兆微生物和平共存。這些單細胞生物活在你的腸道和其他各器官裡，棲息在你每平方公釐的皮膚之下。它們為數眾多，如果我們對你體內和體表的細胞作普查，就會發現它們之中 $9/10$ 不僅不屬於人類，而且屬於與你的人類細胞截然不同的生物領域。[1] 更奇怪的是，原來你身上的人類細胞之中有古老細菌的後代，微生物學家稱之為**粒線體（mitochondrion）**，它們有自己獨特的 DNA，若是沒有它們提供的力量，你就不會成為你現在這樣奇妙的多細胞生物。

物理學家可能會對微生物學家對你的描述提出異議。是的，你是細胞的集合，但這還稱不上是最後的真相，因為那些細胞本身就是原子的集合。早在你存在之前，這些原子就已經存在；確實，你體內的許多氫原子早在大霹靂發生幾分鐘之後，即 140 億年前，就已經存在。你身上的碳、氧和氮原子原本曾是氫和氦原子，後來在恆星核心融入較重的原子。它們最後能成為你的一部分，唯一的途徑是讓那顆恆星在稱為**超新星（supernova）**的劇烈活動中，把它們彈射出來。

　　然而，這只是你的原子在加入你之前所經歷的諸多冒險之一。很可能你身上有些氫原子在不久之前曾是汽油分子的成分；你身上的許多氮原子在加入你之前，可能曾遭閃電擊中，或者在化肥廠的反應器裡待過；而且你大多數的原子先前都是另一種生物的一部分——可能是一株玉米，或者是吃那株玉米的牛。甚至有些原子先前說不定屬於另外一個人。

　　儘管你的原子本身很古老，但其中大多數都只與你共享你人生中的一小段時間：據估計，一年之中，你身上有 98% 的原子都會被其他原子取代。同樣地，你的細胞也在不斷分裂和死亡，這意味著你一般的細胞可能只活 10 年。因此你的原子身分和細胞身分處於不斷變動的狀態，儘管你駕照上的資料可能顯示你已屆退休之齡，但平均而言，就它們與你相處的時間來看，你的細胞只是兒童，而你的原子則相當於幼兒。

　　你的原子與你的細胞不同，它們不會因為成為你的一部分

而得到任何好處。要是它們可以思考，可能會覺得與你的關係就像越洋巨無霸噴射客機上的乘客，彼此之間的感覺：是的，這段時間我們全都被湊在一起，但等航程結束後，我們就會各走各的路。可以確定的是，在你死亡，細胞腐爛很久之後，你的原子仍將繼續它們的旅程。

很可能在你死後的幾 10 年之內，甚至更快——取決於處理你遺體的方式，你的原子就會重新加入外界，在那裡體驗新的冒險。而且，就像你的原子在加入你之前可能是另一個人的一部分，它們也可能在你死後會成為另一個人的一部分。你就會以這種方法體驗來世，儘管未必是如你想像的來世。

你可能會毫不猶豫地認為自己是獨立存在的生物，可是生態學者會對這種「獨立」提出質疑。他會指出，在沒有其他生物的情況下，你不可能演化。同樣地，你的持續存在也取決於其他生物的存在。沒有它們，你要吃什麼？就算你想出辦法，用化學成分製作食品，如果沒有腸道細菌來幫助消化，你也會碰到很大的麻煩。此外，如果地表沒有植物覆蓋，海洋沒有長滿浮游植物，過了一段時間後，你就沒有氧氣可以呼吸。

地球生物學家如果聽到這些話，可能會說：把地球和其上的生物當成獨立的實體也是錯誤的。我們的星球顯然塑造了生命，但是反過來說，它也被生命所塑造。如果生命沒有演化，那麼地殼中 $2/3$ 的礦物都不會存在，海洋的化學成分會完全不同。因此與其把地球視為其上有生命的行星，不如把它當作活

生生的行星。

最後，如果遺傳學者聽到這番討論，可能會插嘴說，如果你真想要了解你是什麼，以及你怎麼會在這裡，就必須研究你的基因。由遺傳學的角度來看，你遭到徹頭徹尾的利用。你的基因巧妙地設計了你的構造，使你擁有生存本能和性慾，讓它們得以繁殖。為什麼傻子會墜入愛河？因為他們的基因傀儡大師拉對了木偶的弦！你的基因會塑造你想要幫助和你有相同基因的人——尤其是你的子女，好讓它們繼續繁衍。由於基因擁有左右它們所屬生物的能力，因此基因成為我們星球上最長壽的生物體。你們身上的一部分基因已經存在 10 多億年，而且可以在其他數兆的生物中找到。

⊕　　　　⊕　　　　⊕

這是一本關於科學的書。我在其中談到物理、天文、生物、地質和其他學科。不過，我們真正討論的科學，可以說是以人本為主：以下的篇幅是針對非科學家的讀者，我寫這些文字的目的不僅是要讓讀者了解：根據科學，他們和世界的來龍去脈，也是要以個人的身分面對這種科學。我的目標是要向讀者揭露他們的多重身分——是的，你是人，但你也是一個物種的成員、細胞的集合、原子的集合、基因複製的機器，也是我們稱為地球那個活生生星球的成分。

這也是一本關於樹的書，但我指的不是生長在森林中的樹木，而是用於說明事物之間關係的圖表。當然，你有家庭

樹（家譜、族譜），它顯示了你和其他人的關係。你所屬的物種也有「族譜」，也就是眾所周知的「生命樹」（the tree of life），顯示了它與其他物種的關係。你的細胞有細胞的族譜，顯示哪個細胞是它們的「母親」。你的基因有遺傳樹，或許可以也或許不能與你的族譜齊頭並進。就連讓你感到溫暖的太陽也有家庭樹，因為它的存在來自於至少在 45 億年前爆炸的一或多個「母星」。（劇透警告：我們有理由認為太陽有個失散的恆星兄弟。）

此時你可能會顧慮：我對於你是什麼，以及你怎麼會存在的解釋，可能太依賴科學。在說明包括你身體的種種物質如何出現時，科學固然很有用，但如果你本質上是非物質的實體——是一個心智或一顆靈魂，只是正好暫時依附在某個肉體之上，又該怎麼說？由於我研究的是哲學，因此很高興能思索這種可能，並在本書的最後幾章做說明。對於有關生命意義的問題，本書也有所著墨。

深入探究你是誰，你是什麼，以及你怎麼會來到這裡，可能會讓你以嶄新的眼光來看周圍的世界。你也會知覺到所有要使你的存在成為可能，而必須發生的所有一次性事件：恆星必須爆炸，地球必須在 45 億年前和 6 千 6 百萬年前，分別遭到行星和小行星撞擊，微生物必須吞噬微生物，非洲大草原必須經歷氣候變化。當然，你所有的任何直系祖先都必須邂逅和交配繁衍。

在了解到你自己的存在是多麼偶然之後，很難不覺得能夠成為我們宇宙的一份子是多麼幸運。至少，這就是我在寫作本書的過程做了研究之後產生的感想。

第一部

你古老的祖先

第一章
你的種族

　　族譜使他人得以了解我們的關係。我們在乎這些關係，因為在很大的程度上決定了我們如何對待他人。我們對兄弟的態度與對表兄弟不同，對自己的孩子也與對外甥姪女不同。因此就算我們從未見過某位親戚，依舊可能會覺得與他或她有特殊的聯繫。

　　假設族譜研究讓我們發現自己有一位祖先是參加美國獨立戰爭的士兵，或者一艘船上的奴隸，我們可能會疑惑在那個世界過那種生活是什麼滋味，這可能會激發我們對歷史產生前所未有的興趣。如果我們喜愛思考，就會想到有朝一日自己的子孫在得知我們的存在後，也會努力想像在我們的世界過我們的生活是什麼情況。他們也可能會為我們欠缺他們認為要獲得人類快樂必備的事物，而感到可惜。或者——誰知道呢？他們可能因為我們擁有一切後來失落的事物，而滿心嫉妒。

　　另一個促使人們研究祖先的動機，是希望能在其中發現一位傑出的祖先，比如名聞遐邇的藝術家、政治人物，或科學家。更妙的是，他們說不定會發現自己擁有「貴族血統」的證據。不過在我們因為在族譜中找到國王和皇帝而興奮不已之

前，要先記住：這種發現其實比我們想像的更普遍，因為統治者常會利用權勢四處雲雨。在過去尚未發明可靠的避孕法之前，這意味著會生出許多合法或非法的後代。比如成吉思汗，據說就有數百個子女，而他的兒子顯然也效法老爸的榜樣。其他的古代統治者似乎也有類似的傾向。[1] 因此在你追溯自己的族譜，查到更多直系祖先時，發現有國王或皇帝潛伏其中，也就不足為奇。要是連一個也找不到，才是出人意表。

一般人若能在族譜中找到像孔子這樣的人，通常都會很高興。他們可能以此作為他們帶有「孔子基因」的證據，認為自己會比大多數人更有智慧。只是同樣的這些人，也可能會因為自己與只隔一代的父母如何不同而沾沾自喜，這似乎有點矛盾。同樣奇怪的是，如果他們發現祖先之中有像成吉思汗那樣的人，卻並不擔心會繼承「成吉思汗基因」，因而生性殘酷。他們會告訴自己，基因不是那樣運作的。

在追溯祖先時，我們也可能會有不愉快的意外發現。比如我們在檢視父親的兵役紀錄時突然發現，由血型來看，他不可能是我們的親生父親。這可能驅使我們開始尋找「真正的」父親。我們還可能發現，把我們撫養成人的女性並非我們的親生母親，原因可能是這名撫養者把我們偷走，也可能是因為她收養我們，但卻當成是醫院抱錯嬰兒。再一次地，發現自己從未見過生母之後，很可能會點燃我們內心尋覓生母的渴望。

即使確信撫養我們的婦女是我們的親生母親，在遺傳上，

她也可能不是我們的母親。由於醫學上的突破，醫師可以由 A 女士那裡取一個卵子，用 B 先生的精子讓它受精，然後把它植入 C 女士的子宮內，等寶寶出生後，再交給養父母 D 先生和 E 女士。在這種情況下，E 女士將是孩子的合法母親，C 女士是孩子的親生母親，而 A 女士則是孩子的遺傳母親。

而且情況可能比這還要複雜。2014 年，艾米莉‧艾莉克森（Emelie Eriksson）生了兒子阿爾賓（Albin）。這個生產之所以不尋常，是因為阿爾賓是在移植的子宮裡孕育的，這意味著儘管艾莉克森是阿爾賓的遺傳母親和「陰道母親」，卻不是他的「子宮母親」。而且這個故事還有另一個轉折：艾莉克森移植的子宮來自她的母親瑪麗，因此瑪麗是孩子的遺傳外婆和子宮母親。要在族譜上建構這一切關係的系譜學者可頭痛了。

⊕　　　⊕　　　⊕

詳細的家譜包括一對夫婦生育或收養的所有子女，以及他們再婚所生養的子女。不過，基本的家譜僅包括個人的直系祖先。你自己的家譜由你開始，在你之上的是你的（遺傳）父母，在他們之上則是他們的父母，以此類推。因此，基本家譜的邏輯很簡單：家譜中所列的每一個人，其上必然有一男一女兩個條目，是這人的遺傳父母，（是的，這人的遺傳父母究竟是誰可能還會有問題，但就目前的目的，我們先不管這個事實。）請看圖 1.1 上半，這是美國總統約翰‧甘迺迪（John F. Kennedy）的基本家譜。

除了建構家譜之外，我們也可建構後代子孫譜（這有時也被稱為家譜，容易教人混淆）。要建構後代子孫譜的方法是，先畫一個格子，說明這是誰的子孫譜，下方則是說明此人（遺傳）子孫的格子，再下方則是這些子孫的子孫的格子，以此類推。要列出這樣的子孫譜，並不用列此人與誰生兒育女。比如一名婦女和3個不同男子生了3個孩子，3個孩子都會出現在她的子孫譜上，但他們的父親不會。而這些男子建構他們自己的子孫譜時，除了各自列出他和這名婦女所生的孩子之外，也會列出他和其他人生的其他孩子。圖1.1的下半就是子孫譜的例子。

請注意，在約翰·甘迺迪的子孫譜中，小約翰·費滋傑羅·甘迺迪（Jr. Fitzgerald Kennedy）和派屈克·鮑維耶·甘迺迪（Patrick Bouvier Kennedy）下方都沒有再分支。這是因為他們沒有生兒育女就死亡。如果以長遠的眼光來看地球上的生物，這些可稱作「分支終端」（terminal branches）的格子堪稱驚人之舉。因為「沒有繁衍就死亡者，是他的直系祖先，一直追溯到地球上第一個活生物體，全都沒有繁衍」。我這麼說並不是暗示我們有繁衍的責任；說實話，我會有完全相反的主張。我只是指出，未能繁衍子女的人破壞了一條非常長的生殖鏈。

子孫譜的邏輯與家譜截然不同。在家譜中，每一個條目的上方都會有兩個條目，分別為父母。但在子孫譜中，一個

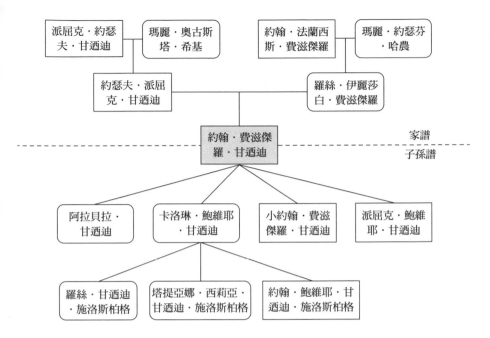

圖 1.1　約翰・費滋傑羅・甘迺迪的（基本）家譜和子孫譜，方格四角呈弧形者為女性。

條目下方可以有任何數量的條目。比如我的子孫譜在我之下有兩個條目，因為我有兩個孩子。我妻子的子孫譜和我的一樣，因為我們的孩子都是一起生育。相較之下，「八胞胎媽媽」（Octomom）納迪亞・蘇萊曼（Nadya Suleman）的子孫譜有14個條目——8個條目是為了她生的八胞胎，另有6個條目是她在這八胞胎之前已有的孩子。因此，儘管兩個基本家譜結構相似，但其子孫譜的外觀可能完全不同。正如八胞胎媽媽的例子所示，儘管隨著時光倒流，你的家譜成長可能會極為

可觀，但隨著時間的推進，子孫譜的發展也可能會很驚人。

⊕　　　　⊕　　　　⊕

幾年前，我請一家網路公司進行我的祖先研究。在過程中，我有幾項發現。比如，根據 1940 年的人口普查，我發現我擔任醫院接線生的母親每週工作 48 小時，年收入為 1,427 美元。每小時工資 60 美分——大約相當於現在的時薪 10 美元。我還發現她的父親在鋸木廠當過「堆聚工人」（piler）。堆聚工人一詞的含義教我大惑不解，但最後得出結論：我外祖父的工作是把剛鋸好的木材堆聚整齊，這應該會是我痛恨的工作。確實，我工作中最糟糕的一天，恐怕還是比他最好的一天更好——這是在我改學生考卷時總愛提醒自己的事。我還發現這位堆聚工人在 10 個孩子中排行老八。我外公還在孩提時代，他的父親就去世了，若非如此，他的家庭規模可能會更大。

在進行這項研究時，我發現到，回溯的時間越遠，就越難取得可靠的訊息。紀錄可能遺失，或者從一開始就根本沒有。就算紀錄確實存在，通常也是手寫的，因此未必清晰可辨。最重要的是我往回追溯時，卻發現姓氏的拼寫起了變化。我本已追溯祖先到威爾斯煤礦工人，這個發現教我沾沾自喜——這必然表示我有勤奮工作的能力吧？但可惜，我的祖先研究卻因為姓氏的拼寫由 Irvine 變為 Irvin 而出了差錯。如果家譜學者要正確構建家譜，就必須清除這些障礙。

拼寫的變化可能比上例更大，因此家譜學家若要追根究

柢，恐怕要比上例難得多。此外，如果你的追溯足夠久遠，就會來到在有姓氏之前的時代。我們可以透過《末日審判》（*Domesday Book*）一書，了解當時的情況。這本書包含1085至86年對英國進行大規模調查的紀錄，征服者威廉要知道誰在英國擁有什麼財產、價值多少，以便對這些新臣民徵稅，因此下令調查，取得了擁有各種財產者的名字，但是由於當時的人沒有姓氏，因此很難把這些人一一列出。

比如當時有許多人都叫羅伯特，卻沒有姓氏。為了區分他們，負責的官員只好用他們的住處（鄧恩的羅伯特）、職業（獵人羅伯特和翻譯羅伯特），或長相（禿頭羅伯特）當作紀錄。私生子羅伯特則是根據他的出身，好色的羅伯特則顯然是根據他令人遺憾的性格特徵。（你會希望自己在官方紀錄中被列為好色的羅伯特，名流千古嗎？）羅伯特實在太多，因此最後官員黔驢技窮，想不出什麼可以描述的詞句，就把其中一個列為「另一個」羅伯特。[2] 如果你追溯家譜到這一時期，那麼祝你好運！

姓氏除了像這樣無中生有之外，也可能會滅絕。當最後一個使用此姓的人去世時，就會發生這種情況。在顯然已經滅絕的姓氏（至少在英國如此）之中，包括這些有趣的姓氏：如 Miracle（奇蹟）、Relish（津津有味）、Bread（麵包）、Puscat（貓咪），和 Birdwhistle（鳥笛）──也可拼為 Birdwistle、Birdwhistell、Birtwhistle，和 Burtwhistle。[3]

⊕ ⊕ ⊕

在大多數人類努力的項目中，花在某個任務上的時間越長，就越接近完成。然而祖先的研究卻並非如此：你鑽研得越深，要做的工作就越多。在為你的父母做研究時，就會出現 4 個需要研究的（外）祖父母，在為他們做研究時，又出現 8 個需要研究的（外）曾祖父母。結果，祖先研究就像與神話中的九頭蛇（Hydra）戰鬥一樣：每砍下一個頭，就會生出兩個新頭。

不過假設你在做祖先研究時，發誓不屈不撓，要一路把家譜追溯到公元 1 世紀為止，再假設你找到方法，克服姓氏拼寫中所有的變化和不正確的紀錄等等。讓我們假設女人 25 歲生孩子，[4] 你的研究將會讓你追溯 80 個世代。在家譜最頂端的一層，有 2^{80} 個空間需要填補。或者用較傳統的方式說，是 1.2×10^{24} 個空格。（10^{24} 也可以寫作 1 後面有 24 個零：1,000,000,000,000,000,000,000,000。）而且要達到這最頂尖的一層，你得先填寫其下的 79 層的空格。真是任務艱鉅。

如果要由正確的角度來思考這些數字，不妨假設你要把自己的家譜寫在紙上，這家譜上的每一個人只能用相當小的一平方公分（0.4 吋）空間，那麼你需要一張長 80 多公分（32 吋）的紙，這聽來還好，只是這張紙必須非常寬——比太陽系寬 10 億倍！——才能列出最頂上的一層。[5]

假設你發現這一點之後，決定還是把家譜貯存到電腦上算

了，同樣也很難找到有足夠記憶體的電腦。我寫作本書的電腦有 1 TB（1 兆位元組）的記憶體。如果你用某種壓縮算法，讓每個條目僅占用 10 位元組，你追溯到公元 1 世紀的家譜最上面一行也需要 10 兆個像我所用的電腦，才能貯存它的資訊。[6] 而且要記住，這只是最上面一行的記憶體需求；先前還有 79 行，其資訊也需要貯存，還需要另外 10 兆個像我所用的電腦。

展開追溯祖先計畫的人往往絕望感會越來越深。我自己在追溯祖先時，才不過進行幾代，就決定還有其他更重要的事情該做。

$\oplus \qquad \oplus \qquad \oplus$

一般人總會為自己的族群自豪。問他們「他們的民族」來自哪裡，他們可能會告訴你中國或西班牙，或者他們會告訴你，他們是法國、愛爾蘭和切羅基印第安人（Cherokee Indian）的混血。政治人物特別愛自誇屬於某個族群，部分是因為他們認為這會影響人們投票。例如選民可能會假設，有 $1/16$ 切羅基血統的候選人會對影響美洲印第安人的問題特別關心——根據我們對自己祖先的感受，這個假設可能十分正確。

有時人們已經做了研究，追溯他們的祖先到某個特定的地區或族群，但在更多的情況下，他們是由某個親戚聽來的訊息，而這個親戚又是由其他的親戚那裡聽來這些訊息。儘管我們相信這些資訊，但卻未必正確。也有時候，人們光是照照鏡

子，就推斷自己的祖先來自何方。他們可能會以自己的顴骨高為證據，認為自己的祖先是美洲印第安人，或者他們可能會以金髮碧眼作為祖先來自北歐的證據。

有時候人們並非以建構家譜來確定自己的祖先來源，而是憑自己的姓氏。例如姓羅佩茲（Lopez），似乎可以確定他們是西班牙裔，如果是唐納提（Donati），則是義大利血統。問題在於，在孩子採用父姓的文化中，每回溯一代，那姓氏的父系祖先在你血統中的比例都會不斷減少。回溯十代，你可能只剩一個祖先是羅佩茲（或唐納提），其他 1,023 個直系祖先卻擁有（比如）貨真價實的日耳曼姓氏，穆勒（Müller）、施密特（Schmidt）、費雪（Fischer）等。這裡的重點：姓氏並非你祖先來源的可靠指標。

有時候，你可以不用祖先研究，而是通過基因測試，來建立你的血源。有些地方的人世居當地，在那裡普遍通婚，結果形成獨特的遺傳「指紋」。到了 19、20 世紀，他們可能終究離開那個地區，但身上卻帶著當地特有的基因，只要做 DNA 測驗，就能讓後代追溯他們的起源，例如薩丁尼亞島。但正如我們下面即將看到的，這種測驗可能會誤導。

⊕　　　　　⊕　　　　　⊕

犬子大約 7 歲時，我問他知不知道牛奶從哪裡來。「當然！」他答道，「超市。」這個答案無懈可擊，但並不能教人滿意，因為沒有追根究柢找出真相。

詢問人們他們所屬的族群時，也可以觀察到相同的現象。他們可能會說：「我們家族來自薩丁尼亞，而且我的 DNA 測驗也證明這一點。」這樣的人所做的，是在追溯祖先根源時，任意選擇一個停頓點，宣稱這就是他們祖先的起源，但實情並非如此，因為這樣的說法會帶來相當明顯的後續問題：「你說你的祖先來自薩丁尼亞，其中有些人無疑是如此，甚至可能在某段時間內，你當時在世**所有的**直系祖先都住在薩丁尼亞。但**他們的**祖先來自哪裡？」我發現只要一提出這個問題，對話往往就會停頓。對方往往會試圖捍衛自己族裔的說法，他可能想說，薩丁尼亞祖先的祖先**也**來自薩丁尼亞，但他會發現果真如此，生命就不得不起源於薩丁尼亞，即使是最熱血的薩丁尼亞沙文主義者也不敢如此斷言。

　　同樣地，如果你吹噓自己的英格蘭血統，那麼你也並沒有追本溯源，因為你的英國祖先來自英國境外。公元 1 世紀，羅馬人入侵英格蘭，日耳曼盎格魯撒克遜部落在 5 世紀時遷徙至英格蘭，維京人在 9 世紀時劫掠英格蘭，諾曼人在 11 世紀時征服英格蘭。甚至在羅馬入侵之前就已在英格蘭的凱爾特人祖先，也來自其他地方。

　　那麼，你的族群出身搜尋最後會把你引到何處？根據古人類學者，我們「智人」這個物種大約在 20 萬年前出現[7]，位於現今貫穿衣索比亞、肯亞和坦尚尼亞的裂谷（the Rift Valley）附近。他們一直到距今 6 萬至 7 萬年前才離開非洲。[8]

許多人由北方路線走，穿越埃及，進入中東。其他人可能朝東而去，越過曼德海峽（Bab-el-Mandab Strait），進入現在的葉門，位於阿拉伯半島的南端（見圖1.2）。這個海峽現寬20哩，但7萬年前地球仍處於冰河時代，因此海平面應該會低很多，這意味著海峽會較現今狹窄很多。而且由於當時氣候較冷，因此如今被荒涼沙漠覆蓋的沙烏地阿拉伯和伊拉克，應該會比現在潮濕得多，因而有河流、湖泊，以及豐富的植被。

一般認為，我們的祖先在穿越阿拉伯半島後，許多都往海岸而去。他們穿越伊朗南部和印度，向下穿過印尼，然後在4萬5千年前進入澳洲。[9] 我們可能會認為他們也進入歐洲和北亞，但由於冰河時期，我們在熱帶地區演化的祖先恐怕難以適應這些地區的氣候。

我們不應誤以為離開非洲的祖先，是像哥倫布那種尋找新世界的勇敢探險家，他們很可能只是為了日常覓食，無意間離開非洲，也可能是在非自願的情況下，比如為了逃避敵人而離開。他們甚至可能是乘坐木筏時遭暴風雨吹襲而離開非洲。不論是哪一種情況，他們都不會知道這麼做的歷史意義。

我們的智人祖先離開非洲後，會遇到包括尼安德塔人（Homo neanderthalensis）的其他古人類。[10] 尼安德塔人也像我們一樣，可以追溯他們的祖先來自非洲，但他們的祖先比我們的祖先早數10萬年前就離開非洲。我們只能想像我們的祖先遇見尼安德塔人的情況。尼安德塔人外表像我們，但同時卻

又顯然與我們不同。我們的祖先一定會疑惑，我們應該和這些生物保持什麼樣的關聯？我們該和他們為友，還是剝削他們？我們該與他們交配，還是殺死他們？或者與他們的女人交配，殺死他們的男人？

　　可想而知，我們祖先的感覺與現代人參觀動物園裡黑猩猩時的感受很像。我們凝視他們的眼睛，看到他們回望我們。我們打量他們，感覺到牠們也在打量我們。我們結論，他們一定和我們相關，但他們是誰，還是什麼動物？這些想法接著帶來

圖 1.2　暗色區域是非洲大裂谷，「你的家族」來自那裡。箭頭指示的是他們離開非洲的主要路線。

我們該如何和這些生物共處的問題。我們在動物園展示他們是否合適？我們會樂於讓自己像這樣被展示嗎？通常我們就在此時結束內心的辯論，轉身離開這些猿類，朝見面比較不會那麼尷尬的動物走去——比如蠑螈，或者是可愛的小企鵝。

⊕　　　　　⊕　　　　　⊕

如果你追溯自己的家譜，就會發現你的祖先可能住過許多不同的地方，也可能會發現他們有許多世代都在某個特定的地方長住。但如果你繼續追溯，最後一定會來到非洲。科學家說，這是 7 萬年前你**所有**直系祖先的住處。因此，無論你是否自認為是法國、中國、或切羅基印第安人的後裔，最後還是有屬於非洲人的血統。

聽到這個說法，讀者可能會反問我：是的，我們的祖先可能全部都曾住在非洲的裂谷，但是**他們的**祖先又從哪裡來？他們絕不會是突如其來無中生有的吧。問得好！

這個論點很正確。但讀者要明白我的主張是，如果我們追溯祖先為**智人物種的成員**，就會引領我們回到非洲，因為這顯然是我們物種的演化之處。我很樂於承認我們的物種本身也有祖先物種，在第四章探索「生命樹」時，我將詳述這個觀念。

在我上大學之前，總會形容自己是蘇格蘭—英格蘭裔，這是父母告訴我的，我的姓也如此暗示。但後來在各種因素影響之下，我把自己隨意選擇的祖先停止點向**前**移，開始把自己識別為美國人。畢竟這是我上一代選擇居住的地方。但由於對本

書所做的研究，我已經開始稱自己為裂谷人，希望聽到此言的人問我這是什麼意思。如果他們問了，我很樂意說明他們個人大歷史的這一部分。

可以肯定的是，你的族群所牽涉的遠遠不止於你的祖先由哪裡來。無論祖先來自何方，你都可以說自己是猶太裔或穆斯林裔。你的族群為你提供人生的組織原則，它會影響你的飲食、週末所做的事、下葬的方式、婚姻伴侶，以及你婚禮上播放的音樂。採納並遵循這樣的原則生活，遠比在人生中抓瞎湊和容易得多。

然而在許多情況下，人們並非採納，而是繼承一種族群。例如一對猶太裔的夫婦，妻子在婚前或許並非猶太裔；對她來說，採納猶太族群是刻意的行為。相較之下，她的丈夫可能並非刻意選擇成為猶太族群，而是由父母以這種方式撫養長大，而他的父母也是被同樣以這種方式撫養長大的父母撫養長大。值得注意的是，在調查族群時，如果這位先生足夠深入，就會找到像他的妻子一樣，放棄父母的宗教，改信猶太教的祖先。尤其假設他可以一路追溯祖先到亞伯拉罕，那麼他一定會碰到一位祖先，為了要遵從他認為是上帝的旨意，而拋棄自己的國家、親族和父家。[11]

當然，穆斯林族群也是如此。你**所有的**祖先不可能全都是穆斯林，尤其是在公元 550 年的直系祖先**沒有一個**會是穆斯林，原因很簡單，因為穆罕默德還沒有出生。此外，即使你可

以追溯祖先到穆罕默德本人，也該知道，由於穆罕默德刻意選擇遵從他認為是上帝的旨意，因此他放棄原本所屬的族群。

有時候人們會覺得自己有義務遵從祖先所做的族群選擇，認為如果放棄他們承襲的族群，會是對祖先的重大背叛。在我看來，這樣的想法並沒有道理。如果這些人追溯他們的祖先，必然會遇到一個**叛逃族群者**──背叛他的族群，以接受新的族群，並且代代相傳（透過教養，而非基因）。但是請注意，如果這個祖先叛逃者遵循命令，忠於祖先的族群，就不會像那樣改變他原來的族群，這意味著他現代的後裔就不會有他們認為必須維繫的族群傳統。這的確很奇怪。

⊕　　　　⊕　　　　⊕

你的族群就談到這裡。那麼你的種族呢？如果你自認為是白人，那麼在你進行深入的祖先研究時，一定會大吃一驚。正如我們先前所提，7萬年前，你所有的祖先都住在非洲，幾乎可以肯定這些祖先原本都是黑色的皮膚。實際上，研究顯示，近到距今8千年前，你的祖先都是黑皮膚。[12] 科學界的共識是，唯有在我們物種的成員移居到更高緯度的歐洲地區時，才演化出白皮膚的人類。在那種氣候裡，他們最好一年到頭都穿著衣服，而穿衣使他們減少陽光的曝曬，而且這裡的陽光也不像非洲那樣強烈。

在這樣的情況下，皮膚黝黑的人將處於不利地位，因為他們往往會缺乏維生素D。當我們的皮膚暴露在陽光下時，身

體會自然地產生維生素 D，但使皮膚變黑的黑色素會干擾這個過程。這表示住在當今歐洲白皮膚的人，會比深色皮膚的人更能生存和繁殖。因此一代一代下來，歐洲人的膚色越來越淡。相反地，未穿衣服的白皮膚者在非洲會處於極端劣勢，因為他們會很容易罹患皮膚癌。[13]

許多讀者都秉持一個原則：如果你的父母都是黑人，那麼你也就是黑人。但由這個原則來看，**人人都是黑人**。如果我們的祖先離開非洲時是黑人，他們的子孫也將是黑人。同樣地，因為這些後代是黑人，所以他們的後代也會是黑人，以此類推，一直到我們身上。結論：就種族而言，我們都是黑人，即使我們並不是黑皮膚。

不過即使到現在，我們還是沒有得到真相。一旦我們承認，我們 7 萬年前的祖先全都是黑人，那麼接下來我們就會問顯而易見的後續問題：確實，但是**他們的**祖先呢？為了回答這個問題，我們可能會去觀察我們現代的猿類表親，包括黑猩猩和狒狒。牠們大部分的皮膚都被皮毛覆蓋，但我們看得到的部分往往是黑色，因此似乎可以合理地得出以下結論：我們和牠們共同擁有的祖先物種應該也是深色皮膚。

這個論點的問題在於，它假定猿猴毛皮下的皮膚顏色與我們肉眼可見的皮膚相同，其實不然。人類的皮膚色素分布均勻，但其他大猿的皮膚則是斑塊狀。這在患有斑禿症（alopecia）的黑猩猩身上很明顯，這種病會使牠們毛髮脫落，但不影響膚

色。先前毛皮覆蓋的皮膚現在明顯可見，是淡粉紅色。

那麼，我們可以得出這樣的結論：儘管你7萬年前的祖先可能是黑皮膚，但你700萬年前的祖先——你和黑猩猩[14]共有的祖先，卻並非如此。他們身上雖有皮毛覆蓋，但皮毛下面的皮膚卻可能是淺色的，就像現代黑猩猩的皮膚那樣。因此，如果你認為自己的種族是傳承自祖先，那麼不論你的皮膚是深色還是淺色，你都會認定你的種族既非黑色也不是白色，而是淡粉紅色。更有意義的可能是，如果有人詢問你的種族，你的回答只是「人類」。

第二章

你和我有關係

　　如我所說，祖先研究可能會產生教人驚訝的結果。或許你有一位祖先是美國總統，也或許你的祖先是奴隸，甚至是奴隸主。你也可能像大學生珊儂·拉尼爾（Shannon Lanier）所發現的，在你家譜中的某一世代發現這三種人同聚一堂。歷史紀錄和 DNA 測試顯示，拉尼爾是湯瑪斯·傑佛遜（Thomas Jefferson）的後裔，傑佛遜既是美國總統，也是奴隸主。不僅如此，拉尼爾還是莎莉·海明斯（Sally Hemings）的子孫，她既是傑佛遜的情婦，也是他的奴隸。[1] 順帶一提，我們還有理由認為海明斯是傑佛遜之妻瑪莎同父異母的妹妹。[2] 家譜可能錯綜複雜，令人困惑。

　　祖先研究另一個令人驚訝的結果，可能是發現你結婚或訂婚的對象是你的親人。有一個這樣的例子：一名男子翻閱他未婚妻的家庭相簿，看到一張他從前曾見過的照片：掛在他祖父母家餐廳的牆上。困惑的他追問之下，才發現餐廳照片中的那個人是他的曾祖父，因此他和未婚妻有親屬關係，但他們還是決定舉行婚禮。這個決定使他們成了大家開玩笑的目標，例如他們的婚禮應以《我們是一家人》（*We Are Family*）[3] 這首歌開舞。

在其他情況下，意外與親戚結褵帶來的不是歡笑，而是痛苦。這種情況可能發生在手足因不知情而結婚[4]，或女兒因不知情而嫁給父親。[5]造成種情況的部分原因，是因為法律容許封存出生證明，以隱藏某人是收養的事實。

⊕　　　⊕　　　⊕

家譜以指數速度增長。譜上的每一代條目，都是上一代條目的兩倍：你有兩個父母，4個祖父母，8個曾祖父母，依此類推。回溯到公元一年，你就會在家譜的頂行中看到如我們先前所提的，1.2×10^{24}個空格需要填充。這不但比目前活在地球上的70億人口還多；而且是估計地球上曾經存在1千080億人口的10兆倍。[6]這種成長率為想製作家譜的人造成困難。如果回溯得夠遠，你就會到達某個時間點，讓家譜上的空間比可以填補它們的人還要多。讓我們把這個問題稱為「家譜矛盾」（family tree paradox）。

這種矛盾乍看之下似乎令人卻步，其實卻有個簡單的解決方法。我們只要記住，一個人可以在一份家譜上出現多次。比如，假設你嫁給表哥，你和那位表哥必然有同一對（外）祖父母。同樣地，假設你和那位表哥生一個孩子，姑且稱她為愛麗絲。在愛麗絲的家譜上，原本她的父母會占兩個空格，祖父母會占4個空格，曾祖父母占8個空格，可是因為愛麗絲的父母有同樣的一對祖父母，因此她的曾祖父母那邊只有6個人填補8個空格。愛麗絲的父母共有的那對祖父母會在她的家譜上出

現兩次，一次是她母親的祖父母，另一次是她父親的祖父母。如果你嫁的不是親表哥，而是與之共有九代以前曾祖父母的遠房表哥，也會發生同樣的情況，只是沒那麼戲劇化。

面對家譜矛盾，我們還得要記住，每當有人在你的家譜中出現多次，他或她的祖先同樣也會出現多次。這表示在我們回溯過去時，以指數速度增長的不只是你家譜上的空格數目，在家譜上多次露面的人數也會隨之以指數速度增長。因此，填充你家譜在公元 1 世紀時的那 1.2×10^{24} 個空格的人數，就會遠低於 1.2×10^{24}。

我們不妨以創世論者（creationist，神創論者）可能建構的家譜，作為這個現象的戲劇化例子。創世論者會告訴我們，亞當和夏娃有兩個兒子亞伯和該隱，後來亞當在 130 歲時，又生了另一個兒子塞特，之後又有了其他的兒女。亞當這幾個兒子不可能娶沒有親戚關係的鄰家女孩：他們是地球上僅有的人類，沒有鄰家女孩。因此他們應該是娶了自己的姊妹。隨後，該隱和其中一個姊妹生了以諾。如果以諾製作家譜，就會把該隱和該隱的姊妹列為父母，並且把亞當和夏娃列入**兩次**，既是他的祖父母，又是他的外祖父母（見圖 2.1）。

亞當和夏娃的其他孫子女也會有類似的家譜。此外，這些孫子女的兒女家譜中，會把亞當和夏娃列為曾祖父母 4 次；孫子女兒女的兒女，則會在家譜中把亞當和夏娃列為高祖父母，出現 8 次。這種模式將延續到亞當和夏娃現代的子孫。因此，

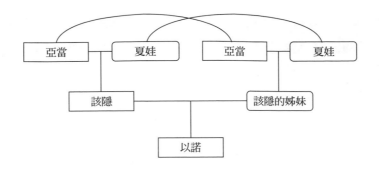

圖 2.1 根據舊約所繪的以諾家譜。注意亞當和夏娃在這個家譜中出現兩次。如果《聖經》中關於創世的故事是正確的,那麼這對夫婦同樣也會在你家譜的頂層重複出現。

儘管創世論者可能無法填補家譜中間大部分的空格——因為紀錄丟失,但他會很有信心地告訴你,他的家譜最頂端一定顯示亞當和夏娃這對夫婦一再地出現。這家譜必定很奇特,但這是創世論者信仰的必然結果——我得聲明,我不相信這種觀念。

⊕　　　　⊕　　　　⊕

我們也可以由歐洲貴族的家譜,找到像這種同一祖先多次出現的精彩例子。大多數人都有 8 個不同的曾祖父母,但西班牙的阿方索十二世只有 4 個,在他的家譜上,西班牙國王查理四世扮演了要角。他在阿方索的曾祖父那一層出現兩次,在他的高祖父那層又出現兩次:他是阿方索的母親的母親的母親的父親,又是他父親的母親的母親的父親。帕爾馬的瑪麗亞・路易莎(Maria Luisa)公主既是阿方索(Alfonso)的曾祖母,也是他的高祖母。

過去，皇室成員與親戚通婚，是因為他們要把財富和權力保留在自己的家族裡。平民也會與親族結婚，但原因完全不同：他們生活的時代很難離開出生地。所以只能嫁娶生在附近的人，因此很可能是親戚。

在島嶼上尤其容易看到親戚之間聯姻。比如冰島的人口就有不少是近親相交的，因此有一種「上床前先查查」（bump the app before you bump in bed）的手機應用程式。兩個剛認識且互有好感的冰島人就可以使用這種 app，查明他們是否有親戚關係。[7] 在愛爾蘭，表親之間通婚也很常見。我們在上一章中看到約翰・甘迺迪的家譜。如果我把他愛爾蘭祖先那一系延伸出來，就會看到甘迺迪的外祖父母約翰・法蘭西斯・費滋傑羅和瑪麗・約瑟芬・哈農是第二代堂表兄妹，也就是說他們有共同的曾祖父母。而在薩丁尼亞島上，由於近親通婚，因此薩丁尼亞人已發展出獨特的遺傳「指紋」。研究人員可以用DNA分析為基礎，不僅確定某人來自薩丁尼亞，而且有很大的機率可以猜中他來自薩丁尼亞的哪個村莊。[8]

最後這個研究有出人意表的結果。1991 年，有人在阿爾卑斯山上發現一具冰凍的屍體，原來它已有 5 千年的歷史，被稱為「冰人奧茲」（Ötzi, the Iceman）。科學家作了 DNA 測試，發現奧茲的基因與現代的薩丁尼亞人驚人地相似。遺傳學家卡洛斯・布斯塔曼特（Carlos Bustamante）說：「這是個真正的謎。他或他的祖先是否由薩丁尼亞來到阿爾卑斯山？還

是 5 千年前的歐洲就像薩丁尼亞和科西嘉島一樣距離很近？這是有趣的問題，部分原因是它提出了人在歐洲傳播的速度有多快，以及他們漫遊多遠。」[9]

更神祕的是，奧茲與薩丁尼亞的關係揭露數年之後，科學家又發現，有個 5 千年前住在愛爾蘭的婦女也有和薩丁尼亞人類似的 DNA，人們沒有想到愛爾蘭和薩丁尼亞會有這樣的聯繫。後來也發現，有些 4 千年前在愛爾蘭定居的人來自東歐。[10] 換言之，愛爾蘭的血統就像英格蘭的血統一樣，遠比一般吹噓有這種祖先的人所知的複雜得多。

是的，過去的貴族可能近親通婚，被困在某個地區或某個島上的人也可能如此。但像我們這樣經常遠離出生地生活的現代人呢？事實證明，你不僅可能與配偶或任何情人有親戚關係，而且是必然如此。唯一的問題是你必須回溯多遠，才會發現你們家譜之間的交叉點。稍後我會再說明這個論點，但首先讓我們探討一下近親通婚的結果。

⊕   ⊕   ⊕

大多數人都不願與近親成為配偶，也反對其他人這樣做，因此，許多地方都立法，近親不得結婚。只是這些法律在禁止的血親關係程度上有所不同。在美國，第二代堂表親的婚姻在每一州都合法，親堂表兄弟姊妹的婚姻在 17 個州也合法，如果滿足某些條件，在另外 7 個州也屬合法。在巴基斯坦，親堂表兄弟姊妹的婚姻不僅合法，而且很普遍。相較之下，在衣索

比亞，和你婚配的即使是共有同一太祖（第七代祖宗）的遠房表親，也會受到嫌惡。

如果你問人們為什麼反對近親通婚，他們通常會說：這種結合會導致子女的先天缺陷。比如西班牙國王查理二世，他的家譜就像西班牙的阿方索十二世一樣複雜費解。比如，查理二世的母親是她父親的甥女——這意味著她父親娶了姊妹的女兒。部分由於這種近親繁殖，因此查理二世成了遺傳上的大災難。人們描述他「矮小、跛足、癲癇、老態龍鍾，35 歲前就禿了頭」。[11] 他性無能，未能生下繼承人，最後導致西班牙的王位繼承戰爭，上百萬人因而喪生。

但是，我們有理由認為近親繁殖的危險被誇大了。是的，堂表親通婚使他們的後代發生先天缺陷的機會增加了一倍，但也只是由 2％ 提高 4％。[12] 嬰兒死亡率雖增為 4.4％，但這和 40 歲以上的婦女與非近親的人生子的比例相同。[13] 我們並沒有因為高齡產婦而恐慌，因此這麼關心近親通婚生子的結果，態度是否不一致？也許我們誇大風險，是因為我們被灌輸了「亂倫」的禁忌：在本能上，我們**希望**亂倫產生可怕的後果。

放眼動物界，我們可以看到很多近親交配，甚至密集近親交配的例子，但它們在遺傳上並沒有造成災難後果。例如，所有純種馬的血統都可以追溯到 3 匹公馬和幾 10 匹母馬。同樣地，形形色色的犬種也都是近親繁殖的結果。結果確實會出現問題：例如大麥町容易耳聾，臘腸狗常有背部的毛病，但這些

情況是例外，而非常規。

　　實驗室用的小鼠如果要在實驗中發揮最大的作用，基因就應該盡可能相似。因為這樣，實驗群的不同就可以歸因於實驗對它們造成差異，而非來自基因組成上的差異。為了達到這種遺傳同質性，培育小鼠的業者就採用極端的近親交配手段。他們讓兩隻小鼠交配，產生一堆兄弟姊妹，而後者又接著交配，以此類推，可以一直繁衍到20代。[14] 這些小鼠看來非常健康，牠們並非複製品，但卻具有極其相似的基因。

　　這並不是說你可以讓任何兩隻小鼠交配，最後就能近親交配成功。如果兩隻小鼠的基因有問題，經過近親繁殖，這些基因將會擴增，所得的小鼠不是死亡，就是因為不健康，而無法用作實驗。但是，如果「創始小鼠」擁有正常的基因，近親交配就不是問題。

　　我們也在保育生物學中發現有效的近交。比如因為人類狩獵，使象海豹的數量一度減少到只剩20隻；但後來拜近交之賜，數量得以恢復。同樣地，加拉巴哥群島上的巨龜數量在1960年代減少到只剩15頭；現在則是1千5百頭。[15]

　　一個物種有可能減少到只剩兩隻，而數量再度恢復嗎？絕對可以。2004年，颶風襲擊加勒比海，淹沒了幾個島嶼，島上的蜥蜴全都死亡。第二年，科學家由附近一個並未淹水的島嶼選擇了7對雌雄同體的沙氏變色蜥，在7個「不毛」島嶼上各放一對，結果七對都在各自的島上讓族群復育。[16] 如果兩隻

蜥蜴可以在一個島嶼上繁殖，那麼一個「懷孕」的雌性動物應該也能如此。[17]

這些例子證明，當種群的數量因生物學者稱為「瓶頸事件」（bottleneck event）的原因而急遽減少時，其數量可以反彈回來，而且不會有遺傳上的缺陷。但這些倖存者將會失去其遺傳多樣性。結果，如果環境急遽變化，就不會有可以因應這些變化的遺傳異常者。因此經歷瓶頸事件而倖存的物種，隨後會面臨較大的滅絕風險。

⊕　　　　⊕　　　　⊕

正如我所述，無論你與誰交配，都是與親戚交配。這是因為**所有**的人都有共同的祖先，因此彼此都有關係。說得更廣泛一點，任何兩個生物都有一個共同的祖先。例如，你和隨機選擇的黑猩猩有一個共同的祖先，它生存在約 700 萬年前，既非人類，也不是黑猩猩，而是現今已不再存在物種的成員，這個物種透過演化過程，逐漸轉變為現存的其他 3 個物種：人類、黑猩猩和倭黑猩猩。你也和正在你腸道內漫遊的數百萬大腸桿菌有共同的祖先，那個祖先應該是非常古老的微生物。

如果現存的兩種生物彼此要**完全**不相關，它們的家譜就永遠不會相交，而且我所謂的**永遠**是指一路追溯到地球上的第一個生物。要發生這種情況，唯一的方法是：生命在地球上發生兩次，目前存在的一些生物可追溯其祖先至最先起源的兩個生命中之一，而另外一些生物則可追溯祖先到最先起源的另一個

生命。我在第七章會提出鐵證，證明事實並非如此——當前世上所有的生物確實都有共同的祖先，因此彼此之間都有關係。

這也表示現今所有的人類都有一個共同的祖先，接下來的問題是這個祖先是誰？如果我們保有完整且正確的家譜紀錄，確定共同的祖先就是相當簡單的任務。可是由於沒有這樣的紀錄，研究人員不得不依賴電腦模型。有一個以許多人口統計學上合理假設所建的模型顯示，大約 2 千 3 百年前[18] 在地球上漫遊的某人是現今每個人的祖先。研究人員把此人稱為「最近共同祖先」（Most Recent Common Ancestor，簡稱 MRCA），最近共祖。

這樣的祖先竟然存在，教人難以置信。最近共祖的意思是，現今每一個活人都是他的後代。一個人真的可能有 70 億個子孫嗎？確實可能。如果我們假設每一世代是 25 年，那麼 2 千 3 百年就有 92 代，只要 MRCA 的每一個後代平均能生育 1.28 人，[19] MRCA 最後就會有 70 多億直系子孫。[20]

我們不知道 MRCA 是男是女，也可能既是男又是女——換言之，由一男一女組成的一對配偶，是目前所有人類的最近共同祖先。如果是這種情況，我們擁有就不只是一個共同的 MRCA，而是兩個人組合的「MRCA 伴侶」（co-MRCAs）。要了解這種情況怎麼會發生，不妨想想兩個同胞手足，請他們說出他們的最近共祖，他們會告訴你，是他們的父母這對夫婦。

在繼續探討之前，讓我澄清一些有關 MRCA 的誤解。首先，她（或他或他們）並不是**曾經存活過**每一個人的共同祖先，尤其不會是她自己祖先的祖先。她是**目前每一個在世者**的共同祖先。其次，她還活著的時候不能成為 MRCA，因為她不是自己的祖先，所以她還在世之時，不會是**每一個**在世者（包括她自己）的共同祖先。只有在她死後，而且通常只有在經過許多世代之後，當時存活的人才可能會是她的直系後代。第三，你最後是否能獲得 MRCA 的頭銜，是由其他人的生殖活動來決定，你無法控制。尤其如果你的孩子不生育，你就永遠不會成為 MRCA。這表示你並非因藉由智慧或功勞而獲得 MRCA 的頭銜，而是像中樂透一樣，全憑運氣。第四，要明白 MRCA 並不是每一個活人共有的**唯一**祖先。畢竟，血統是傳遞的關係，你祖先的祖先也是你的祖先。因此，MRCA 的許多祖先也將是現有每一個世人的祖先。MRCA 的特別之處在於，正如她的名字所示，她是所有這些共同祖先中的最新成員。

儘管你獲得 MRCA 頭銜的機會不大，但只要你能生孩子，就有這種可能。例如，假設你和一名異性單獨在某個偏僻的島嶼上度假，而此時其他的人類都因某種病毒而滅絕，這個事件就會重新設定「MRCA 時鐘」。在那個時間點上，所有當時在世者的最近共同祖先，就是你和伴侶的最近共同祖先，因為你們兩個就是「當時所有的在世者」。尤其如果你和你的

伴侶是親的堂／表兄弟姊妹，你們的 MRCA 就成了 MRCA 伴侶──即你們有共同的祖父母或外祖父母。

假設在這個島上，你和你的伴侶生了孩子。當你們倆去世後，你們就成為當時所有在世者──即你所有子女的「最近共同祖先」。因此你就獲得「MRCA 伴侶」的頭銜，並且可能把這頭銜保留很多世代。（隨後的瓶頸事件可能會奪走你的頭銜。）應該要恭喜你，但當然你收不到這些祝賀。

但此時有了一個問題：由於需要兩個人才能孕育後代，因此會有**單一的** MRCA 嗎？可不可能一直都是「MRCA 伴侶」？要回答這個問題，請再次想像上述的島嶼情況，但假設被困在島上的不是一對夫婦，而是一男兩女，姑且稱之為艾爾、芭芭拉和貝蒂。假設艾爾和這兩女都育有孩子，而且這些孩子也繼續生兒育女。在艾爾、芭芭拉和貝蒂死後，艾爾會是所有還在世者的祖先，但貝蒂和芭芭拉卻並非如此。因此只有艾爾擁有 MRCA 的頭銜。

⊕　　　　⊕　　　　⊕

聽到我們所有人都有一個共同的祖先，有時候不免會有人問：如果這個人（或這對伴侶）在生下任何子女之前就死亡了，我們這個物種不就滅絕了嗎？似乎是。畢竟，如果你把某人由家譜中移除，就必須刪除他的後代：如果他不存在，他們就不會存在。你還必須刪除他們的後代，他們後代的後代，依此類推，直到這個人現今的子孫。而因為我們都是同一個

MRCA 的子孫，表示她（或他或他們）不存在，就會導致我們自己不存在。因此如果這個 MRCA 在童年發生了事故，造成悲劇後果，我們這個物種就會滅絕，對吧？

這樣的推理邏輯看似合理，卻犯了一個錯誤，以為我們的祖先若沒有找到和他們一起生育子女的個人，也無法找到別人。在擇偶時，你不會坐著考量所有因為過去的事件而無法出生的潛在伴侶。至少我希望你不會如此——那將是悲慘的人生。相反地，你會在已出生的人中做考量，由其中選擇伴侶。如果你現今的外祖父未能出現，你的外祖母很可能會嫁給其他人。

如果 MRCA（或 MRCA 伴侶）在孩提時代喪命，人們依然會存在世上，只是他們的最近共同祖先會變成其他人，而且你不會和他們一起在地球上漫步。原因如下。

假設實際上是你父親的那個人在嬰兒時死亡了，結果你的母親與其他人結婚，並生了一個孩子。這個孩子——姑且稱為萊斯利，會與你有不同的父母，因此會有不同的基因和不同的教養。我們可以很合理地假設萊斯利會成為與你不同的人，這意味著在這種現實改變的情況下，你將不會存在。廣泛地說，改變一個人的家譜，那個人就不會再存在，儘管其他人可能會存在。這種邏輯可以延伸為，如果 MRCA 在兒童時期死亡，你就不會存在——現在存在的其他任何人也都不再存在。取而代之的是擁有不同家譜，並因此具有不同身分的人。目前在世

的這些人也會有其他的 MRCA。

　　當然，在這種替代世界的情境之下，你不會有機會抱怨你自己不存在。還要注意的是，你的實際存在還應歸功於導致其他人許多人無法存在的事件：你母親嫁給你父親，阻止了她嫁給可能生下萊斯利的這個男人。希望你不要對這種情況感到內疚，否則那又會導致另一種悲慘的人生。

第三章

你有堅強有力的投擲臂

　　我們人類已經有很多成就：我們建造摩天大樓，設計電
腦。我們發明可以讓我們看到遙遠星系的望遠鏡，也發明可以
讓我們看到頭骨內部的磁振造影（MRI）機器。我們寫十四
行詩，證明定理，並畫出印象派的景物。沒有其他物種的成就
能比得上我們人類。

　　而我們成功的祕訣是什麼？顯然答案是：我們的大腦使我
們與眾不同。但如果只考慮大腦的大小，那麼我們的表親尼安
德塔人大腦和我們一樣大，甚至更大，就該和我們一起設計手
機的應用程式了。抹香鯨的大腦約是我們的 6 倍大，牠們的成
就該讓我們相形見絀。聽到這種說法，我們可能會修改「什麼
使我們如此偉大」這個問題的答案：不是因為我們大腦的絕對
大小，而是大腦和我們體重的相對比例。是的，抹香鯨有巨大
的大腦，但牠們也有巨大的身體。相較之下，我們人類在很小
的身體中擁有很大的腦子。可是這個說法的問題在於，螞蟻的
大腦重量和體重的比例遠高於人類，[1] 雖然牠們是了不起的小
生物，但成就卻不怎麼起眼。

　　這麼說來，使我們與眾不同的不是我們整個大腦的大小，

而是新皮質的大小，這是大腦表面的灰質，是最高級功能發生的地點。但可惜，海豚的新皮質面積比我們的大，而抹香鯨的則更大得多。所以讓我們與眾不同的也許不是我們的新皮質，而是它的結構：我們的新皮質有 6 層，而鯨是 5 層。[2] 或許使我們獨一無二的不是我們新皮質的結構，而是構成新皮質的神經元結構。[3] 這些說法一路讀來，免不了會覺得有一種迫切感正在增強：我們的大腦一定有**某種**獨特的因素，可以解釋我們物種的獨特成就。

可是我們有理由認為，人類的成功不只與我們的大腦相關，與我們的身體也息息相關。要了解為什麼我這麼說，請再想想抹香鯨的例子。因為牠們有巨大的大腦和令人印象深刻的新皮質，很容易就會以為牠們冰雪聰明——當牠們游過海洋深處時，一定忙著證明數學定理，發明巧妙的小玩意兒，還會創作交響曲。可是如果我們真的遇到這種「愛因斯坦鯨」，也不會知道牠聰穎過人，因為牠被困在鯨的體內，無法告訴我們牠的想法，也無法把它們寫下來，或甚至在電腦鍵盤上打出來。即使牠構思出卓越的積體電路，或者想要在環境上做點改變，讓生活更輕鬆一點，也同樣缺乏把它創造出來或實踐的能力。這頭鯨就像沒有語音合成器的史蒂芬·霍金（Stephen Hawking）一樣。我們不禁憐憫這頭可憐的愛因斯坦鯨！牠雖有傑出的想法，但這些想法卻永遠無法改變牠所生活的世界。

我要趕緊補充一下，沒有證據顯示抹香鯨會有我方才描述

的精神生活。我提出這種可能性，只是為了證明：在我們的成就上，儘管大腦顯然發揮關鍵的作用，但我們的身體也有很大的功勞。因此讓我們談談人類的身體，以及它在我們進步中所扮演的角色。

⊕　　　　⊕　　　　⊕

動物可以做一些教人驚奇的事。例如牠們會看、會飛，會回聲定位。但我們人類卻可以做更神奇的事：以我們以自己獨特的方式走路。乍聽之下這話似乎很荒謬，但如果仔細想想，就知道不然。

看的能力確實很了不起，但眼睛經歷了數10次的獨立演化。[4] 飛行能力同樣令人驚嘆，但它也至少在翼龍、鳥類、蝙蝠和昆蟲身上，已獨立發展了4次。[5] 〔當然，其他動物可以滑翔，比如松鼠、飛魚和金花蛇（chrysopelea）這種「飛」蛇，但這和飛行不同。〕回聲定位的能力更罕見，在蝙蝠和海洋哺乳動物身上獨立演化，也以較不複雜的形式出現在油鴟（oilbird）、鼩鼱和馬島蝟（tenrecs）身上。但仍有數以百萬計的物種能具有其中一種如上的能力，成千上萬種擁有如上3種能力中的兩種，包括可以同時飛和看的昆蟲，以及既能回聲定位又能看的海洋哺乳動物。最後，有超過1千種蝙蝠兼具上述這3種能力：牠們可以看、飛，還能回聲定位。

現在想想走路的能力。我們人類當然不是唯一會走路的動物，甚至也不是唯一用兩條腿走路的動物。黑猩猩、熊、受過

訓練的狗都可以用兩條腿行走，但只能走短短一段距離；牠們用四肢行走顯然更為自在。我們也不是唯一可以用雙腿跑的動物。傘蜥蜴（frilled lizards）就可以：在快速移動時，牠們頸部周圍的皮膜裝飾能把身體前半部抬離地面。同樣地，雙冠蜥〔basilisk lizards，因可在水上行走，故也稱為耶穌蜥蜴（Jesus Christ lizards）〕不僅可以用兩條腿跑，還可以跑過水面。有些種類的蟑螂可用兩腿奔跑。[6] 但儘管這些動物可以用兩隻腳**跑**，卻不能用兩腳走路：只要牠們速度一慢下來，前腳就會回到地面，又變成用四肢行走。

那麼我們或許可以以袋鼠為例，說牠可以用雙腿跑，可是牠並不是跑，而是跳。許多小鳥（例如麻雀）也用跳代跑。鴕鳥和走鵑（road runners）雖然可以跑，但牠們的軀幹都不能以人類的方式直立，而是把體重分配在腿的前面或後方，就像手拿橫向長桿的走鋼索人一樣，這使牠們較容易保持平衡。

這讓我們來到企鵝這裡。由於牠們的質心（center of mass）較低，所以可以用類似於人的直立方式行走（或更確切地說，搖搖擺擺蹣跚而行）[7]。但如果牠們需要在冰雪上快速移動，這種搖擺就會變成所謂的雪橇滑行（tobogganing）：牠們並不是更快地搖擺，而是以腹部俯臥，用腳推動。

因此，人的行走能力之所以與眾不同，是我們可以用雙腿行走和奔跑的能力，在這麼做的同時保持直立，並且可以在各種地形範圍上行進很長的距離。我們不僅是地球上唯一擁有這

種技能的動物，而且這種技巧第一次在地球上出現，可能就是在和我們關係密切的原始人類祖先身上。此外，我們的步行能力也不僅是動物界耍的精彩派對把戲，而是發揮了非常重要的作用，讓我們取得這麼多的成就。請容我說明。

⊕　　　　　⊕　　　　　⊕

　　讓我們回溯到 700 萬年前，當時我們的祖先應該生活在茂密的熱帶林中，由生存的角度來看，由一個樹枝擺盪到另一個樹枝，在樹冠上行進的能力，應該比步行重要得多。接著一段寒冷乾燥期使非洲裂谷的森林縮小，留下被熱帶草原隔開的林地，這樣的氣候變化可能是因那個地區地質抬升所造成。[8] 這有利於我們的祖先以提高步行能力來彌補樹棲運動，在某些情況下，還需要由一個樹木繁茂的地區奔向另一個樹林區的跑步能力。這種變化的究竟發生在什麼時間尚不清楚，但我們知道，到 350 萬年前，我們的祖先就已能夠直立行走，而不是像現代黑猩猩那樣跖行（knuckle walking，以前肢跖骨著地走路，手指關節觸地行走）。這一轉變最明顯的證據，是在非洲東北部的利特里（Laetoli，在現今的坦尚尼亞）發現了驚人的人類足跡。同樣重要的是，這些腳印主人的大腳趾較像現代人類排成一行的腳趾，而非現代黑猩猩向外翻的大腳趾（見圖 3.1）。

　　直立行走的能力使我們的祖先在許多方面受益。由林地移動到另一個林地時，即使只是短距離直立行走，都能提高他們

發現草叢中天敵的機會。雙足步行也比像母牛那樣四足走路或像黑猩猩那樣跖行更節省精力。[9] 等經過幾個世代，人類嫻熟於直立行走時，我們的祖先就可以用他們的雙手和手臂來搬運東西，包括帶給家人的食物和他們製作的工具。直立行走能力最好的人，最有可能存活和繁衍，他們的後代就會繼承父母使用雙足的能力。

順帶一提，我們的手臂不僅僅用於搬運東西，在我們以直立的姿勢奔跑時，也扮演重要的角色。如果削弱我們擺動手臂作為平衡的能力，我們的跑步能力就會受損。這就是為什麼警察在逮捕罪犯時，要把他的雙手銬在背後：除了讓這人更難攻擊之外，也使他更難跑贏警察。

成為雙足動物改變了我們祖先的骨骼結構，也使得他們腿部肌肉量增加，臂部肌肉量減少。一天攀爬數小時的黑猩猩，36％的肌肉量可能都在雙臂，我們人類雖只有20％，但我們的腿部肌肉比黑猩猩的腿部肌肉更結實。[10]

在熱帶森林中，我們的祖先很容易取得食物，這表示他們的身體幾乎不需要貯存脂肪。但隨著我們的祖先走出森林冒險，食物的供應變得較不穩定，可能會有幾天找不到任何食物，也可能會在有些季節會有很多這種日子。我們的祖先藉由貯存脂肪來適應這些情況。如此一來，如果食物稀少，他們的身體就會有可燃燒的熱量。這樣的適應法就反映在現代人的身體結構上。一個（按當前標準）身材苗條的女性可能脂肪

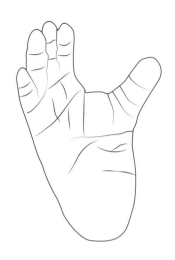

圖 3.1　黑猩猩的腳。請注意朝外翻的大腳趾。

量占體重的 30 ％；而相較之下，雌黑猩猩可能僅為 3.6 ％。而
（按當前標準）身材瘦削男性的脂肪量可能是體重的 20 ％，
雄黑猩猩卻可能只有 0.005 ％！即使是餓死的人脂肪量也比牠
高。[11]

　　黑猩猩不僅不需要貯存脂肪，而且這對牠們是一種負擔。
由水平方向移動重量要比抗拒重力垂直移動重量容易得多。因
此，超重 100 磅的人雖然仍能走動甚至奔跑，但卻很難爬上
樹木，就算爬上樹，也很難像黑猩猩那樣爬上較高的樹枝。因
為我們的祖先放棄爬樹而留在地面活動，所以他們能承擔多餘
的脂肪。

　　　　　⊕　　　　　　⊕　　　　　　⊕

發現掠食動物和攜帶物品並非直立行走的唯一好處。我們的祖先站直時，身體可以遠離烈陽照射的地面，也較少暴露在陽光下。（當然，想做日光浴的人會躺下來，以增加身體曝曬的面積。）此外，比起用四肢行走，他們的直立軀幹能有更多的「帆區」（sail area），因此只要有微風，就很容易保持冷卻涼爽，就算沒有風，他們也會因為自己走路掀起的微風，而保持涼爽。

他們在正午陽光下保持涼爽的能力也因其他的變化而增強。約 100 萬年前，[12] 他們不僅分階段脫去保暖的皮毛，而且獲得只要一熱就會出汗的能力。（黑猩猩毛皮下有汗腺，但牠們熱時並不會出汗。[13]）這種能力有其代價——人類必須喝大量的水來補充流失的汗水——但是因為直立行走可以讓他們騰出手臂來搬運物品，因此他們可以用鴕鳥蛋或空心葫蘆作為水壺。

如我們所知，失去皮毛使我們的祖先容易罹患皮膚癌，但這也讓他們增強觸覺。我們相信觸摸因此成為非語言溝通的重要形式。對於現代人來說，讓某人觸摸我們的皮膚可能是美好甚至使人激動的體驗，因此推想我們相對無毛的祖先應該也會喜歡這個經驗。

所以，我們的祖先可能是熱帶大草原上最酷的角色。其他動物可能整個下午會非常明智地在岩石的陰影或樹下午睡，而我們那些沒有毛皮，汗流浹背的直立祖先卻可能到處走或跑。

在這方面，他們會像現代衣索比亞的阿法爾（Afar）部落成員，不假思索就在熾熱的天氣中步行25哩（40公里），和某人聊半個小時，然後再步行回家。[14]這種對中午高溫的承受力能讓他們在追獵物的過程中占有優勢。雖然他們的獵物動作可能比較快，但牠們是不會流汗全身長毛的四足動物，因此會缺乏耐力，這表示我們的祖先可以一直追著牠們跑，直到牠們死亡為止。

這種持久的狩獵迄今依然還在進行。非洲南部的喀拉哈利（Kalahari）部族會追逐動物——比如伊蘭羚（eland）或旋角羚（kudu）長達數小時，直到牠實在走不動為止，然後他們才把這無助的生物吃掉。古人類學家路易斯·利基（Louis Leaky）雖不屬非洲部族，但他仍然繼承與他們共同祖先的耐力。有一次，他為了贏得賭注，跑贏一隻羚羊。只要利基靠近，羚羊就會衝刺逃跑，但牠接著必須停下來喘氣以降低體溫。利基則一直以緩慢但平穩的步伐前進，他的身體靠汗水降溫。最後羚羊中暑落敗。[15]

⊕　　　⊕　　　⊕

回溯祖先到夠遠的時代，你就會碰到用手臂上下攀爬並在樹上活動的動物。雖然我們人類很少這麼使用手臂，但卻利用了它們出色的運動範圍。它們可以指向遠離我們身體的任何方向，只除了我們頭部和軀幹所占據的空間，不過的確很難用手臂運動到正好位於我們背後的空間。我們超級靈活的手臂也可

以在許多不同的平面上以完整的 360 度旋轉，然而它們在一個重要方面與我們的大猿表親不同。把你的手臂在面前伸直，手掌朝下，然後向上旋轉手臂，越過你的肩膀，盡可能地向後伸。這樣做時，你會感覺到肩膀收緊的肌肉和肌腱，因而貯存能量。隨後當你的手臂向前移動時，就會釋出那些能量。

想想棒球投手的動作。當旋轉手臂時，會把能量貯存在上臂，同時也旋轉軀幹，這是其他大猿難以做到的動作。[16] 接著投手把手向前移動，「放鬆」了軀幹，開始投擲。於是棒球可能以 100 哩的時速離開他的手。比較起來，黑猩猩的球速可能只有 20 哩。[17]

除了速度驚人之外，我們擲球也相當準確。黑猩猩如果能把物體投擲到大約是牠預期的方向，已經算很幸運。（有人告訴我，唯一的例外是牠們把糞便擲向倒楣的研究人員。）相較之下，大聯盟投手可以持續擲出好球。之所以能有這種準確度，有兩個原因，第一是我們的手指比黑猩猩的短（見圖 3.2），[18] 第二是我們有能力在 0.5 毫秒的時間之內釋出球。[19] 無法掌握這種時間點的投手投不出好球。速度和準確性的結合意味著我們人類擁有動物界最好的投擲臂。即使你年紀大，還有關節炎，依舊很有可能會投贏黑猩猩。

有很長一段時間，我們的祖先主要是通過尋覓揀拾和狩獵小動物來獲取肉類，但約在 200 萬年前，他們開始尋找更大的獵物，這樣做既困難又危險。如果他們直接迎著獵物，上前

去用石頭砸打，或反覆用棍棒攻擊，就會有被踢、咬、遭刺牴或踐踏的風險。後來他們獲得重大突破，想出如何運用投擲能力，遠距離殺死動物。他們大概是先用這種能力投擲石頭[20]或棍子，接著投擲削尖的石頭或棍棒，最後投擲綁在木棍上的尖利石頭。這讓他們能殺死比自己大得多的動物；確實，只要我們人類的祖先在地球上的某個角落出現，通常不久之後，當地的大型動物就會滅絕。

我們的祖先殺死動物後，投擲能力也可以讓他們更容易保住其遺體。在爭奪動物屍體的戰鬥中，他們不必殺死前來揀食的動物，只要讓牠們疼痛就夠了。這可以用準確投擲的石頭達成。同樣地，在遠處造成疼痛的能力讓我們的祖先也能由其他掠食者那裡偷走獵物的屍體。最後，儘管我們的祖先手指較短，但保留大部分的爬樹能力，這表示他們甚至不必扔石頭，就可以偷動物屍體。他們可以躲起來，等豹子把獵物屍體藏在樹上，去忙別的事。等牠回來時，計畫中的午餐或其中的一大部分，就會神祕地消失。[21]

證據顯示，古代人類大約在 200 萬年前就開始發揮他們遠距離殺戮的能力。[22] 在最近 10 萬年間，這種能力因為擲箭器（atlatl，北美原住民發明的投擲工具，把短標槍勾在木棍上）和弓箭的發明而大為增強。[23] 到了本世紀，我們發明無人機，讓坐在舒適環境中的人得以追蹤並殺死千里之外的人。[24]

顯然，要控制投射物的投擲必須要用手指。我原本以為也

需要大拇指，但事實證明我可以不用拇指，依然準確地投擲。而且相信只要練習——尤其若我從小練習不用拇指投擲，我就可以不用拇指投擲東西，卻依舊像用了拇指一樣準確。[25]

　　儘管你不用對生拇指（opposable thumb，和其他四指對置，可抓取物體）也可以準確扔擲物品，但在使用棍棒時則不然。對生拇指可以包覆棍棒的手柄，因此大大降低在撞擊時失去棍棒的機會，這表示你可以繼續棒擊目標。[26] 對生拇指還使我們能夠握拳（我們是唯一可以握拳的動物），因而能夠猛擊物體。[27] 而且不要忘記，擁有對生拇指使我們可以精準地抓握物體。要製作或使用燧石刀（flint knives）或刀刃，或者長矛，也非得要有對生拇指不可。有拇指可以讓你輕鬆地做很多事，如果沒有拇指，就會做得很笨拙。一個簡單的方法就能讓你立即讚揚拇指的功能：把拇指上半部用膠帶貼到食指下方。我嘗試了這個實驗。結果：馬上就笨手笨腳。

⊕　　　　　⊕　　　　　⊕

　　除了擁有了不起的投擲臂外，你還擁有出色的發聲器，其中最關鍵的是聲帶，但重要的是，你還有下巴、舌頭和嘴脣，可以朝多個方向移動，塑造聲帶發出的聲音。而且不要忘記，你有精確控制長段時間排出肺中空氣的能力。確實，當你要說出一句長句時，就會不自覺地吸入足夠的空氣來完成它。因為你有這些能力，所以在情況需要時，可以用幾乎聽不到的耳語或在劇院中迴盪的歌曲或宣言溝通。就發聲能力而言，你是大

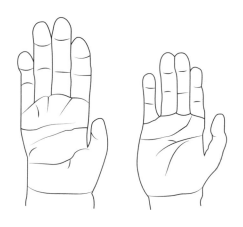

圖 3.2　黑猩猩的手和人的手，按比例繪製。

自然的怪胎。

　　當然，並不是只有人類才會發出聲音。蟋蟀和槍蝦（snapping shrimp）可用附肢發聲。馬達加斯加蟑螂（hissing cockro-aches）由腹部排出空氣發聲。蛇用口發出類似的嘶嘶聲，有時也可以用尾發出響聲。而且有聲帶的動物當然可以發聲：獅子咆哮，座頭鯨唱出美麗的歌聲，我們人類則喋喋不休。

　　有些動物能夠發出人的聲音。你可能會聽到鸚鵡說：「喂，你」，而以為有人在招呼你。但由於鸚鵡缺乏像我們這樣的呼吸控制，因此無法發出像我們可以發出的持續聲音，因此，如果鸚鵡試想要背誦林肯蓋茲堡演說的開場白：「87 年前，我們的先輩在這塊陸地上建立了……」——沒人會上當。重要的是，黑猩猩也有類似的缺點，儘管牠們的聲帶結構與我

們的類似，卻缺乏像我們這樣的呼吸控制，而這對他們可以發出的聲音產生巨大的影響。

我們人類應該是分階段逐步獲得語言的能力。我們的第一種「語言」應該是「肢體語言」。例如在生氣或恐懼時，我們原始祖先的皮毛就會不由自主地豎立起來，使他們看起來更高大，藉此威嚇對方。如今我們體內仍然有這種肢體語言，只是因為我們已沒有皮毛，所以這種語言就沉寂了：如果恐嚇或激怒我們，我們的反應可能是起雞皮疙瘩，當然那毫無威嚇力量。

我們祖先的身體也會擺出姿勢和步態，以半自發的方式「說話」。而且因為他們有手臂，因此可以做手勢來表示他們的心理狀態。比如他們可以在空中揮舞手臂，或做出指向某物的手勢，這是犀牛辦不到的。此外，由於他們的臉部結構，可以用面部表情溝通，這也是犀牛辦不到的。

我們的祖先在做手勢時，可能還會發出聲音，讓其他人看到他們在打手勢。如果某種聲音總是伴隨著某個手勢，這個聲音本身最後就可能代表該手勢。當我們的祖先不得不在茂密的植物或黑暗中溝通時，這種做法就會派上用場。原始的口說語言可能就此產生，而且隨著時間進展，有意義的聲音範圍會擴大，而且會變得更具體，並遵照某些規則。

我們的發聲結構使複雜的語言成為可能，讓我們能夠協調我們與其他人日益複雜的計畫，反過來，這也讓我們以群體之

力完成我們獨力無法完成的任務，尤其能夠提高我們的狩獵能力。一隻獵物逃避一個用矛的人是一回事，但若牠在遭伏擊時，要逃避由四面八方擲來所有的矛，則是另一回事。如果沒有語言，就很難計畫這樣的伏擊。[28]

更廣泛地說，語言使大規模的合作得以實現。舉例來說，假如一群工程師想要不用語言而設計並建造巨無霸飛機，或甚至假設兩對夫婦要在不使用語言的情況下計畫下週六晚間六時一起用餐，其中一對夫婦準備沙拉和甜點，另一對準備主菜，這簡直是不可能的任務。

⊕　　　　⊕　　　　⊕

想要合作，除了需要使用語言外，還需要自我控制。它也需要信任，尤其是願意信任完全陌生的人到某種程度。不妨想像一下如果你要搭機飛往某地時的情況。你和你素昧平生的數百人有條不紊地登機，全都找到自己的座位，並在飛行途中安靜地坐好，最後所有的人都安然下機。如果要以這種方式運送幾百隻黑猩猩，必然會造成騷亂。同樣地，我們在大部分都市裡的大部分地區步行，往往會忽視我們所遇到的陌生人，因為我們認為他們不會對我們造成傷害。森林裡的黑猩猩如果採取同樣的信任態度，可能會付出慘痛的代價。

我們人類祖先合作天性的另一個跡象是他們所擁有的物品，包括貝殼和燧石，這些物品或許來自遙遠的地方，可能是某一個人運輸了這些貨物，但更有可能是貿易網的結果。例如

貝殼，住在海邊的人會有很多貝殼。他可以用它們和住在比較內陸的人交換，取得海邊難以獲得的物品。他的貿易夥伴又可以與住在更內陸的人交易，以此類推。如此這般，貝殼就可能被送往內陸數百哩，而毋需任何人運送。還要注意這樣的交易網並不需要任何人設置，也毋需任何後來的維護。相反地，它是自然而然地出現，並且發揮作用。貝殼被人類的欲望吸引，而來到內陸。

尼安德塔人似乎不像他們的智人表親那麼積極地貿易。這很遺憾，因為他們不願貿易，不僅剝奪他們透過貿易可得的貨品，也讓他們無法得到原本可由貿易夥伴得來的訊息。因此這使尼安德塔人更加難以與我們的物種競爭。[29] 為什麼尼安德塔人不願交易？很可能是因為他們缺乏智人表親的信任天性。

⊕　　　　⊕　　　　⊕

總而言之，我們的原始人類祖先有複雜的大腦，安放在非常不尋常的身體裡，因此他們獲得了遠距離殺戮的能力。這當然是一種成就，但這與我們後來的成就一比，卻相形見絀。必然發生某些事，使我們走上了通向往偉大的捷徑。

人類學家理查‧蘭罕（Richard Wrangham）認為，由於我們的殺戮能力提高，我們祖先食用的肉類急遽增加，他們的身體對這種改良飲食的反應是，大腦變得更加複雜。由於才智提升，他們可能會想出新的方法，以更可靠的方式獲取更多的肉類，因此展開良性循環，讓他們獲得莫大的益處。

在飲食中加入肉類，使我們的祖先能夠以更有效率的方式獲得更多的卡路里。舉例來說，你可以由85克低脂牛絞肉中獲得213卡路里的熱量；但若要由菠菜中獲取這麼多的熱量，就需要900克。同樣地，85克牛絞肉可為你提供22克蛋白質；但若要由菠菜中攝取這麼多的蛋白質，就必須吃750克菠菜，而且是品質較低的蛋白質。為了攝取足夠的營養，我們的素食祖先就非得吃很多蔬果不可，這過程會非常耗時。現代人一天可能花1小時進食，但我們的祖先卻可能像黑猩猩一樣，要花6小時。[30]

由營養上來說，大腦是昂貴的器官。大腦需要大量脂肪和蛋白質才能生長，要消耗大量卡路里才能運作：即使你在休息，並沒有特別費心思考，占你體重2%的大腦依舊可能會消耗你身體燃燒的20%卡路里。不過當我們的祖先開始吃更多的肉類之後，他們就「負擔得起」更大，更複雜的大腦。此外，大約在200萬年前，[31]我們的祖先聰明到能夠升火，並能夠維持火苗烹煮肉類，這又提高了他們以肉類攝取營養的能力，[32]因此加快上述的良性循環，人類進步的步伐也隨之加快。

因此，為什麼我們的物種能夠創造這麼多的成就？是的，我們的大腦發揮關鍵的角色，但我們的身體亦然，它沒有毛髮，會出汗，可以直立行走和跑步。它具有某種手臂、手、手指和拇指，某種發聲構造，還有能巧妙控制呼吸的肺部。重要的是，我們的大腦不僅聰明，而且讓我們有合作的天性。刪除

以上任何一項特徵，今天我們就很可能不會寫作或閱讀關於我們祖先的書籍；而是外出覓食，揀拾腐食，或忙著獵捕我們的下一餐。

　　毫無疑問，由擁有出色投擲能力的手臂或直立行走的能力，到發明大型強子對撞機（Large Hadron Collider），還有很奇特的長路要走，但我們這個物種就走上了這條路。

第四章

你在生命樹上的位置

芝加哥的菲爾德博物館（Field Museum）得意洋洋地展出一副暴龍骨架，因為發現牠的是古生物學家蘇·韓德利克森（Sue Hendrickson），而被暱稱為「蘇」——是雌或雄，性別還不清楚。蘇（恐龍）在壯年時期必然是勇猛的巨獸。不過你要知道，你和牠有共同的祖先，這表示你們是廣義的表親。這個共同的祖先活在 3 億 2 千萬年前。只要你說得出來的其他任何（無論是活是死的）生物，也都和你都有共同的祖先，包括企鵝、紅杉，和在你腸道中漫遊的大腸桿菌。與你相關的生物彼此又互有關聯。一旦我們承認所有物種有關係，就可以建構一棵生命樹來表現這些關係。

我們已經探索了家譜的聯繫，它們以人為「節點」（nodes），每個節點上方都有一個 T，這個人的父母位於 T 的橫線末端。而這些父母的上方同樣也有個 T。家譜的每一個部分都這個同樣的形狀，因此看起來像是積體電路設計員繪製的圖（請見圖 4.1）。此外，任何兩個人的家譜看起來都完全一樣，T 上疊 T，唯一的區別是出現在家譜樹上的個人身分——當然，除非兩個人是同胞手足，在這種情況下，他們的家譜是相

同的。

　　相較之下，生命樹與人無關，而與物種有關。完整的生命樹就像榆樹，樹的底部是「根」，代表了像生物，但又不完全是生物，帶來第一批活有機體的物體。根部上方是生命樹的「樹幹」，樹幹的頂端是萬物最後共祖（LUCA, Last Universal Common Ancestor，萬物最後共同祖先），這是當前所有生物的最後一個共同祖先。（注意，不要把 LUCA 與我們在第二章討論的所有現存人類的最近共祖 MRCA 混淆。）生命樹有樹幹，因為它需要時間讓演化過程把第一批非常簡單的活有機體轉化為複雜得多的萬物最後共祖。在生命樹的頂端，每一種現有的物種都會有一枝「樹枝」，包括我們的物種在內。在這些樹枝下面將是回到萬物共同祖先 LUCA 的「枝條」。圖 4.1 顯示的是此樹極簡化的版本。

　　家譜上的「時間之箭」通常指向下方，表示隨著我們向樹上移動，就會回到過去，回到更遙遠的祖先。但在生命樹上，時間之箭習慣上是朝上，表示現有的物種會在頂部。由於現存物種很多，所以生命樹的頂部將廣闊而平坦，比較像是非洲的金合歡（acacia），而非榆樹。除了這些樹枝之外，還有很多樹枝沒有達到頂部。它們代表滅絕的物種。有時許多物種約在同一時間滅絕，稱為「大滅絕事件」（mass extinction event）。這些事件將以平頂「平台」的形式出現在生命樹上，如圖 4.2 所示。

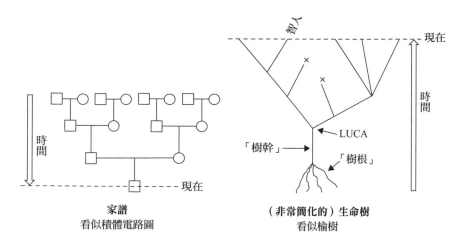

圖4.1　家譜顯示人們彼此之間有什麼樣的關係，而生命樹則顯示物種之間有什麼樣的關係。請注意，這兩株樹的「時間箭頭」指向相反的方向。還要注意在（大幅簡化的）生命樹中，許多分支延伸到現在，造成「平頂」，它們代表現存的物種。標有 × 的分支代表滅絕的物種。LUCA 是萬物的最後共祖，是目前所有生物的最近直接祖先。生命樹的樹根代表帶來第一批活有機體的半生物。

　　我們可以把生命樹上樹枝之間的水平距離對應物種在遺傳學意義之間的距離，讓生命樹提供更多的資料。在這樣的樹上，長期保持不變的物種將由垂直分支表示。這就是描繪「活化石」腔棘魚分支的方式，如今的腔棘魚和 4 億年前沒有多少變化。隨著時間的流轉改變的物種，時間則以傾斜的分支描繪。

　　我們也可以不要理會物種在遺傳上是多久以前分支，分離多遠，而只注意哪些物種由哪些分離而來，以及其分離的順序，這樣做雖會減少生命樹的資料，但卻使它容易建構得多。

得到的結果就是生物學家所謂的「分支圖」（cladogram，見圖4.2）。最後，我們可以藉由出放射狀的生命樹（見圖4.3和4.4），節省紙張空間。不論這些放射狀的樹多麼密集，它們都只顯示出現所存在物種的一小部分。如果拿我們在現代放射狀生命樹上毫無特殊之處的位置，和我們位於19世紀生物學家恩斯特・海克爾（Ernst Haeckel）所繪華麗生命樹上的頂端位置相比，實在發人深省（見圖4.5）。

我們已經知道，完整的家譜會非常寬，完整的生命樹也一樣。目前大約有1千萬種物種，大部分還未被人發現。[1]假設我們畫出完整的生命樹，並在這棵樹頂部細枝之間留1公分的距離，所需的紙就必須有100公里──即60多哩寬。但是要知道，真正完整的生命樹不僅會顯示現在所有的物種，也要包括所有曾經存在過的物種。99％甚至99.9％的物種可能都已滅絕，[2]而這些物種全都包括在生命樹中，繪成未達平坦樹頂的樹枝。因此繪出的生命樹會有密集的分支，極其複雜。

要建構家譜，必須了解過去有哪些人，以及其中誰生了誰。同樣地，要建構生命樹，必須要知道曾經有哪些物種，以及在演化角度上，這些物種之間的關係。遺憾的是，這兩種知識我們都欠缺。我們還未能發現目前存在的大多數物種，越往回追溯，我們的物種普查草圖就越不完全。儘管我們可以用DNA測驗來了解現有物種如何密切相關，以及它們與還不太遙遠過去的物種之間，有什麼樣的密切關係，但滅絕物種的

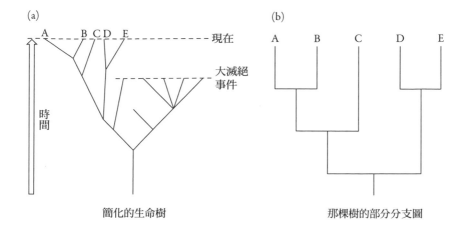

圖4.2　左圖是一棵生命樹，顯示了滅絕事件。樹上平頂的「平台」顯示許多物種幾乎同時滅絕。右圖，生命樹（a）的一部分已被轉換為物種A至E的分支圖。分支圖常常橫向顯示，以便更容易標記。

殘骸越古老，測試就越不可靠。我們似乎不可能對1千萬年前存在的生物遺骸進行測試——其DNA破壞得太厲害，無法解讀。這是我們要建構完整生命樹，以了解數10億年前的生物如何互相關聯時的嚴重限制。

　　只要我們一開始探究自己在生命樹上的位置，建構那棵樹的問題就會顯現。我們可能會認為，基於人類的自戀，我們對於人科動物之間的關係應會有深入的了解，但結果恰好相反。科學家爭論究竟哪些人科動物曾經存在；等大家同意某個種存在之後，又爭論它存在的時間；最後他們還爭論存在物種之間的關係。古人類學家伊恩・塔特索爾（Ian Tattersall）一生都

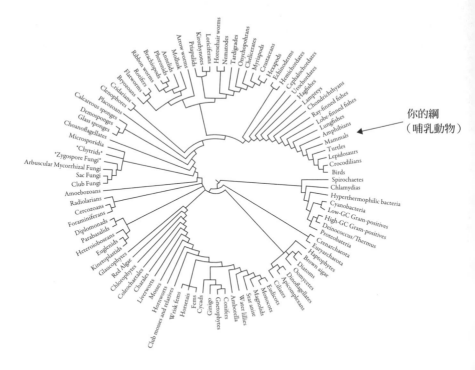

圖 4.3　放射狀的生命樹，已大幅簡化。

參與這種辯論，他說：這 20 年來，他由認為 400 萬年間有 12
種人科動物，到認為 700 萬年間有 24 種人類動物。[3]

　　建構生命樹的理想方法就是回到過去。我們可以由追蹤自
己物種的演化起源，展開研究，其中一種方法就是建構我們家
譜的延伸版。在回溯過去時，不僅要記載我們祖先的父母是
誰，這些父母的父母是誰，以此類推，而且要在每一個站點紀
錄那個祖先屬於哪種物種。如果追溯到 50 萬年前，我們的直

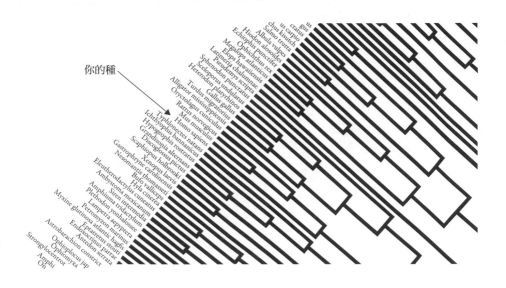

你的種

圖4.4　更詳細（但仍大大簡化）的放射狀生命樹的一部分。

系祖先就不會是我們自己物種「智人」的成員，而是海德堡人
（Homo heidelbergensis）的成員——如果目前古人類學的共
識觀點正確。我們可以結論說，海德堡人是我們的「親本種」
（parent species），而在我們建構的樹上，會顯示我們的物種
由它的枝幹分支。如果我們再向前追溯祖先 100 萬年，就會
發現——同樣地，如果目前古人類學的共識觀點再度正確，直
立人（Homo erectus）是海德堡人的直接祖先，因此直立人成
為我們的「祖本種」（grandparent species）。

　　如果繼續回溯 700 萬年，我們就會來到人類和黑猩猩共
同祖先的物種。這個祖先物種既不是人類也不是黑猩猩，而是

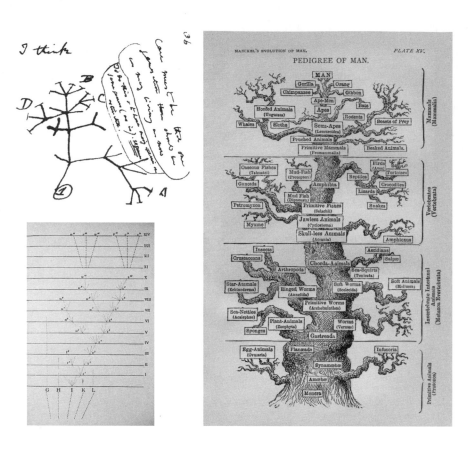

圖4.5　具有歷史意義的生命樹。圖左上是達爾文「靈光乍現」的樹，左下是他發表過的樹。圖右是海克爾較為精細的生命樹。請注意人在這株樹頂上的特權位置。

屬於一個現今已不再存在的物種。再回溯 3 千萬年，我們就會發現我們與猴子共同擁有現已滅絕的祖先物種。重要的事實是：你絕非猴子的叔叔，但就非常廣義的解釋，你是猴子的表親。

讓我在這裡暫停一下，回答有時被視為創世論者對演化論的致命批評：「如果人是猴子演化來的，那麼世上怎麼還會有猴子？」這個問題的答案有兩個部分。首先，我們並不是「由猴子」演化而來；我們和猴子是由既不是人類也不是猴子的共同祖先演化而來。其次，就算我們的物種是由猴子那裡分支出來的，猴子也完全可能在分支後繼續存在。打個比方，儘管新教徒是由天主教徒分支出來，但仍然有很多天主教徒存在。

⊕　　　　　⊕　　　　　⊕

儘管我們極不可能繪出完整的生命樹，但對於我們這個物種怎麼會存在，卻有大致的了解。如上所述，海德堡人和直立人可能分別是我們的親本和祖本物種。我們的「曾祖」物種屬於南方古猿（Australopithecus）屬，出現在 400 萬年前，我們又發現在那之前 100 萬年，有一種地猿（Ardipithecus）屬的物種。回溯生命樹越遠，就如我所說的，我們就會碰到我們與黑猩猩共有的祖先，然後再碰到我們與猴子共有的祖先。

再繼續回溯，我們就會碰到早期的哺乳動物，其中許多很像現代的狐猴。如果回溯 6 千 6 百萬年的歷史，就會碰到在我們的演化中舉足輕重的事件：一顆小行星撞擊地球，使恐龍滅絕。[4] 哺乳動物的表現稍微好一點，或許是因為牠們有地下洞穴，就像現代的鼴鼠一樣，或者因為牠們花很長時間在地下冬眠，就像現代的馬島蝟一樣。[5] 這段討論清楚地表明，對一群生物造成災難後果的事件，對另一群生物卻可能是福祉。多虧

小行星撞擊地球，使我們的哺乳動物祖先活在對有限食物競爭較少的世界，掠食者也可能更少。如果小行星沒有撞擊地球，我們就可能不會存在。

上述的白堊紀末期滅絕事件，是生物學者已知五次大滅絕中最著名的一次，但卻不是規模最大的一次。儘管白堊紀末期滅絕事件使大約 75％的物種滅絕，但估計 2 億 5 千 2 百萬年前的二疊紀末期滅絕卻使 96％的物種滅絕，被認為是幾件事件一起造成的，包括小行星撞擊和大規模火山活動。[6] 其他三場大滅絕分別發生在 2 億年前的三疊紀末期，3 億 7 千 5 百萬年前的泥盆紀晚期；和 4 億 4 千 5 百萬年前的奧陶紀末期。

讀了這段話會讓我們提出兩個問題。第一，為什麼這些事件發生在例如白堊紀或二疊紀等地質時代的末期？這是因為地質學家主要根據他們所發現的化石來畫分時間紀元，而化石又受到滅絕事件的重大影響；第二，為什麼在 4 億 4 千 5 百萬年前沒有大滅絕事件？這並不是因為地球成形 40 億年來沒有小行星撞擊、火山爆發或極端氣候變化，必然有許多這樣的事件。確實，根據「雪球地球」（Snowball Earth）假說，大約 6 億 5 千萬年前，地球經歷了冰河時代，幾乎完全被冰覆蓋。[7] 這樣的事件必然對當時有的生物產生重大影響，但因為當時存在的生命形式不易變成化石，因此我們得不到大滅絕事件的紀錄，這表示它無法列入我們的清單。

⊕　　　　　⊕　　　　　⊕

再往生命樹上回溯，你就會發現按照年代的順序依次向前出現的，是像哺乳動物的爬行動物、爬行動物和兩棲動物。再往前行進，就會來到這個個人大歷史的關鍵事件。你的魚類祖先一定在某一點完成了過渡到陸地的轉變，否則你就不可能成為陸生動物。然而生活在水裡的動物怎麼可能會轉移到陸地上呢？

在你想像魚類由水中轉移到陸地上時，很容易就會想成魚類由海洋中爬出來，上了沙灘或石灘上。不過我們可以證明，第一隻離開水的魚並沒有爬行，而是彈跳到岩石海岸上，就像當今的跳彈鰍（leaping blenny）一樣，原因或許是為了逃避天敵。生活在濕地或沼澤含氧量低的淺水魚類也可能會轉變到陸地上。習慣在水底用鰭爬行吃草的魚類，也可能經歷許多世代，發展出在陸地上短暫爬行的能力，或許是為了覓食，或許是為了產卵在不會受到天敵侵襲之處。

這使我們見到提塔利克（Tiktaalik），這是在 2004 年發現的化石，成了頭條新聞。新聞報導給人的印象是，牠是第一條離開水的魚。而且由於提塔利克的化石是在北極海艾利斯米爾島（Ellesmere Island）的山坡上被發現，讓人產生相當不協調的心理印象，以為有條魚離開海洋，攀爬附近的山坡，到頭來可能由於體溫過低而死，變成化石，被我們發現。

不過等我們明白 3 億 7 千 5 百萬年前，也就是提塔利克存活之時，牠所在的地方是熱帶沖積平原，那樣的印象就不攻自

破了。此外，提塔利克死亡時也未必是在陸地上。較大的可能是牠死在水中，埋在泥土裡，後來泥土變硬，又因地質力量而抬起。提塔利克也不是魚，它在生命樹上的位置是介於魚和四足動物之間。

發現提塔利克之後，有些人除了認為這是第一條離開大海的「魚」，也認為牠是他們的直系祖先，就像他們母親的父親的父親一樣。換句話說，他們認為如果要建構超大家譜，那麼這個生物就會出現在其中。不過這種情況極不可能發生，就像隨機選擇一名死者，例如澳洲第一任總理愛德華·巴頓（Edward Barton），把他列在你的家譜上一樣。的確，就我們所知，變成提塔利克化石的生物並沒有後代，這表示牠不會出現在**任何**現存生物的家譜上。

但由另一種意義來說，提塔利克也可能是我們的祖先。即使成為提塔利克化石的生物不是我們的直接祖先，但「Tiktaalik rosea」（提塔利克）這個物種卻可能是我們人類智人的直系祖先，就像海德堡人和直立人一樣，只是在生命樹上比他們更早。這確實有可能，但是再一次地，目前還沒有證據顯示是如此。較可能的是，提塔利克只是我們物種的遠親，就像暴龍一樣。

此時，重要的是要了解你的家譜和生命樹是連結的。尤其如果提塔利克確實是智人的祖先物種，那麼你的家譜中至少要有一隻提塔利克出現。反過來說，如果你的家譜中至少出現一

隻提塔利克這個物種，那麼在生命樹上，提塔利克必然是你所屬物種智人的直系祖先。

請記住，在你探索生命樹時，在任何一個時間點上，都會正好有一個物種是你的直系祖先物種。[8] 為說明起見，請再想想6千6百萬年前造成恐龍滅絕的小行星撞擊。如我們所知，那次撞擊有許多哺乳動物存活。其中有絕無僅有的一個物種，在小行星撞擊之時，是你的直接祖先物種。此外，該物種的某些成員（但可能並非全部）[9] 得要出現在你的超大家譜上，否則該物種就不會是你的祖先物種。

再往前回溯你的祖先，我們發現了鰻魚，在那之前還有蠕蟲。在5億3千5百萬年前，即所謂的寒武紀大爆發時，你祖先的足跡變得更難追溯。這是因為你當時的祖先沒有骨骼和貝殼，很難留下化石。但有些例外，例如在澳洲弗林德斯山脈（Flinders Ranges）埃迪卡拉山丘（Ediacara Hills）發現的埃迪卡拉生物群（Ediacara biota）。這些生物活在寒武紀大爆發前的1億年間。在加彭的弗朗斯維爾（Franceville）附近發現的軟體弗朗斯維爾生物群（Francevillian biota）則是另一個例外（見圖4.6）。這些生活在21億年前的生物，[10] 看來與任何現代生物都不相同，雖有可能，卻又不太像。其中一些是你的直系祖先，在這種情況下，牠們就會出現在你的大家譜上。

再往回追溯，所有生物都是微生物。你的直接祖先就在牠們之間。微生物當然很難直接留下牠們曾經存在的化石證

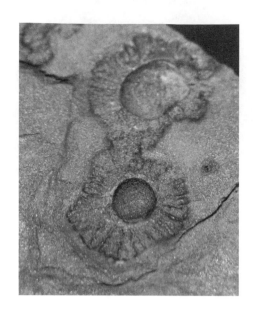

圖 4.6　弗朗斯維爾生物群。當然是我們的親戚，但或許也會是直系祖先？

據，但它們可以留下間接證據。舉例來說，疊層石（stroma-
tolites），即由本身並沒有留下化石的藍綠藻所「建造」的岩
石，有些岩石可回溯到 35 億年前。（順帶一提，疊層石目前
依舊在形成，最著名的是在西澳洲的沙魚灣。）古代的藍綠藻
除了製造疊層石外，還產生大量的氧氣，影響了地殼中岩石的
化學成分。結果，即使古老的岩石不包含任何生命化石證據，
那塊岩石的化學性質也會提供令人信服的證據，證明岩石形成
時有生命存在。

⊕　　　　　　⊕　　　　　　⊕

我們已知探索家譜會出現意外的結果，探索生命樹亦然。如果想到我們的祖先可能包括像松鼠一樣的生物，未免教人不安，如果知道甚至包括貨真價實的蠕蟲，恐怕更教人煩惱。同樣教人驚訝的，是發現蜂鳥和鱷魚有關係，蝴蝶和龍蝦也是。而且我們晚餐吃的雞是恐龍的直系後裔，這不免教人深思：天哪，這也墮落得太嚴重了！

在結束本章之前，讓我們花一點時間來想想創世論者會對科學的生命樹會有什麼樣的反應。「年輕地球」（young Earth）創世派的人相信上帝在公元前 4004 年 10 月 23 日那一週的第 3 天到第 6 天創造了各種物種，而且創世論者認為一個物種無法產生其他物種，因此這些物種就是曾經存在過的所有物種。創世論者不但不會像科學家那樣，只向我們提供一棵生命樹，而是給我們一片「生命樹林」，因為每個物種都有自己的樹。而且由於創世論者認為物種無法帶來其他物種，所以這片樹林中的樹木不會像科學的生命樹那樣分支，而是像竹桿，這表示創世論者的生命樹林就像竹林一樣（見圖 4.7）。

我們已經看到，隨著時間的回溯，你距離最後共同祖先 LUCA 越來越近，科學的生命樹分支也會越來越少。但在創世論者的生命樹林中，卻不會有這個情況發生。相反地，隨著時間回溯，竹桿的數量必然會**增加**，因為你得加上後來滅絕的物種。在創世論者生命樹林的底層，你會發現所有存在物種的樹莖，這必然是個大雜木林。

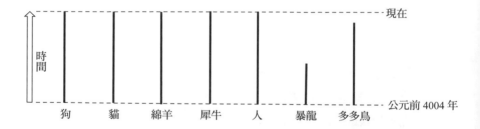

圖 4.7 創世論者的「生命樹林」。據地球年輕創世論者的說法，所有存在過的物種都是在公元前 4004 年創造。因此物種不會像樹上的樹枝，而是獨立的「竹桿」。由於暴龍和多多鳥已經滅絕，因此牠們的「竹桿」並沒有一路延長到現在。

　　此外，由於人類目前存在世上，所以無論在創世論者的生命樹林裡回溯多遠，他們都一定會存在。這就表示創世論者的生命樹林就和《摩登原始人》（*Flintstones*）卡通裡的世界觀一樣：人與恐龍同時代並存。有些創世論者支持這種世界觀，他們找到一些他們認為是古老河床的地方（很久以前就已變成石頭），上面有恐龍和人類足跡。[11] 科學家則質疑這種證據的真實性，和創世論者對此的解釋。

　　要知道，如果我們接受進化論，還是有可能協調根深柢固的宗教觀點。教宗和大部分的天主教徒似乎已做到了。[12] 如果因伽利略提出地動說而迫害他的宗教可以彌合科學和宗教之間的鴻溝，其他宗教自然也做得到。

第五章
你的性問題

　　你是有性生殖的生物，這有多種意義。除非你的染色體有問題，否則你不是擁有兩個 X 染色體，在基因上成為女性；就是擁有一個 X 和一個 Y 染色體，使你成為男性。[1] 由身體構造來看，你也可能是男性或女性。但情況並非總是如此。在你胎兒時期發育的頭一個月，你的身體構造和異性的身體構造無法區分。唯有在此時，你的生殖腺才會接受化學信號，指示它們成為睪丸或卵巢，這又會決定你隨後暴露在什麼樣的性荷爾蒙之中。

　　除了遺傳和結構上的性別之外，你幾乎必然在心理意義上也是有性生殖的生物。只是情況未必總是如此。你 4 歲時，心理上是無性的，但 1 到 10 多歲，你就會對異性越來越在意——或者，如果你是同性戀，則會意識到同性的存在。到了你 10 幾歲中期之時，你可能已經花了許多時間思索他們，並努力要爭取他們的注意。不論如何，你都產生了性慾。

　　男性在青春期可能經歷了第一次的性高潮。這一定是驚人的事件：一個顯然為站立排尿方便而設計的器官怎麼會是如此歡樂的泉源？這個問題很快就會帶來另一個問題：我能讓它再

次發生嗎？從此以後就走上不歸路，這名年輕男子的優先考量被徹底改變了。經歷青春期的女性不會經歷像不由自主的勃起那麼激烈的經驗，但會有其他性興奮的跡象。再一次地，性快感的發現將會成為改變人生的大事。

為了更進一步了解性慾對人生的影響，不妨想想如果你沒有經歷青春期，會有什麼樣的人生。在你幼時給予你快樂的事物，不會被你發現的新樂趣排除，這表示你的童年興趣可能會保持不變。你不會感受到吸引異性穿著舉止的欲望，也不會感受到成家並全力持家渴求。你的人生會變得單純得多。

你的性慾可能導致你做一些愚蠢甚至危險的事，有時也會為你帶來悲傷。你可能會心碎，或者染上性病。你也可能因為自己或伴侶意外懷孕，徹底推翻未來的計畫。不過同時，你的性本質也可能為你帶來性活動的樂趣，並且我希望也能讓你體會到彼此相愛。如果你接下去為人父母，也會帶給你作父母的快樂。因此如果人們可以重來一次，可能不會有太多人會選擇無性生活。

⊕　　　⊕　　　⊕

自生命出現以來，有很長一段時間，我們的星球一直都是無性的地方。在地球上漫遊的細胞生物透過細胞分裂無性繁殖。性必須要等到大約 20 億年前的真核生物演化才會發生。第一批真核生物依舊繼續無性繁殖，有些迄今依然，但是在下一個 10 億年間，有性生殖成為可能。[2] 只是這樣的生殖可能

還並不很性感，因為繁殖的兩個生物之間並沒有身體接觸。這些生物只是釋放配子進入環境裡。如果一個雄配子碰巧遇到一個雌配子，將導致受精。

迄今植物仍然使用這種策略。豚草（ragweed）植物的雄花可能會產生10億粒花粉，被風吹走，如果花粉遇到豚草的雌花就會受精，並產生種子。但許多穀類植物卻找不到雌花，最後只會落在花粉熱患者的鼻竇裡。由於豚草植物會產生許多花粉粒，授粉是可行的生存策略：只要每一棵豚草釋出的花粉粒有少數能正中目標，就能維持現有的數量。

有些動物也使用這種分散配子策略。滿月時，雄性珊瑚將精子釋入海洋中，雌性珊瑚則釋放卵子。沒有證據顯示它們被迫這樣做，或是這樣做讓它們感覺愉快，它們只是天生就會這麼做，就像你天生會有心跳一樣。珊瑚的精子和卵子相逢而產生的後代會在海裡漂流，可能遠離父母，展開新的棲息地。

在更複雜的性活動層面上，動物會感受到性慾。要達到這種程度，這隻動物必須要能夠有原始的思考能力。首先它必須能夠感到舒服與不適，並且必須能夠擬定計畫，增加未來感覺舒服，並降低感覺不適的機會。否則我們就不能說它的行為是「欲望」，而純粹只是反射。

要進一步了解欲望，請想想你的飢餓感。進餐時間到了，你會感到不舒服的飢餓感，如果你有一陣子沒有進食，可能會感到肚子餓得疼痛。你會針對這些感覺，想到如何獲取食物。

你在吃食物時會感到愉悅，吃完後會感到飽足。這些感覺幾乎可以保證在你一生中，都會採取必要的步驟獲取營養。你的性慾也是以類似的方式作用。如果有一段時間沒有性生活，關於它的念頭就會縈繞在你的腦海。如果進行性行為，你將會享受到個人所經驗到最強烈的（不涉毒品）樂趣。這是一種激勵系統，使大多數人由青春期開始保持性活躍。

人類並不是唯一有性慾的動物。儘管青蛙是簡單的小生物，牠們似乎也有性慾。在交配季節，雄蛙會走很遠的距離尋覓雌蛙，牠會和雌蛙交配，並趕跑其他嘗試和雌蛙交配的同類。這不僅僅是反射，而是受到驅動的行為，儘管方式原始。

$$\oplus \qquad \oplus \qquad \oplus$$

當雌蛙把卵釋入水中時，和牠交配的雄蛙就會排出精子，使許多卵受精。所以對青蛙來說，受精在雌雄雙方都是在體外進行，並且在生殖行為過後，卵是獨立的。隨後許多卵會被吃掉，或者死亡，但由於產卵的數量很多，因此其中一些很可能排除萬難，不僅孵化，而且達到生殖年齡，繼續繁殖。

卵子在體外受精顯然有其成效，但是體內受精有一個很大的優點：卵子更容易受精。只是體內受精需要參與者投入更多。尤其雌雄兩性需要知道如何交配。幸好牠們的身體有性愛教練。只要牠們注意身體傳送給自己的信號，做讓牠們感覺舒服的事，很可能就會受精。

僅僅只是一個卵子在雌性體內受精，並不表示就會在那裡

生長。海龜在海上交配，雄性依附在雌性的殼上，把陰莖插入雌龜的泄殖腔，接著雌龜把受精卵埋在沙灘上牠挖好的洞裡，然後就棄之不顧。雞也把生出體內受精的卵，通常是下在巢裡，然後照顧這些雞蛋，保持它們溫暖，並翻動它們，在雞蛋孵化之後，牠繼續保護小雞。

哺乳動物的卵不僅在雌性體內受精，還會在那裡發育。雌性的子宮同時確保它們安全、溫暖，並供給營養，使這裡成為展開新生命的絕佳場所。新生動物出世時不是蛋，而是完全成形的生物。例如白尾鹿，牠們在子宮中度過 7 個月，因此一出生就能夠行走，儘管在生下來最初的幾分鐘走得不穩。

順便提一下，體內受精有趣的變化。例如，海馬在體內受精，但是有一個不同之處，並不是由雄海馬把精子放入雌海馬的體內，而是由雌海馬小心翼翼地把卵子放進雄海馬腹部的育兒袋，再由雄海馬為它們授精。因此雄海馬成為其子女在基因遺傳上的父親，也是牠們的親生母親。

⊕　　　　⊕　　　　⊕

你的性慾專注在某個特定的目標上。你不太可能受到一塊石頭的性吸引，也不太可能受到鴿子或熊的性吸引。吸引你的往往是和你同一物種的異性，但即使在這一小群中，你也很挑剔。比如，假設你是男人，那麼你可能不會被 7 歲女童或 77 歲的婦女吸引，而是對一位 27 歲的女郎有興趣。除非她留了精心雕琢的小鬍子，這可能是讓你倒胃口的重大因素。同樣

地，假如你是女人，你會發現自己不僅受男性吸引，而且特別喜歡有陽剛之氣的男子。因此你可能會發現自己受到留著小鬍子的 27 歲肌肉男吸引。當然，除非他生了豐滿的胸部。

人們常常覺得很難解釋自己的性偏好，因為他們不能選擇自己的喜好，只能因為某種特性的人會激發他們的性慾，因而發現自己的性偏好。這些偏好在很大程度上是我們過去演化的結果，但並非完全如此。[3] 我們被設定尋求可以和我們成功繁殖的個體作為性伴侶。更確切地說，我們（通常）被設定為會受到能證明自己有生育能力的異性吸引。即使在那時我們最不想要的就是生孩子也一樣。以下所言大概是為什麼我們看到鬍子女或豐胸男會敬而遠之的原因：這顯示他們有荷爾蒙的問題，可能會導致不孕。

想想 100 萬年前在非洲大草原上的生活。從未體驗過性慾的古人類將無法繁殖，因此無法成為任何人的祖先。不受人類而受鴿子，甚至更糟，受熊的性吸引，也同樣無法繁殖，受同性或異性不育者性吸引的人亦然。而受異性有繁殖力成員吸引的個體，很可能繁衍子孫，因此生出繼承這種負責性偏好「線路」（wiring）的後代。[4] 我們就屬於這些後代，因此也同樣有這些偏好。

我們已經看到卵子在體內受精和孕育的一個好處是，生物由母體降生時，已經準備在世界上運作。但人類是例外，儘管在子宮內度過 9 個月，我們卻不能像鹿一樣，在幾分鐘之內就

可以行走；可能得要花一年時間才行。不僅如此，而且在我們生命的頭 5 年左右，如果沒有父母保護、餵養和照顧，我們幾乎一定會死亡。這意味著如果只顧尋覓看似繁殖力旺盛的同類異性交配，這樣的父母不太可能會有孫子，因為他們的孩子可能不會生存到可以繁殖的年紀。因此這類父母會退出演化的公式。

除了尋覓看似有生育能力的異性成員外，我們天生也會尋找能證明自己是好父母的情人。這樣的人會關心子女的幸福，並採取行動，確保孩子能夠活到成年。前者的線路讓我們感受到情慾，後者卻使我們體驗到愛，這種情感除了導向後代之外，還可以導向其他人，尤其是我們的伴侶。情慾通常僅持續約幾分鐘，愛的感覺卻可以延續數 10 年。

上面我們已經考慮到由於你的性本能而造成你人生的複雜情況。不過這只是你的性問題之一。如果你嘗試建構超大的家譜，就會遇到截然不同的問題。那個家譜上的每一個人都有兩個父母，一男一女。這些父母同樣也會各有兩個父母，依此類推。我們已經看到這個指數增長率會對任何作祖先研究的人所帶來的實際問題，也思考了家譜的矛盾：如果回溯 2 千年，你的家譜上將會有比有史以來曾經存在過總人數更多的空間，待你填補。不過如我們所知，在我們明白一個人可以出現在家譜的數個地方時，這個矛盾就消除了。

但是，更深入地研究你的祖先，就會發現一個新的問題。你的家譜假設你的每個祖先都有兩個父母，一男一女。但我們知道，生物在有性繁殖之前，曾有一段無性繁殖的時間。也就是說，如果你追溯家譜時間夠遠，就會來到祖先不是由精子和卵子細胞結合有性生殖，而是透過細胞分裂無性繁殖的時候。而這反過來又意味著家譜的二進位結構將崩潰。但它會由什麼來取代？一定會有取代的方法，否則你就不會在這裡。

如果我們由另一頭來著手，這個問題就會更加明顯。假設我們追溯到 30 億年前。如我們所知，當時存在的生物中，至少會有一種是你的直系祖先。因此它會出現在你的超大家譜中。這個生物應該是藉由分裂成兩個「女兒」細胞而無性生殖的單細胞微生物，[5] 這兩個女兒細胞都是它的複製品。這時問題出現了：這種生物的後代怎麼可能轉變為有性生殖的生物？如果這些後代中，有一個因為突變，而由無性繁殖轉變為有性繁殖，那麼它要與什麼交配？如果放棄無性繁殖的能力，它就會缺乏複製自己的能力。因此這種性實驗就會導致無法繁殖的生物，意即當它死亡時，實驗就結束了。

簡而言之，這就是你的第二個性問題：你的祖先怎麼會由無性生殖過渡到有性生殖？這個問題就像家譜矛盾一樣，並不像想像那麼困難。它看似有問題，只是因為我們以為有性和無性是相互排斥的狀態。因為我們用「無性」（asexual）一詞，而免不了這麼想。英文依據希臘文的用法，用字首「a」

表示相反的情況：「atheist」（無神論者）和「theist」（有神論者），這表示一個人不能既是無神論者，又是有神論者。因此，我們在語言上受到暗示，得出生物不可能既有性又無性的結論。但其實並非如此。

⊕　　　⊕　　　⊕

首先，一個物種的成員可以在有性和無性生殖之間變換交替。比如酵母菌是有性生殖的生物：如果酵母菌與異性成員接觸後，雙方就會融合出酵母菌「寶寶」，是前兩個酵母菌的混合DNA。但如果附近沒有異性，它們就有能力透過稱作「出芽」（budding off）生殖的過程作無性繁殖。

蚜蟲也具有在有性和無性生殖之間切換的能力。在春天，過冬的卵孵化，生出雌性蚜蟲，牠們的一生都在無性繁殖。這些雌性蚜蟲採孤雌生殖（parthenogenetic），毋需雄性蚜蟲，就可以產出幼蟲，其子女就是母親的複製品，因此也是雌性。

順帶一提，這種生殖的母蚜蟲並不產卵，而是直接生出完全成形的小蚜蟲，準備迎接生命的挑戰。而且就像牠們的母親一樣非常多產。在牠存活的一個月左右，可能生出100隻小蚜蟲。因此在理論上，一個蚜蟲媽媽可能有上百萬個曾孫女。不僅如此，牠們生出的女兒還有可能已經懷有後代。[6] 1970年代，聳動的小報《國家詢問報》（*National Enquirer*）曾以「出生就已懷孕的寶寶」為標題，吸引讀者的注意。如果是蚜蟲，這個標題不僅正確，而且根本是司空見慣的情形。

如果蚜蟲媽媽感覺冬天快到了，牠們就會改換做法，不用交配就生出雄性蚜蟲。這樣產生的蚜蟲**幾乎**是母親的複製品：可是牠們的性染色體比母親少一個[7]。這些雄蚜蟲隨後會讓雌蚜蟲受精——終於進行了有性生殖，生出的不是活的蚜蟲寶寶，而是可以過冬的卵。等到春天來了，卵孵化出雌蚜蟲寶寶，然後週期再度開始循環。

趁我們談蚜蟲這個題目，還要再提一件事。有些種類的蚜蟲與螞蟻有共生關係。螞蟻就像畜牧場的酪農照顧牛隻一樣，並不是為了要吃牠們，而是為了要牛奶。這些螞蟻保護蚜蟲逃避天敵（如瓢蟲），而蚜蟲被撫觸時，就為螞蟻守護者提供一滴甜漿，稱作蜜露（honeydew）。了解了關於蚜蟲的這些資訊，教人很想種玫瑰，不是為了玫瑰花，而是想要吸引蚜蟲，希望在花園裡養這些奇妙的生物！

無論是整個物種，抑或是物種中的某些成員，只要我們排除有性與無性生殖互斥的假設，就可以解釋你的祖先如何由無性繁殖過渡到有性繁殖。一定有一段時期，你所有的祖先都是無性，也有一段時期，所有的祖先都是有性，還有一段在這兩個時期之間的時間，他們能夠看情況而無性或有性生殖。在這段過渡時期，你的家譜就會像蚜蟲的家譜一樣，因為你的祖先可以混合有性和無性生殖（見圖 5.1）。

⊕　　　　⊕　　　　⊕

到目前為止，我們已經考慮了你的兩個性問題。第一個是

你由於性慾而面臨的挑戰。如果你想要建構範圍廣大的家譜，就會碰到第二個問題：你要如何解釋祖先由無性到有性的轉變？這讓我們面對第三個性問題，除非你是生物學家，否則你本人可能並不會太擔心這個問題。在我們試圖解釋為什麼你的祖先會放棄無性生殖，改為有性生殖時，這個問題就會出現。

有性生殖有許多缺點。在有性生殖時，兩個細胞融合為一體，因此細胞數量減少一半；而在無性繁殖中，一個細胞分裂變成兩個，因此細胞數量增加一倍。此外，要有性繁殖，就必須花費精力來尋找伴侶，就算找到對象，與之交配，還有罹患性病的風險。因此你會認為在資源爭奪戰中，有性生殖的細胞難與無性生殖的對手競爭。在有性生殖的生物歷盡千辛萬苦去找伴侶以生育單一一個子女時，無性生殖的競爭對手數量早就輕而易舉地翻了一倍，然後又翻了一遍。

有性生殖的另一個問題是，它可能會消除基因突變所提供的競爭優勢。假設一個生物由於這樣的突變，終於達到其環境中理想的基因組合，無性生殖的生物就能夠確切傳遞那些基因，複製比競爭對手具有明顯優勢的後代。相較之下，有性生殖的生物只能把那些理想基因的一半傳遞給後代，另一半則由遺傳上不那麼理想的伴侶提供。真是浪費！

話雖如此，但很明顯的是，有性生殖必然會為這麼做的物種帶來很大的好處，否則它不會這麼普及。幾乎所有真核生物都是有性生殖，至少在某些時候如此，而且絕大多數都只能靠

有性生殖來繁殖。[8] 但生物學家疑惑的是,究竟有性生殖有什麼樣的好處?

這個問題的標準答案是,有性生殖能混編基因,讓同一物種的成員之間有更大的基因多樣性。這種多樣性允許有性生殖的生物進行「實驗」,找出在他們所處環境中最有效的基因組合。是的,具有理想基因組合的生物與缺乏這種組合的生物交配,會有退步的情況,但適應環境的過程將比只等待突變產生正確組合快。此外,在環境變化時,具有遺傳多樣性成員的物種更有可能生存:很有可能該物種的某些成員可以適應新的環境。它們存活,就能導致其物種的存活,只是它們可能並不明白。

儘管如我所說,這是有性生殖為何有利的標準解答,但許多生物學家卻對這個答案並不滿意,因此科學文獻中依舊還是有許多關於性為什麼會存在的爭論。[9]

⊕　　　　　⊕　　　　　⊕

一旦我們說服自己,由演化觀點來看,有性繁殖是個好主意,接著卻不難找出更多的方法,讓它更加有利。下面就是一些想法。

在獲得有性生殖的能力之後,為什麼不保留無性繁殖的能力?
如我們所知,我們古早的祖先原本兼具這兩種生殖能力,但後來卻放棄了無性繁殖的能力。要是我們保留這兩種生殖能力,就可以既享受有性生殖的好處(無論是什麼好處),但若找不

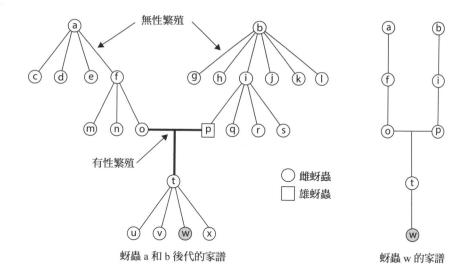

圖5.1 圖左側是標記為a和b蚜蟲的簡化後代家譜。在這個家譜中，雌雄蚜蟲各自用圓圈和正方形表示。這個家譜描繪出蟲用有性和無性繁殖的組合方式。右邊是標記為w（灰色部分）蚜蟲的家譜。你自己的超大家譜在某段時間會類似蚜蟲的家譜，因為它會顯示出有性和無性生殖的組合。

到伴侶，在必要之時，也能夠無性生殖。尤其如果我們很幸運地擁有非常適合我們所處環境的基因，就不必用有性生殖來稀釋那些基因。

為什麼不讓具有有性繁殖能力的生物視情況由一種性別轉變為另一種性別？雖然聽來匪夷所思，但鈍頭錦魚（bluehead wrasse fish）就擁有這種能力。當魚群中居統治地位的雄魚死亡或失蹤後，體型最大的雌魚就開始表現得像雄性，接著顏色也會改變，看起來就像雄魚。這種轉變的最後一步，就是牠的

卵巢變成了睪丸。[10] 小丑魚也有類似的行為，只是正好相反：當統治地位的雌魚死亡時，最大的雄魚會改變性別，取代雌魚的地位。[11]

為什麼不讓生物兼具雌雄性？在一個物種像我們的物種這樣，分為雌雄兩性時，我們就只能與同種的一半成員交配。如果某個物種雌雄同體，可能的性伴侶數量就增加一倍：成員可以與任何其他成員交配，或者也可以與自己交配。那不是很棒嗎？

如果一個物種要有性，為什麼只發展出兩種性別就停止？如果（非雌雄同體的物種）有兩種性別，這個物種的每一個成員就有能力與該物種的一半成員交配；如果有 3 種性別，就可以與 $2/3$ 的成員交配。如果有 10 個，就可以與 $9/10$ 的成員交配。由這個角度來看，我們不得不得出如生化學家尼克・萊恩（Nick Lane）一樣的結論：有兩個性別是「所有可能世界中最糟糕的情況」。[12]

讀者可能會認為，儘管理論上來說，有兩種以上的性別可能有利，但實際上不可行。畢竟，性是二元性的：有性生殖的生物必須是男性或女性，如果是雌雄同體，則是兼具男性和女性。但是要知道，也有許多多性別物種存在，包括嗜熱四膜蟲（Tetrahymena thermophila），這種原生動物有 7 種性別，由類型 1 至 7，並且可以與除了自己性別之外的任何性別個體交配。或者該說，至少在牠有性生殖時，有 7 個性別；它還經歷

了一個無性生殖的階段。在它轉為有性生殖時，所選定的性別是隨機的。[13] 多頭絨泡黏菌（Physarum Polycephalum，一種粘液黴菌）的性生活更奇特，它至少可以有 13 種性別。另外也別忘了裂褶菌（Schizophyllum commune），這種蘑菇共有 2 萬 8 千種不同的性別。[14]

　　如上所引用的例子，會使得有些人把「無心的」演化過程比喻成孜孜不倦的修補匠。[15] 演化很樂於接受基本上可以運作的生物，並嘗試使它變得更好——如果不是在當前的環境，就是將來可能出現的環境。兩種性別可以發揮作用？那麼 7 種、13 種，甚至 2 萬 8 千種呢？這樣的修補是造成在我們星球上出現的生命形式多樣性的主要原因，因為它們擁有承受我們星球已經歷的災難的能力，以及占據地球的土地、海洋和大氣的廣大範圍。

第六章

你家譜中的尼安德塔人

　　2010 年，研究人員重構了活在約 4 萬年前尼安德塔人的 DNA。[1] 接下來的分析證明，那個 DNA 中的一些基因也出現在現代人類的 DNA 上。這種情況會發生，唯一的可能就是在過去某個時候，尼安德塔人與我們的智人祖先交配，產生後代，這些後代自己又產生後代，依此類推，直到現在。這也就意味著，如果我們大多數人製作大規模的族譜，就會發現有許多尼安德塔人潛伏其中。[2]

　　有些人對自己的尼安德塔人血統感到不安，部分是因為他們認為尼安德塔人是較低級的人種，是只會發出咕嚕聲的野蠻穴居人。但這種憤怒顯然並不恰當，因為一方面，尼安德塔人並不愚蠢或笨拙。他們是技巧熟練的獵人，能夠製造和使用複雜的武器和工具。他們會升火，製作原始的衣服，並建造住所。他們有複雜的社會群體，可能會使用語言。至少在某些情況下，他們似乎也有埋葬死者的儀式。他們顯然是複雜的人類。此外，蠕蟲也是我們的祖先，因此沒有理由抗拒尼安德塔人當作我們的祖先。

　　不過還記得高中生物的人會因另一個原因，而對尼安德塔

人是我們的祖先感到不安。首先,他們受教說,尼安德塔人和智人屬於不同的物種。其次,不同物種的動物不能交配,也不能生出有繁殖力的後代。[3] 尼安德塔人出現在他們的家譜中,表示這些教條必然有一個是錯誤的,只是錯誤的究竟是哪一個?

本章將探討我們的尼安德塔人祖先,並藉此過程重新審視物種的概念。在第四章討論生命樹時,我們把這個概念當作理所當然,然而物種的範疇其實並非我們所以為的那麼清楚。它們原本就含糊不清,而就是因為這種模糊,才會使尼安德塔人出現在我們的家譜上。

⊕　　　⊕　　　⊕

假設你獲得回到過去的能力,這可是做祖先研究的利器。你不僅可以結識你的祖先,還可以獲得關於你家譜的內幕消息:你的曾祖母可能會告訴你,你**真正的**曾祖父是誰,和正式的紀錄不同。在得到這個消息之後,你會因為祖先成就你的人生而感謝他們——或者天知道,你也許會責怪他們?你也可以藉這次時光之旅來做一些嚴肅的科學研究。時光倒流,你可以對當時存在的物種做個調查,確定它們與你前一次逗留時所遭遇物種之間的關係。[4] 你可以用這個資訊來建構一個完整而正確的生命樹。

但要事先警告的是:假設時間旅行是可行的,它也會有它的害處。首先的一種危險是,你可能會在無意間做出某事,破

壞了最後會導致你存在的事件鏈。長久以來，哲學家和科幻小說家都深受這種危險吸引。而且即使你小心避免這些導致你存在的危險，還有其他與時間旅行相關的真正危險。[5]

我住在俄亥俄州的戴頓市（Dayton）。如果時光倒流 2 萬年，那麼在時光機器停下之時，我會發現自己處於 1 千呎厚的冰層下。這裡是最近一次冰河時代的巔峰，冰層覆蓋了俄亥俄州的大部分地區，造成在我所住這區處處可見冰磧丘，這些持續的岩土山丘曾標識著冰川的邊緣。不過如果我回到 4 億年前，就會發現自己不是在冰層下，而是在熱帶的海底，這造成了我在我家附近發現的海百合化石。如果時光倒流 6 億 5 千萬年，我會再次發現自己在冰層之下，根據雪球地球假說，這些冰層幾乎覆蓋整個地球。

假設我由紐約市展開時光旅行，回到 2 萬年，我也會發現自己處於冰川之下，其證據是中央公園基石露出地面岩層上的冰川條紋。不過如果回到 4 億年前，我就會發現自己並不是在淹沒戴頓市的熱帶海洋之下，而是在山脈之上或之下，取決於時間旅行的方式——學者認為那座山脈比曼哈頓任何一座摩天大樓高 15 倍。[6] 順帶一提，支撐那些摩天大樓的基石正是源於這些山脈。由紐約市展開時光之旅的一個好處是，如果在 3 億年前，有可能經過短短的距離，越過乾燥的土地到達非洲。這是因為當時地球上所有的大陸都被推聚為稱作**盤古大陸**（Pangaea）的超大陸。

說到山脈，如果我由聖母峰上開始時光之旅，就會發現每往前一站，都會置身較低的高度，直到回到 4 億年前，我就會發現自己在海底，這是後來在聖母峰頂上發現海百合化石的由來。如果我改在瑞士馬特宏（Matterhorn）峰頂開始回到過去之旅，到 1 億年前，我就會發現自己置身非洲。這是因為馬特宏峰的峰頂原先是非洲板塊的一部分。[7]

無論我由哪裡開始時光旅行，都會隨著時間的倒流而接觸到古老的微生物。因為我的身體沒有機會培養對它們的免疫力，因此它們可能會殺死我。此外，如果我回到 10 億年前，就會呼吸困難。這是因為在那之前，光合生物產生的大部分氧氣會被用作化學反應，例如與鐵結合，使鐵生鏽，而不是自由飄浮在大氣裡。[8]

⊕　　　　　⊕　　　　　⊕

說夠了時光旅行的危險。假設你能找到避免它們的方法，比如透過有空氣供應且不會沉沒的抗壓絕緣太空艙回到過去，你決定每 10 萬年停一站，並在每個停靠站漫遊世界，看看你能找到的生物。

有時候，這些生物基本上會與你在前一站看到的生物相同，例如銀杏樹就以目前的形式存在了逾 1 億年之久。[9] 但是你所遇到的大多數生物，都會與先前所見的略有不同，只是透過 DNA 偵查作業，你對哪個物種是哪個後來物種的祖先很有信心。

在你回到過去之時，會注意到一個奇怪的現象：某兩個物種會越來越相似。例如，在你最初的幾次旅行停靠站上，人類看起來與黑猩猩完全不同。可是當你回到過去的時間越遠，你的人類祖先看起來越來越像黑猩猩的祖先，直到最後你無法區分這兩者：兩個物種已合而為一。馬和斑馬、獅子和老虎，還有藍鯨和河馬也會發生類似的情況。甚至更令人驚訝的是，如果你回到過去的時間夠久遠，就會發現藍鯨和蚊子也有同樣的情形。此外，最後共同祖先的模樣既不是鯨，也不是蚊子。

　　這種「物種合併」（species merger）的現象是時光倒流造成的假象。真正發生的是一個物種分為兩個物種。這種現象的結果是，一般說來，你回到過去的時間越久遠，可以紀錄的物種就越少；確實，按照演化生物學之說，現存所有物種都起源於單一生物，因此情況必然如此。了解了這點，會促使你繼續時光之旅的研究。我們知道建構你的家譜是令人沮喪的工作，因為你添加的每一個祖先都會帶來兩個要研究的祖先。相較之下，建構生命樹，回溯得越遠，就變得越容易，因為要處理的物種越來越少。

　　但是你繼續研究的欲望會因你發現的另一個奇特現象而受阻。在旅行途中所停的每一站，除了找到與你最近遇到的物種略有不同的物種之外，你還會發現與你所見過完全不同的物種。起先這些物種突然出現，可能會讓你感到驚訝，但接著你會明白這是時空旅行造成的另一種錯覺。這些物種並不是突然

出現，牠們只是在這一站和你先前停靠的那一站之間死亡的物種。這就是為什麼在 10 萬年前你停靠的第一站，你會遇到當你活在「現在」時僅僅聽說過的物種，其中包括長毛象和劍齒虎。

在某些站，「新物種」的數量尤其會戲劇性地大幅增加。例如，在 6 千 6 百萬年前的那一站，你一隻恐龍也看不到，[10]但在那之後的下一站，牠們的數量卻很多。這是因為使恐龍滅絕的小行星碰撞事件會發生在這一站和先前的那一站之間。你會因研究工作量這樣大幅增加而惱怒，而到 2 億 5 千 2 百萬年前，這個情況還會嚴重得多。你的時光之旅帶你度過二疊紀末期的滅絕事件之時。據估計，這一次滅絕事件使 96 % 的物種滅亡，意即你的工作量會突然增加 25 倍。慘！

對你來說，這可能是壓垮駱駝的最後一根稻草：你可能會決定放棄研究，回到未來。但如果你繼續堅持，就會發現物種減少的趨勢會繼續下去，因為生命樹的枝幹「融合」。最後，你將達到 LUCA ——所有現存生物的最後共同祖先。順便一提，那既不是我們星球上的第一個生物，也不是當時唯一存在的生物。我們會在第八章探究其原因。

因此我們不由得疑惑，這個生物會是什麼樣子？由於 LUCA 存在於多細胞生物出現之前，因此應該是單細胞生物。而且由定義上來說，LUCA 是目前所有生物的祖先，因此生物學家可以透過尋找多種生物基因組中的相似點，以了解

LUCA的基因組，進而了解它是什麼樣的生物。這類研究認為LUCA很可能是一種嗜熱厭氧菌，以氫為食，可能活在海底熱泉中。[11]

假設在追蹤LUCA之後，你決定返回現在。迎接你的科學家會恭賀你完成了生命樹，但也可能會感到失望，因為你沒有繼續找出LUCA怎麼會存在，更重要的是，無生命的物質如何轉變為生物。我們將在第八章回到這個問題。不過在本章中，讓我們用時空旅行的故事作為工具，探索物種的觀念。

⊕　　　⊕　　　⊕

我們已經看到，你的家譜以人為調查單位，顯示他們彼此的關係。相較之下，生命樹以物種為調查單位，顯示哪些物種會生出其他哪些物種。生命樹的經典形式是把物種視為獨立分離的物體。它描述哪些物種產生哪些物種，因此顯示出來的是一個物種變成另一個物種，其間沒有過渡（見圖6.1）。但這並不是真正的情況，如果你回到過去，這回不是一站10萬年，以確定哪些物種產生其他物種，讓你建構生命樹，而是每一站的距離大幅減短，以便讓你確定你每一個祖先的父母，建構你的大族譜。你可能會先以拜訪你的8個曾祖父母作為旅程的開始，然後再往前去見他們的父母，以此類推。

在你回到過去時，你會注意到你的祖先正在改變。起先他們的改變是表面上的，例如他們的髮型和穿著與你不同。但若你以10萬年前的祖先和你自己比較，就會發現其他更根本的

變化。他們的臉部結構和頭部形狀與你的不同，但仍然看得出是人類。你100萬年前的祖先可能會擁有你會以「怪異」一詞來描述的臉孔和頭部。而你400萬年前的祖先不僅擁有不同的面孔和頭部，他們的身體比例以及姿勢和步態也會和當今的人類完全不同。如果在黃昏時看到這個祖先走向你，你的反應可能不是以為有「**某人**」走來，而是「**某物**」走來。

　　儘管你祖先的這種轉變意義深遠，但它發生時，卻應該是用難以察覺逐漸增加的方式變化。因此絕不會有「分界線」世代，讓你以任何理由指出一個物種的終結和另一個物種的開始。一個物種的成員不會產生另一個物種的後代！[12]

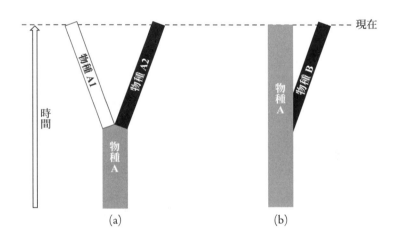

圖6.1　在生命樹的經典形式中，物種被描述為「立即」存在。在某些情況下，一個物種會變成兩個物種，如樹（a）所示。在其他案例中，一個物種由另一個物種萌芽，而原始物種繼續存在，如樹（b）所示。

生物學家根據生物的外表特徵、生理、行為、身體化學，最近幾10年再加上基因組，把當前存在的生命形式分為物種。古生物學家根據已滅絕生命形式的化石遺骸，把它們分類為物種時，所掌握的資訊較少。而且在大多數情況下，他們所擁有的化石紀錄也不完整。但最後這個因素在某些方面簡化了分類工作。例如，荷蘭的古人類學家尤金・杜布瓦（Eugène Dubois）在1891年發現一個形狀奇怪的局部頭骨，他毫不猶豫就斷言這是新物種的證據，在生命樹上介於人類和猿之間。這個物種被稱為直立人，杜布瓦發現的化石就被認為是該物種的基準化石。

但如果古生物學家有更多的化石證據可供利用，分類就會變得更加困難。為了了解我為什麼這麼說，不妨假設在你一邊從事時光之旅，一邊研究家譜時，你決定要幫古生物學家的忙：因此每回溯1萬年，你就要收集就在你到訪之前不久去世直系祖先的完整骨架。假設你最後帶回700個保存完好的骨骼，最早的一副骨架可追溯到700萬年前，也就是我們的祖先與黑猩猩分道揚鑣之際。

在古生物學家看來，得到這些骨骼既是好消息，也是壞消息。好消息是，這能使他們對人類演化得到無比深刻的了解；壞消息是，這會大幅增加把我們的原始人類祖先分類為各種物種的複雜性。這些骨架會呈現明確的現實，那就是物種不是分離獨立的事物，而是一個物種緩慢而微妙地轉變成另一個物

種。比如有什麼理由能夠說，19萬年前的第19號骨骼是智人的一員，而20萬年前的第20號骨骼不是？

為顏色命名時，也會出現同樣的問題。如果我們眼前是完整的色譜，紅色調逐漸變為橙色調，然後是黃、綠、藍、靛和紫色調，就很難說出諸多紅色調中的哪一個是標準的紅色，哪一種是標準的綠色。我們做的任何選擇都是隨機的。如果給我們一個有缺縫的色譜，其中大部分被塗黑，只能看見小部分的顏色，[13]為色彩命名的工作就容易得多。也許可見的部分只有兩個紅色區塊，因此由其中選擇「最紅」的一個並不難。正是因為化石紀錄也有類似的缺縫，因此古生物學者在識別古代物種時信心十足。

⊕　　　　　⊕　　　　　⊕

由這個觀點，讓我們重新審視生命樹。如我先前所說，按照其經典形式，生命樹會把物種視為分離獨立，也就是新物種會突然其來立即出現（參見圖6.1），但正如我們所看到的，這種假設並不符現實。較正確的生命樹會把物種描述為逐漸轉變成其他物種，如圖6.2所示。[14]在物種轉變的過程中，會有一個「灰色地帶」的時間間隔，在這個間隔期間很難區分兩個物種的成員。

讓我們在此暫停一下，重新審視滅絕的概念。當一個物種的成員不再在地球上漫步，我們就說該物種已滅絕。因此暴龍和海德堡人都算是已滅絕的物種。不過要知道，一個物種的成

員可能因為兩個方式而不再存在（見圖6.3），一種是該物種的每一個成員都死亡，且沒有留下任何後代，暴龍就是這個情況。另一種情況則是，某物種透過演化過程，轉變成另一個物種，儘管前面這個物種會不復存在，但該物種成員的後代會繼續存在，海德堡人就是如此。確實，你就是這些後裔之一。[15]

毫無疑問，我們人類有朝一日也將不會再在地球上漫步，唯一的問題在於，是什麼導致我們消失。依人類造成物種滅絕的才能來看，我們有可能——有人會說極其可能，逼迫自己走上滅絕之路，說不定是核子或生物戰的結果。另一方面，也沒

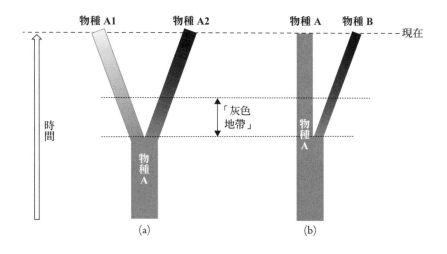

圖6.2　在這個經過改進的生命樹中，描繪出逐漸出現的物種。樹（a）顯示一種物種逐漸轉變為兩種物種。樹（b）顯示一種物種繼續存在，但另一物種則逐漸由其中脫離。無論哪種情況，都會有一個「灰色地帶」間隔，在這段期間，生物屬於哪個物種並不明確。

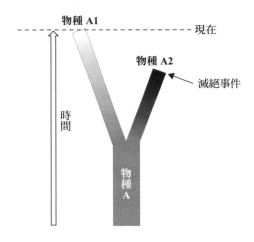

圖 6.3　有兩種方式會使物種不復存在。一個是讓該物種所有的成員都滅亡，物種 A2 發生的就是這個情況。另一個是讓一個物種成員的後代透過演化過程轉變為另一個物種的成員，這就是物種 A 發生的情況。

有辦法防止我們像恐龍那樣，因小行星撞擊地球而滅絕。就算我們能避免這種命運，也可以肯定我們的物種如果生存的時間夠長，或者經過足夠的基因工程，將會轉變為不同的物種。諷刺的是，如果我們的後代在數 10 萬年之後，挖掘並分析我們 21 世紀人類留下的骨頭，他們的結論可能是，我們並不真正屬於某個物種，而是海德堡人與下一個物種（還待演化）之間的中間過渡階段。這可真是有損尊嚴！

　　為了進一步了解一種物種轉變為另一種物種的方式，不妨參考可以稱作「以人類為中心的生命樹」（anthropocentric tree of life）。在一般的生命樹中，我們的物種是眾多分支之

一。在人類中心的生命樹中，我們把我們的物種及其演化的祖先放在單一直線的樹枝上。我們也使用像圖 6.2 中的灰色陰影，顯示物種轉化是一個漸進過程。如果我們要在我們的樹上包括其他物種，把它們當成我們主幹上的分支，這分支是由我們和它們共同的物種中出現。這種生命樹的極簡版，請參見圖 6.4。

或許你會想，這棵樹很像海克爾的那棵樹（參見圖 4.5），人似乎是演化過程必然的目的地，其他物種僅僅只是旁支。但要了解的是，任何其他物種都可創造類似的樹。我用這棵樹，而非茶翅蝽（Halyomorpha halys，又稱放屁蟲）的生命樹，因為這是你物種的生命樹，因此你對它的興趣，可能會比對茶翅蝽的生命樹更有興趣。

新物種出現的一個方式，是讓某個物種的成員在實體上分開。例如，假設一組猴子「乘桴浮於海」，漂流到一個小島[16]，而另一群猴子則留在大陸上。起先，島上與大陸上的猴子有高度的繁殖兼容性，但隨著歲月流轉，群體在基因上也有所轉變，繁殖相容的群體之間相互交配的數量會越來越少：如果我們讓島上的猴子與大陸上的猴子重聚，有些交配會成功，而另一些交配則會失敗。最後終會來到所有交配都不會成功的時候。要知道這種生殖相容性的變化，就像由一個物種變為另一種物種的轉化一樣，不會發生在一個世代，甚至也可能不會發生在 100 個世代中。它會經歷數千世代，非常緩慢地逐漸

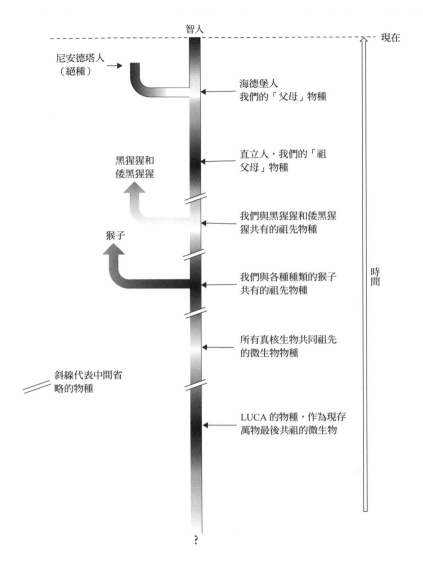

智人

現在

尼安德塔人
（絕種）

海德堡人
我們的「父母」物種

直立人，我們的「祖
父母」物種

黑猩猩和
倭黑猩猩

我們與黑猩猩和倭黑猩
猩共有的祖先物種

猴子

我們與各種種類的猴子
共有的祖先物種

所有真核生物共同祖先
的微生物物種

斜線代表中間省
略的物種

LUCA 的物種，作為現存
萬物最後共祖的微生物

時間

?

圖 6.4　這棵以人類為中心的生命樹已經作了大幅簡化，其中我們物種的祖先以直的
枝幹表示，其他現存物種則由那條枝幹的分支表示。暗色部分的逐漸變化表示一個物
種逐漸轉變成另一個物種。垂直的時間軸並未按照比例繪製。此外還省略了許多物種
的分支。

發生。

　　順帶一提，語言的演化方式與物種的演化幾乎相同。把一群有共同語言的人分成不同的組，切斷他們之間的溝通。隨著時間流轉，他們使用文字的方式也會改變。不妨想想英式英語因為使用者經過幾個世紀的分離，轉變為美式英語和澳洲英語。同樣地，再想想通俗拉丁語（Vulgar Latin）因為使用者許多世紀的分離，轉變成數 10 種羅曼（Romance）語言。尤其想想以下這個通俗拉丁語的句子：Ea claudit semper illa fenestra antequam de cenare，意思是「她總是在用餐前關上窗戶」。以下是同一句話的各種羅曼語版本：[17]

西班牙語：Ella siempre cierra la ventana antes de cenar

法語：Elle ferme toujours la fenetre avant de dîner

義大利語：Ella chiude semper la finestra prima di cenare

馬其頓—羅馬尼亞語（Aromanian）：Ea áncljidi totna fireastra ninti di tsinã

　　就像說同一語言的人分開後，語言也會分離一樣，在一個物種的成員分離時，基因組也會漸漸分開，而且就像語言使用者如果分開的時間夠長，就不再能夠彼此溝通一樣，同一個物種的成員如果分開數 10 萬年，生殖能力就不再相容。還有一點：就像我們可以用生命樹來顯示物種之間的關係一樣，我們

也可以用語言樹來顯示哪種語言是由其他哪種語言演變而來。

⊕   ⊕   ⊕

我們通常將生殖相容性視為二元的特性，兩個個體不是有就是無這種相容性，但實際的情況卻更為複雜。請容我解釋。

根據基因，人會有4種血型中的一種，即A、B、O或AB型。[18] 你的血液也可能是 Rh 陰性或 Rh 陽性。假設南西、尼克和保羅是 3 個健康的 20 歲青年，南西和尼克的血液是 Rh 陰性（他們的名字以 N 開頭，代表陰性），而保羅的血液則是 Rh 陽性。那麼如果南西和尼克結褵，他們可以生出很多健康的嬰兒。如果南西改為與保羅結褵，最後可能會有 Rh 陽性的胎兒[19]，或許這個胎兒可以繼續發育而沒有併發症，但有個問題：南西子宮中的 Rh 陽性胎兒會使她的免疫系統針對 Rh 因子產生抗體。如果南西和保羅再度懷孕的寶寶也是 Rh 陽性，南西的免疫系統就會攻擊它。因此若沒有醫療介入[20]，這寶寶恐怕難以存活。

南西能生育，還是不能生育？這取決於她與誰配對，以及他們何時配對。她和尼克生殖相容：如果配對，幾乎可以肯定會有健康的後代。她和保羅最初在生殖上相容，但隨後卻可能生殖不相容。因此該說南西既非有生殖力，亦非不育；她與**某些人**在**某些時候**生殖相容，保羅亦然。他並非普遍地生殖相容，亦即他並不是與每個女人都生殖相容，尤其在他與南西生了第一個 Rh 陽性的寶寶之後，除非有醫療干預，否則他就不

再與南西生殖相容。而身為 Rh 陰性的尼克生殖相容性比保羅更好。他的 Rh 陰性不論對 Rh 陰性或 Rh 陽性的女性，都不會造成問題。

生育力在其他物種也同樣複雜。例如馬和驢通常生殖相容。如果是母馬公驢，他們的後代就是馬騾（mule）。[21] 但這頭騾子卻是不孕的雜種，也就是說牠不會與馬、驢或騾生殖相容——通常如此。偶爾騾子會與驢交配，產生後代，[22] 這種繁殖相容性一點也不獨特：大約 100 種已知的哺乳動物物種可以異種雜交，生出有繁殖力的後代。[23]

破壞南西和保羅生殖相容性的原因是基因問題，在其他情況下，配偶生殖不相容可能是因為在精子到達卵子之前，女方的免疫系統會先攻擊精子。也有些情況是精子雖到達卵子，但它所攜帶的染色體卻無法與卵子的染色體配對。如果精子和卵子染色體的數量不同，就會造成這種結果，這也是擁有 23 對染色體的人類與擁有 24 對染色體的黑猩猩在生殖上不相容之故。

⊕　　　　　⊕　　　　　⊕

這使我們回到你家譜上的尼安德塔人。智人和尼安德塔人都是海德堡人的後代，但尼安德塔人在歐洲演化，比在非洲演化的智人早數 10 萬年的歷史。因此兩個群體以不同的遺傳方向漂移，也就是等我們的祖先離開非洲，遇到尼安德塔人之時，兩組成員之間繁殖相容的配對很可能已減少，許多配對不

會產生後代，就算有了後代，其中許多也會不孕。不過偶爾這樣的配對也會碰運氣產生出可以與智人物種成員生殖相同的後代，一或多個這樣的後代必然會有後裔，這些後裔也同樣會再生後代，以此類推，一直到現存有尼安德塔人DNA的人類。

你的基因組中有沒有尼安德塔人的DNA，取決於你的祖先去了哪裡，並且和誰發生了性關係。如果他們留在非洲，就如今天住在喀拉哈利沙漠的閃（San）族，你就不會有尼安德塔人的DNA。（如果你想要尋找我們物種的「純種」成員，喀拉哈利沙漠就是找到他們的好地方。）但如果你的智人祖先離開非洲，前往歐洲或亞洲，他們可能就會遇到尼安德塔人，並可能與他們結合。這就是大多數現代歐洲或亞洲人為什麼會有1至4%尼安德塔人DNA的原因。[24]

在離開非洲時，我們的祖先也會遇到丹尼索瓦人（Denisovans），這是另一種已滅絕的人種，科學家已獲得他們的DNA，並做了分析。[25] 智人和丹尼索瓦人之間也必定曾經結合，[26] 不過這樣的結合可能比遇見尼安德塔人少，或者產生有生殖力後代的機率比較低，這就能說明為什麼在現代人類身上，丹尼索瓦人的DNA比尼安德塔人的DNA少見，只除了一些有趣的例外。[27] 在思考我們DNA的來源時，我們應該記住，除了攜帶尼安德塔人和丹尼索瓦人的DNA之外，我們也攜帶來自海德堡人和直立人的DNA，他們分別是我們的父母和祖父母人種。我們也帶有和黑猩猩共同祖先的DNA。

先前本章提到，有些人因為尼安德塔人潛伏在他們的祖先之中而感到不安：他們認為尼安德塔人不如人類。但我們可以提出理由，證明我們不該為家譜中有尼安德塔人而感到羞恥，反而應該感謝他們的存在。因為他們早在智人之前就遷到歐洲和歐亞大陸，因此比新來的智人更適應這些地區。尤其尼安德塔人更能夠承受寒冷。因為與他們交配，讓我們的智人祖先可以快速獲得能讓我們居住在歐洲和亞洲大部分地區的基因。[28]青藏高原的現代居民則除了由尼安德塔人祖先獲得耐寒基因之外，顯然也由丹尼索瓦人祖先那裡獲得了能承受高地的基因。[29]他們真幸運！的確，要是我們的人類祖先在離開非洲的

物種 A1　　　　　物種 A2

物種
A

圖 6.5　在「結成網狀」的生命樹中，密切相關的物種之間異種雜交，用樹主幹之間的水平「樹枝」表現。隨著物種的分歧，兩組成員之間的生殖相容性減少，異種雜交也變得越來越少。

路途上，沒有由其他人類那裡獲得基因，接下來在非洲之外的生存恐怕不太容易那麼成功。[30]

在結束對你的尼安德塔人血統和物種觀念的討論之前，讓我再描述生命樹的另一種變體。我們已經看到，生命樹的經典形式會造成誤導，因為它們顯示一個物種瞬間產生另一個物種。我們還探索了一種改良的生命樹，在其中，物種緩慢演化成新物種。此處的討論表示，如果我們想要更寫實的生命樹，就必須修改已改進的生命樹，容許其分支「結成網狀」（webbing），以顯示密切相關物種成員之間的異種交配（參見圖6.5）。它沒有我們先前的生命樹那麼乾脆俐落，但在描繪新物種出現時的混亂過程卻較清楚。

第七章

你賴以生存的密碼

　　我們已知所有生物都息息相關，因為它們有共同的祖先。由於這個祖先應該活在數 10 億年前，所以說不定你以為生物學家對它不甚了了。其實不然，生物學家告訴我們，它是碳基生物（以碳元素為有機物質基礎的生物），也是單細胞生物。學者相信它運用 DNA 貯存和傳遞其基因組成，而且他們還可以告訴我們它用來把基因「翻譯」為蛋白質的密碼。接下來篇幅，我們就要探究這個代碼。不過在這麼做之前，讓我們先複習一下。

　　蛋白質是人體的重要基本材料。你的肌肉含有蛋白質，你的細胞膜也有蛋白質。你的韌帶、肌腱、骨頭和皮膚含有膠原蛋白（collagen）這種蛋白質，你的頭髮和指甲都是由角蛋白（keratin）所構成，你眼睛的水晶體是由水溶性蛋白質晶體蛋白（crystalline）所構成。

　　蛋白質分子除了是細胞結構的重要成分之外，還有其他作用。比如肌球蛋白（myosin）這種肌肉蛋白，在你走路時，你先發送訊號到腿部肌肉中的肌球蛋白分子，這些分子有槳狀的小小延伸物，附著在肌動蛋白（actin）這種結構蛋白的細

絲上。接到訊號後，這些小小的槳狀物同時向後拉，使你的肌肉收縮。蛋白分子除了可以讓你行走之外，也可以用小小的分子「腿」自己行走。尤其驅動蛋白（kinesin）分子會沿著微管〔microtubules，由另一種結構蛋白：微管蛋白（tubulin）所構成〕一步步向前，把物質由細胞的一部分帶到另一部分。更令人驚奇的是蛋白質會結合在一起，形成允許微生物鞭毛旋轉的旋轉馬達。

蛋白質還可以扮演分子化學家的角色。比如酪胺酸酶（tyrosinase）這種蛋白質會使你的皮膚在陽光下產生黑色素，使膚色淺的人曬黑。胃蛋白酶（pepsin）和其他消化酶會把我們所吃食物中的蛋白質分子分解為構成它們的胺基酸。其他蛋白質則不是分解分子，而是把它們結合起來，形成更大的分子。它們把兩個分子聚集在一起，讓它們接觸可以結合起來的正確位置。[1]

想想你能做的一切。你可以移動？這是因為你的運動蛋白分子可以移動。你看得見？這是因為你視網膜中的視蛋白（opsin）可以偵測光線。你聽得到？這是因為你內耳的快蛋白（prestin）對聲音有反應。你能品味和嗅到你所吃的食物？這是因為你的嘴和鼻竇具有蛋白質，與食物和空氣中的化學物質發生反應。你可以抵抗細菌？這是因為你擁有稱為抗體的蛋白質，可以識別和對抗病原體。如果除去體內的蛋白質，你就會變成可憐無助的生物，很快就會死亡。

儘管你的蛋白質種類形形色色，有不可思議的多樣性，但它們都具有相同的化學結構：都是由胺基酸分子組成，像長鏈一樣串在一起。一旦形成一維鏈，就會折疊[2]成非常精確的三維結構，就原子的層面來看，就像纏結的鏈子。蛋白質中胺基酸的順序非常重要，因為它決定長鏈折疊的方式，這又決定蛋白質的功能。科學界認為，折疊錯誤的蛋白質是許多朊蛋白病（Prion Disease，又稱普利昂病）的病因，包括牛腦海綿狀病變（又稱狂牛症），以及庫魯病（kuru，一種不可治癒的退化性人類傳染性海綿狀腦病）。致死的家族性失眠（Fatal familial insomnia）是另一種朊蛋白病。一個折疊錯誤的蛋白質使人無法入睡，結果他們出現妄想、失智，甚至死亡。

　　你的身體能夠製造成千上萬種不同的蛋白質，但是要製造它們，僅需要 20 種不同的胺基酸原料。蛋白質能夠做到上述所有的事情，實在難以置信，而你的身體可以把僅僅 20 種不同的分子串在一起形成蛋白質，更加不可思議。研究蛋白質，實在很難不贊同生化學家萊恩的結論，認為它們是「生命的最高榮耀」。[3]

⊕　　　　　⊕　　　　　⊕

　　你的身體得要遵循「配方」，才能建構蛋白質。這些配方貯存在你 DNA 的基因中。它們不是用英文或用化學符號寫的，而是由稱為核苷酸（nucleotides）的化學物質所寫成。基因配方約有兩萬種，但由於配方會包含變異，因此人體能夠製

造的蛋白質遠遠超過兩萬種。[4]

　　為了避免混淆，請務必記住核苷酸在化學上與胺基酸不同。因此，核苷酸不是任何蛋白質的成分；它們是蛋白質編碼配方的成分。就像「奶油」一詞雖然會出現在油酥點心的食譜中，但它本身並不是根據該配方製成的油酥點心成分。油酥點心含的是**奶油**一詞所代表的黃色乳製品。

　　你的身體使用4種核苷酸來編寫其蛋白質配方，它們分別是腺嘌呤（adenine）、胸腺嘧啶（thymine），胞嘧啶（cytosine）和鳥嘌呤（guanine），通常由它們的第一個字母：A、T、C和G代表。因此，蛋白質的配方可能像這樣：ATGACAACGCTT。為了簡化我們的討論，我們可以想像你的身體有按照DNA配方製造蛋白質的機器。[5]

　　如果在其中一個機器中拿到以一串核苷酸的形式構成的配方，它就先把這個配方分成長為3個核苷酸的片段：ATG-ACA-ACG-CTT。生物學家將這些片段稱為**密碼子**（**codons**）。接下來可以說，蛋白質製造機在生物學密碼表[6]找出這些密碼子，看它們代表哪些胺基酸（見圖7.1）。在你的身體代碼中，ATG代表的是蛋胺酸這種胺基酸，ACA和ACG均代表蘇胺酸，CTT代表白胺酸。接著蛋白質製造機把指定的胺基酸按特定順序組合在一起，製成一條鏈子：蛋胺酸＋蘇胺酸＋蘇胺酸＋亮胺酸。這條鏈子完成後就構成一個蛋白質。請參見圖7.2描述你體內「蛋白質製造機」作業的漫畫。

不過要請讀者注意，人體構造蛋白質的實際程序比這個漫畫複雜得多。[7]

胺基酸	代表它的 DNA 密碼子	胺基酸	代表它的 DNA 密碼子
丙胺酸 （Alanine）	GCT,GCC,GCA,GCG	白胺酸 （Leucine）	CTT,CTC,CTA,CTG,TTA,TTG
精胺酸 （Arginine）	CGT,CGC,CGA,CGG,AGA,AGG	離胺酸 （Lysine）	AAA,AAG
天冬醯胺 （Asparagine）	AAT,AAC	蛋胺酸 （Methionine）	ATG
天門冬胺酸 （Aspartic acid）	GAT,GAC	苯丙胺酸 （Phenylalanine）	TTT,TTC
半胱胺酸 （Cysteine）	TGT,TGC	脯胺酸 （Proline）	CCT,CCC,CCA,CCG
麩胺酸 （Glutamic acid）	GAA,GAG	絲胺酸 （Serine）	TCT,TCC,TCA,TCG,AGT,AGC
麩胺醯胺 （Glutamine）	CAA,CAG	蘇胺酸 （Threonine）	ACT,ACC,ACA,ACG
甘胺酸 （Glycine）	GGT,GGC,GGA,GGG	色胺酸 （Tryptophan）	TGG
組胺酸 （Histidine）	CAT,CAC	酪胺酸 （Tyrosine）	TAT,TAC
異白胺酸 （Isoleucine）	ATT,ATC,ATA	纈胺酸 （Valine）	GTT,GTC,GTA,GTG

圖7.1　此圖顯示由3個核苷酸組成的DNA密碼子「代表」哪些胺基酸。你身體的蛋白質製造機就用這張表為存在於蛋白質編碼基因中的核苷酸解碼它。請注意，這個表有很多地方累贅重複，因為大多數胺基酸都由數個DNA密碼子代表。另外還要注意，表中缺少3個密碼子：TAA、TAG和TGA，它們是「終止密碼子」（stop codons），並不代表胺基酸，而是告訴你身體的蛋白質製造機，它正在建構的蛋白質已經大功告成。

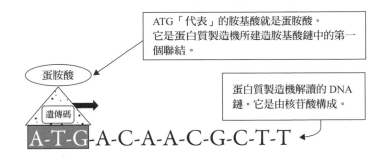

ATG「代表」的胺基酸就是蛋胺酸。它是蛋白質製造機所建造胺基酸鏈中的第一個聯結。

蛋白質製造機解讀的 DNA 鏈。它是由核苷酸構成。

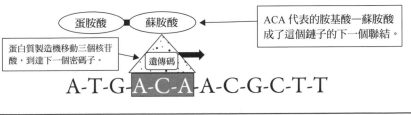

ACA 代表的胺基酸—蘇胺酸成了這個鏈子的下一個聯結。

蛋白質製造機移動三個核苷酸，到達下一個密碼子。

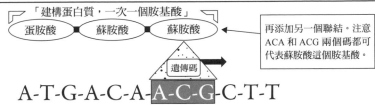

「建構蛋白質，一次一個胺基酸」

再添加另一個聯結。注意 ACA 和 ACG 兩個碼都可代表蘇胺酸這個胺基酸。

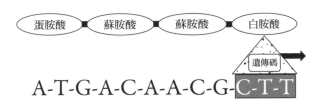

圖 7.2　三角形代表的「蛋白質製造機」沿著一串 DNA 向前移動，在遺傳密碼上尋找 3 個核苷酸長的「密碼子」（見圖 7.1），然後把指示的胺基酸添加到它正在建造的鏈上。由此產生的長鏈將構成一個蛋白質，一旦成形，就會把自身折疊成決定其功能的三維形狀。要補充一點的是，蛋白質生成的生物過程要比這複雜得多，而「這一部」蛋白質製造機實際上是由細胞核內外的多部機器組成。

圖 7.2 顯示你的身體用來解譯以核苷酸所寫配方代碼的驚人訊息：兩個不同的密碼子 ACA 和 ACG 用來編碼相同的胺基酸——蘇胺酸，未免多餘，換句話說，它們是同義詞。而且這只是冗餘冰山的一角：ACT 和 ACC 兩者也都編碼蘇胺酸。再說胺基酸白胺酸，竟有不只 4 種，而是 6 種不同的編碼方式：CTT、CTC、CTA、CTG、TTA，和 TTG。

⊕　　　　⊕　　　　⊕

　　這些同義密碼子的存在很不好看。要了解我為什麼如此說，不妨想想電腦程式設計師使用的代碼。電腦電路僅能用數字處理——更精切地說，是二進位數字。因此，如果一個程式設計師想要用字母讓電腦做事，就得用數字來代表它們。程式設計師因此開發了 ASCII 碼，其中數字「代表」字母。在這種代碼中，65 代表字母 A，66 代表 B，依此類推。但假如在設計這個代碼時，設計師建議不僅用 65，也用 66 代表 A，而用數字 67、68、71 和 88 來代表 B。他的同僚必然會嘲笑這個代碼很愚蠢，違反了編碼美學。如果這些程式設計師看到圖 7.1 中的遺傳密碼在，可能也會有類似的回應：「共有 6 種不同的生物碼代表白胺酸？那真是太笨了！」當然，大自然一點也不在乎程式設計師的意見；它偏偏要讓這些程式設計師的生命仰賴他們會嘲笑的遺傳密碼。

　　遺傳密碼的累贅不但粗糙，還造成生物學家的不便，因為這使得他們無法由胺基酸在蛋白質上出現的順序推斷出蛋白質

的DNA配方。要了解為什麼，不妨再想想圖7.2所示的單純蛋白質。它只有4個胺基酸長，但由於遺傳密碼的累贅，所以同一蛋白質有96種不同的配方。如我們所見，用於構造它的配方是ATG-ACA-ACG-CTT，但也可能是ATG-ACG-ACA-CTT（因為ACA和ACG同義），ATG-ACA-ACG-TTA（因為CTT和TTA同義）或其他93種配方。[8] 因此，生物學家無法由蛋白質「倒推」出用於建構蛋白質的配方。他們必須要看DNA配方本身。

近年來生物學家對遺傳密碼已有了足夠的了解，能夠依不同的目的操作它。在一個實驗中，他們改變了大腸桿菌的DNA，讓它可以「釋出」密碼子CCC。[9] 他們知道，由於密碼子CCC和CCG都編碼脯胺酸，用CCG密碼子替換所有大腸桿菌細胞的CCC密碼子，並不會影響它產生的蛋白質，因此不會影響細胞的功能。在另一個實驗[10]，生物學家在遺傳密碼的字母表中添加兩個字母，大大地擴展DNA貯存資料的能力。[11] 下一章我們會再談這些基因工程師所做的其他研究。

基因突變會改變DNA中的核苷酸字母，進而改變生物產生的蛋白質。假設一個蛋白質編碼基因包含ACT，代表蘇胺酸的密碼子。假設由於突變，這個密碼子的一個字母改變了。如果發生變化的是最後一個字母，則ACT密碼子將轉換為ACA、ACC或ACG。因為這些密碼子也代表蘇胺酸，所以這種突變不會影響產生的蛋白質：在正在建構的鏈中，會

出現蘇胺酸。但如果更改的是第一個字母，ACT 密碼子轉換為 CCT、GCT 或 TCT，鏈子裡就會添加一個完全不同的胺基酸：CCT 編碼脯胺酸，GCT 表示丙胺酸，TCT 表示絲胺酸。用脯胺酸代替蘇胺酸、丙胺酸，或絲胺酸，就會產生完全不同的蛋白質，很可能會發揮與原先的蛋白質不同的作用，而這可能會對經歷突變的生物產生重大影響。

　　同樣地，想想通常是黑頭髮的美拉尼西亞人，只要改變其頭髮蛋白質基因配方 DNA 片段中的一個字母，就會改變那個蛋白質中的一個胺基酸，使他們變成金髮。[12] DNA 中單一字母截然不同的改變，對人類歷史有深遠的影響。舉個例子，大芻草（teosinte，蜀黍）這種野草是現代玉米的祖先。證據顯示，曾有某個時候，在大芻草 DNA 的一個特定位置，字母 C 上取代了字母 G，[13] 使得代表賴胺酸這種胺基酸的密碼子 AAG 被轉化為代表天冬醯胺的 AAC。這種微小的遺傳改變使得大芻草種仁又厚又硬的硬殼軟化。現代玉米繼承了這種突變，因此它的種仁（即玉米粒）比其祖先容易消化。只要想想如果世上沒有現代玉米作為食品，就能了解這種單一字母改變的影響有多麼重要。

⊕　　　　⊕　　　　⊕

　　運用一點數學運算即知，如果我們有 4 種核苷酸，而且密碼子是 3 個核苷酸長，就可能有 64 個不同的密碼子。[14] 64 個密碼子與你的身體用來建構蛋白質的 20 種胺基酸配對，就會

有 1.5×10^{84} 種不同的方式,這意味著共有 1.5×10^{84} 不同的遺傳密碼[15],比宇宙裡存在的原子還多。然而你的身體和其他所有生物都使用相同的遺傳密碼。為什麼如此?

原因並非這是唯一有用的密碼;它們全都有用。例如,為什麼 ATG 必須編碼蛋胺酸,而 ACA 必須編碼蘇胺酸,並沒有理由;這些密碼可以互換,只要你 DNA 中的所有 ATG 和 ACA 密碼子也都互換,生物過程將照常進行。同樣地,程式設計師使用的 ASCII 代碼可以互換 A 和 B 的代碼,以 65 代表 B,66 代表 A,電腦仍然可以處理單字。因此我們得到的結論是,遺傳密碼不但累贅,而且還極其隨機。

生物除了由祖先繼承 DNA 之外,還繼承了讀取該 DNA 的密碼。這表示兩種生物可以透過兩種方式使用相同的遺傳密碼。一種是他們有共同的祖先,因此繼承了該密碼。另一種則是,儘管他們沒有共同的祖先,但他們由兩個祖先那裡繼承了遺傳密碼,而這兩個祖先在演化的過程中,巧合地碰上了相同的密碼。不過由於遺傳密碼的隨機性,這樣的巧合極不可能發生——實際上,它比連續 279 次擲出正反兩面機率各 50% 公平硬幣正面朝上的機率還低。[16] 這就是為什麼遺傳碼的隨機性再加上其普遍性,會被當作如山鐵證,證明現存所有生物有共同的祖先。[17]

為了更進一步了解這個論點的邏輯,不妨想想電報時代使用的摩斯電碼。這種電碼由山繆・摩斯(Samuel Morse)

發明，用點和劃構成，分成幾組，中間以停頓分隔。要發送SOS信號，電報操作員就先發送3個點，代表字母S，然後是暫停，然後是3劃，代表字母O，再停頓，然後再加3個點。如要發送COW這個字，操作員就會發送劃—點—劃—點代表C，後面是3個劃代表O，然後是點劃劃，代表W。或許有人會認為點很明顯是句號，表示句子結尾的標點符號，但在此並不是。在摩斯電碼中表示句號的代碼是點—劃—點—劃—點—劃，而把單一的點保留給英語中最常用的字母E。

要知道摩斯電碼是隨機的：如果O和S的代碼互換，點—點—點代表O，而劃—劃—劃代表S，只要所有使用摩斯電碼的人都知道這樣互換，那麼摩斯電碼仍然可以使用。確實，每個字母的代碼都可以切換，代碼仍然可以用。

那麼，假設與摩斯同時代的另一個人也聲稱發明了電碼，並假設它與摩斯電碼相同。由於分配給字母的劃和點非常隨機，兩個發明者不太可能分別提出相同的代碼。因此在這種情況下，合乎邏輯的結論是，其中一個發明人抄襲了另一人的代碼。以幾乎相同的方式，遺傳密碼的隨機性再加上它的普遍性，就是教人信服的證據，證明所有生物都複製了共同祖先的遺傳代碼，這表示它們彼此全都有關係。

下一章中我們會探討這個共同祖先。但在這樣做之前，得先停下來處理這個論點中的一個問題。有些生物用的代碼和圖7.1中的代碼略有變異。確實，你的身體運用兩種不同的遺

傳密碼。你細胞核中的 DNA 是用如圖 7.1 所示的編碼方案解譯，但是細胞粒線體中的 DNA ——第十一章還會再進一步討論這些小細胞器，卻是用略有不同的遺傳密碼解譯，例如密碼子 ATA 並不是代表異白胺酸，而是代表蛋胺酸。換句話說，你遵照不是一個，而是兩個（略有不同）的遺傳密碼。這只是「通用」遺傳密碼許多例外中之一。[18] 然而這些例外都很小，而且正是願意修改其設計以求生存的演化過程必會發生的事。因此，這些例外無損於由遺傳密碼推斷的論點，即認為目前所有的生物都有一個共同的祖先。

第八章

你的（外星生物？）根源

　　我們在第四章研究了生命樹，看到這棵樹所有的樹枝都匯聚在生物學家標注為萬物最後共祖 LUCA 的生物體上。我們很可能會想，LUCA 應該也會是地球上第一個生物，但其實不然。它使用的遺傳密碼（也是我們和其他每一個現有生物繼承的代碼）太複雜，不可能就這麼突如其來地發生。相反地，LUCA 應該是繼承了祖先的遺傳密碼，這些祖先經歷許多世代，藉由嘗試錯誤的過程，演化出這些遺傳密碼。如果時光倒流，這些祖先應會有更簡單的遺傳密碼。

　　在圖 4.1 所示的生命樹中，LUCA 出現在這棵樹「樹幹」的頂上，地球上現有的物種都可以追溯起源到它身上。樹幹的底部是「第一個活生物」[1]，LUCA 就是由它演化而來。樹幹下方是「根」，表示這個生物體演化來源的半生命物質。然而，這樣描述生命樹卻是誤導，因為它顯示由第一個生物到 LUCA 是「直線演化」，但實際上在這段期間，應該會有持續進行的演化實驗，因此樹的主幹上應會生出許多分枝，如圖 8.1。

　　在第二章，我們看到 MRCA，所有現存人類的最近共同祖先，他或她或他們存在時，可能並非當時唯一活著的人類。

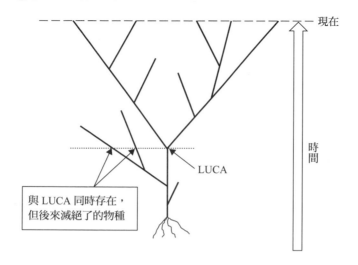

現在

時間

LUCA

與 LUCA 同時存在，
但後來滅絕了的物種

圖 8.1　重回生命樹。在現存所有物種的最後共祖 LUCA 出現之前，或許會有由生命樹的「樹幹」分支出來的「堂表兄弟姊妹物種」。這些表親與 LUCA 應會有相同的祖先，但是因為它們滅絕了，因此沒有後代留存至今。

LUCA 同樣也可能同時與其他物種共存。但如果 LUCA 的這些「堂表兄弟姊妹」沒有滅絕，他們就會奪去我們稱為 LUCA 的生物所擁有的 LUCA 頭銜，這個頭銜將改頒給 LUCA 及其堂表親的共同祖先生物。另外還要了解，如果我們與被稱為 LUCA 的生物同時存在，我們就不會知道它將獲得 LUCA 的頭銜，因為這將由當時地球存在生物未來的生殖活動來決定。

　　值得注意的是，造成 LUCA 存在的生命實驗可能——甚至極有可能只是地球早期許多這類的實驗之一。換句話說，生命在地球上已經出現多次，只是後來又死亡了。果真如此，地

球上生命的正確表示顯示的就不是一棵，而是多棵生命樹（見圖8.2）。其他生命樹的生物可能並未用DNA來貯存其遺傳訊息，[2] 就算有，它們的遺傳密碼也可能與我們的截然不同。這些其他的生命樹在其樹枝所代表的物種全部滅絕之時死亡。

不過，上面這句話是我擅自的論斷。其他的生命樹也許並沒有全部死亡，尤其有些現存的生物可以追溯其祖先到和我們起源不同的生命實驗。就算這種「外來」生物確實存在，生物學家也不知情。它們可能看起來很像「正常」的微生物，只有在生物學家分離出其中的一種，要分析其DNA時，才會驚訝

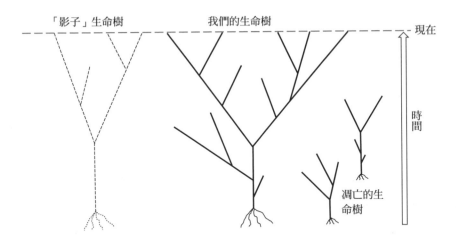

圖8.2　地球上可能已經多次出現生命。果真如此，那麼除了我們的生命樹外，還會有其他的生命樹。我們和其他這些樹的物種並沒有共同的祖先。如果這些樹上的物種全部滅絕，它就成了凋亡的生命樹，但如果其中某些物種仍然存在，只是尚未發現和揭示，它就成為生命的「影子」樹。

地發現，它用的是與我們截然不同的遺傳密碼[3]，甚至更令人震驚的是，它沒有任何 DNA 可供分析！

如果外來生物確實存在，那麼正確的生命樹圖就應該在顯示我們的生命樹和各種凋亡的生命樹外，還會顯示一棵或多棵「影子」樹。[4] 因為這些樹是不同生命實驗的結果，因此會有和我們的樹不同的「根系」。此外，由於這些樹代表仍在進行的生命實驗，因此樹枝會延伸至現在，就如我們的生命樹一樣。圖 8.2 顯示如果有影子生命樹存在，會是什麼樣子。

⊕　　　　⊕　　　　⊕

現在讓我們回頭看生命樹的樹幹。LUCA 在這個樹幹的頂部，其下是 LUCA 的祖先，越往生命樹的下方，生物的基因組越簡單。你的基因組包含的 DNA 總共有 32 億個鹼基對長。[5] 但這麼長而複雜的基因組不可能輕易地無中生有，而是對較短的基因組添加 DNA 的結果，而這些較短的基因組本身，則是對更短的基因組添加 DNA 的結果。

為更進一步了解生物的基因組究竟能多短，不妨考量一下現有活生物的基因組。目前已知最短的基因組是名為「Nasuia deltocephalinicola」的細菌，只有 11 萬 2 千個鹼基對和 137 個蛋白質編碼基因（人類則有兩萬個蛋白質編碼基因）。[6] 不過儘管「Nasuia deltocephalinicola」活著，但並非「獨立生存」（free-living），因為其許多世代的祖先都寄生在葉蟬（leafhoppers）身上，因此這種細菌已經喪失了製造它們存

活所需許多物質的能力，而寧可由宿主身上獲取。確實，如果把它們由葉蟬身上移開，它們就會很快死亡。獨立生存生物（不需要宿主即能存活）最小的已知基因組是生殖道黴漿菌（Mycoplasma genitalium）這種細菌，僅具有 517 個蛋白質編碼基因。

　　為了進一步了解生物的基因組究竟可以短到多短，生技專家克雷格・凡特（Craig Venter）和同僚創造了「合成」微生物。這個實驗用了獨立生存的細菌「山羊黴漿菌」（Mycoplasma capricolum）。它的基因組包含 901 個蛋白質編碼基因，由單一一條稱為「細菌染色體」的環狀 DNA「手鍊」攜帶。如果生物學者除去這條染色體，「山羊黴漿菌」的細胞就失去了製造蛋白質的「配方」，結果死亡，但學者發現，如果用絲狀黴漿菌（Mycoplasma mycoides）的染色體替代，山羊黴漿菌細胞就會開始按照絲狀黴漿菌的配方製造蛋白質，因此得以繼續存活。學者把這樣用一種細菌的身體和另一不同種細菌的 DNA 合成產生的有機體命名為 Syn 1.0，意指它具有合成（synthetic）的性質。同一批科學家接著開始有系統地由 Syn 1.0 有機體的染色體中去除基因。等他們做完第 516 個基因──比生殖道黴漿菌少一個時，他們又重新把這個有機體命名為 Syn 2.0。接著他們繼續縮小其基因組，到 2016 年宣布創造出 Syn 3.0，只有 473 個基因。[7]

　　在我們繼續往下討論之前，可以先做兩個注解。第一個

是，儘管科學家已經了解了基因的作用，但對 Syn 3.0 $\frac{1}{3}$ 基因的功能還不了解。[8] 這顯示在我們宣稱了解生命過程之前，還有多少得要學習。第二個則是，和有些報導相反的是，凡特並未創造生命，尤其是他雖創建 Syn 1.0，但並沒有把無生命的事物變為有生命，只是改變了已經原本就存活的有機體，這是非常重要的區別。要解釋生命如何透過演化而改變，由具有微小基因組的生物，到如 LUCA 可能是很複雜的生物，顯然生物學者還有很多工作要做。

⊕　　　⊕　　　⊕

這讓我們回到生命樹的樹幹底部。我們在那裡看到的生物 DNA 應該非常簡單——或者根本沒有 DNA。它們或許是靠 RNA 進行生命過程。請容我說明。

DNA 分子貯存資訊的能力非常出色。曾有人估計，如果可以克服各種技術困難，那麼 1 公克 DNA 可以貯存各大科技公司當前所貯存所有的資料，包括如 Google 和臉書等資料貯存巨頭在內，仍有餘裕。[9] 此外，在適當的條件下，DNA 可以貯存這些資料達數千年。只是這麼稱讚 DNA 之後，得要補充一點，它就只有這麼一招：是的，它貯存資料確實表現一流，但這也是它**唯**一會做的。尤其 DNA 分子不能光憑自己移動，或引發化學反應，也不能製造蛋白質，它亦不能自我複製。它所能做的就是待在那裡，貯存資料，就像光碟一樣。有人稱它為「生命分子」，但諷刺的是，它本身卻毫無生氣。

如我們所知，DNA含有用於製造蛋白質的編碼配方，但我們在第七章所談到你身體的蛋白質製造機本身就有部分是由蛋白質構成。[10] 因此，除非蛋白質存在，否則就無法解讀DNA的蛋白質配方；但是除非蛋白質配方存在，否則你的身體就不知道要製造什麼蛋白質，尤其不知道該如何製造蛋白質製造機所用的蛋白質。究竟何者為先？是你身體蛋白質製造機所使用的蛋白質，還是用於組合這些蛋白質的DNA配方？

　　這並非DNA唯一的矛盾之處。如我們所知，你DNA中的蛋白質配方是用代碼編寫而成，因此要使蛋白質符合這些配方，蛋白質製造機首先必須解碼。它得先查閱以 **tRNA 基因** 形式貯存在哪裡？當然是貯存在你體內DNA中的遺傳密碼。換言之，要解開遺傳密碼所需的遺傳密碼本身也是代碼。

　　為更進一步了解這個矛盾，讓我們假設有人向你發送一條編碼訊息，請你解碼。你的回答是：「好，但我需要解密之鑰。」對方回答：「你已經有了鑰匙，它就在你手中。在密碼訊息的第一部分。」這樣的鑰匙顯然不太有用，因為只有在你已經知道密碼的情況下，才可以取用它，但如果你已經知道密碼，就根本不需要鑰匙了。這多麼奇怪，多麼討厭。

　　有些創世論者把這種矛盾的存在作為證據，認定沒有上帝的干預，萬物就不會演化。[11] 他們聲稱，唯有無所不能，無所不知的神，才能夠解決以其他方式都無法解決的先有雞或先有蛋的問題。但在我們加入創世論者，採取這麼極端看法之前，

最好先想想電腦的歷史。現代電腦如此複雜,甚至需要用電腦來設計它們。但如果電腦需要用電腦來設計,那麼一開頭怎麼會有電腦?

　　由於我們了解電腦的歷史,因此對這個先有雞還是先有蛋的問題已經胸有成竹。在電腦「演化」的早期,設計電腦是可以不用電腦的。但隨著電腦變得越來越複雜,工程師用電腦來設計電腦非但成為可能,而且也方便。在那之後不久,電腦變得非常複雜,不用電腦設計它們變成不可能。在生命史之初,大概也有很像這樣的情況發生。在生命史的這麼早期,RNA可能扮演著核心角色。

⊕　　　　　⊕　　　　　⊕

　　與DNA分子相比,RNA分子顯得特別多才多藝。我在第七章曾以簡化的方式描述你體內的蛋白質製造機,它根據在你DNA中發現的配方生產蛋白質。這個蛋白質製造機其實非常依賴RNA。蛋白質製造過程的第一步是RNA聚合酶分子把基因複製到由信使RNA攜帶資料的「紀錄」中。[12]在細胞的其他地方,含有RNA的核醣體解譯了紀錄。它用於執行此作業的「關鍵」並不是包含在如圖7.1所示的圖表中,而是在轉移RNA的分子中。接著核醣體按照解譯的紀錄,把胺基酸串在一起,製造蛋白質。而在RNA教人印象深刻的才藝清單中,我們還要再加上一個:RNA分子能夠在沒有外力協助的情況下自我複製。[13]

RNA分子的功能如此之多，使生物學者認為：以RNA為基礎的生命形式先於使用DNA的生命形式。[14]因此，我們會發現這些基於RNA形式的生命位於我們的生命樹樹幹底部。隨著時間的流轉，這些生物開始使用DNA進行資料貯存，經過更多的時間，它們會演化成依賴DNA和RNA兩者的生物，就像我們這樣。這種稱作**RNA世界假說（RNA World hypothesis）**的學說讓我們在發現生命樹的嘗試中，後退了重要的一步，但我們仍然得要面對這些以RNA為基礎的生命形式（它們本身應該也很複雜）如何出現的問題。

　　生物學家針對最後這個問題提出許多理論。他們同意水對於生命形成舉足輕重的說法[15]，但對於生命最先在何處形成，卻眾說紛紜。他們一致否定達爾文認為生命始於一個溫暖的小池塘之說，而揣測它是否會出現在海底熱泉口，如我們所知，LUCA可能就在這裡存活，或許在泥土或水晶表面。學者對於第一個生物怎麼生存，也有不同的看法——也就是它們由環境中取得能量的新陳代謝過程。[16]

　　不論生命的演化如何發生，它都應該是個漸進的過程。就像一個物種轉變成另一個物種沒有明確的時間點一樣，我們不可能宣稱生命在某個時間點已經出現。如果我們在43億年前造訪地球，可能會相信地球上沒有生物。如果我們在10億年後再造訪地球，我們可能會相信有非常簡單的生命形式存在。但在這兩個時間之間，我們很難說生命究竟存在或不存在，只

能描述我們看到周遭的事物「宛如生物」。

　　不過，有一件事很清楚。大約40億年前，有個有機體發現自己擁有「生命火花」。就像大火的餘燼可以引燃另一場火一樣，這個生物把生命火花傳給它的子細胞，它的子細胞再傳給子細胞，以此類推，直到今天。的確，就在你閱讀這個句子時，細胞正在你的體內成形。這些細胞不僅會由因分裂而產生它們的細胞中繼承遺傳物質和基因組，也會繼承生命之火。換言之，你體內帶有的火苗已燃燒了40億年──不論是在隱喻或新陳代謝的意義上都是如此。你當然是活的生物，但更正確的說法或許是：你是生命力的現時顯示。

　　到目前為止，在我們對生命樹樹幹的討論一直都假設這棵樹的根是在地球上。不過有人提議，要尋找地球上的生命之源，應該把注意力由地球的海底熱泉轉移到遙遠的行星上。根據這種「泛種論」（panspermia theory，宇宙胚胎種源論），生命在宇宙中的其他地方出現，並以某種方式被運到地球，這可能有幾種不同的方式，也許一顆小行星撞擊另一顆行星，讓它炸成碎片進入太空，最後這些碎片和有機體來到地球；也或許是外星生物──你也可稱他們是古代的太空人[17]，在過去曾造訪地球，並帶來生命。

　　如果是後者，那麼這個生命可能是被意外地帶到地球，就像實驗室助理意外汙染培養皿那樣。只需要一個微生物處在合適的環境中，就會綻放生命。汙染也可能是故意的，比如外星

人可能想做生物實驗，所以把活生物接種到地球上。如果按此思維，地球上的生命說不定是某個傑出外星兒童所做的科學展作品。

我們肯定的是，很難證明「泛種論」的真假。一個教人信服的證據是，外星人來到地球，承認地球上的生命來自於他們，如果我們懷疑他們的說法，可以用他們的組織樣本來驗證。假設我們的分析顯示他們是以 DNA 為基礎的生命形式，還不足以證明我們和他們之間有關聯：或許用 DNA 來貯存遺傳資料是在宇宙的其他地方獨立演化而來。但假如他們的細胞根據 DNA 配方建構蛋白質使用的是與我們相同的遺傳密碼，或與我們的密碼有些微的變異，我們在第七章已說明，這種情況就是兩種現存陸地生物有共同祖先的鐵證，因此它可算作我們和外星訪客有共同祖先的鐵證，因此證明地球生命源自他們的說法。

同理，假設沒有外星人來訪，而是我們在火星上發現生命，再假設這些火星生物（很可能是微生物）和我們有同樣的遺傳密碼，這就會帶來一些有趣的可能。要不是火星是地球生命的泉源，就是地球是火星生命的泉源（或許我們不小心汙染了某個火星登陸器），或者某個第三宇宙位置是地球和火星的生命之源。很難知道其中哪一個可能是正確的，但是由於我們的遺傳密碼相似，因此其中之一必然正確。

當然，即使泛種論正確，依舊無法讓人滿意，因為它並沒

有追根究柢，找出真相。這就像宣布你的祖先來自薩丁尼亞一樣。如我們在第一章所提的，任何思想縝密的人，在聽到這一說法之後，都會想知道那些在薩丁尼亞的祖先又來自何方。泛種論只是把地球上的無生物如何產生有生命的生物這個問題，轉移為它如何發生在某個遙遠的星球上。

權且假設地球的生命起源於地球，這必然是一件了不起的大事。我們的星球是在45億6千萬年前形成的，當時它應該是個融化的球體。在接下來的幾億年裡，地球冷卻下來，形成外殼，這個外殼也足夠冷卻，才能適合居住。接著，非常驚人地，生命不知怎麼「無中生有」，出現在那個外殼上。

檢視地球上的生命，我們會發現許多證據，證明這些生命的堅韌以及機緣巧合。遊目四顧，幾乎到處都有生物，它們不僅存在海洋深處，也存在海床底下，以及極熱的海洋間歇泉四周。空氣中有生命，不僅以飛得像珠穆朗瑪峰一樣高的鳥類形式出現，也以空氣傳播微生物的形式出現。生命不僅存在於地球土壤中，也存在岩石裡——確實，是在基岩表面下數千呎的裂縫中。想要找到地球上沒有生命的地方，恐怕得費一番工夫。

如果生命可以出現在地球上，那麼一定也可以出現在其他地方。畢竟宇宙很巨大，它擁有數千億個星系，許多星系又有數千億顆恆星，每個恆星可能有多個行星，以及多個衛星——其上都可能會出現生命。因此，即使在像地球這樣的行星上，

出現生命的機會為十億分之一，另外還有數兆個地方，可能會出現生命，因此生命很可能會出現在許多星球上。另外還要記住，我們的宇宙已經存在 138 億年，這是很長的時間，供大自然進行生命實驗，增加其中一些實驗成功的機會。

為了更進一步了解這個論點的邏輯，不妨想像一個樂透，投注者必須選 4 個介於 0 和 9 之間的數字。共有 1 萬個這種序列可供選擇，包括 0000、9999、4758、8514 等。因此選擇 7777 的機會應該是一萬分之一，機會不大。但如果我們重複抽獎 100 萬次，7777 出現的機率就可能達 100 次。同樣地，即使生命在我們地球上出現的機率不高，我們依舊可以確定它會出現在數兆個星球上的許多星球。我們的星球恰巧就是其中之一。

四星彩（pick-four）的贏家總是對自己中彩感到驚訝，並且很可能提出種種理由來解釋，說不定是老天補償他們過去承受的不公，或獎勵他們好心得好報？但是我們其他人卻看得清這些贏家的本色：一群贏了彩票的幸運愚人。我們也該採一致的態度來看待自己的生物自我：贏得生命彩票的幸運傻瓜。

⊕　　　　⊕　　　　⊕

在本章中，我們談到了地球因外星生物的拜訪而出現生命的可能性。讓我們對揣摩一下這些外星人（如果存在的話）會是什麼樣子，作為本章的結束。

在許多科幻電影中，造訪地球的外星人大小和形狀都和人

類差不多。在過去，這種做法有個實際的原因：因為這些外星人得由穿著戲服的人類扮演。但現在情況已不同，電影裡的外星人如今是由電腦繪成，他們幾乎可以是你想像所及的任何大小或形狀。但是，比起其他想像，某些形狀和大小似乎更合理。尤其為了建造星際太空船，甚或無線電傳送器，外星人必須能夠熟練地操縱其環境，因此他們得要有附肢和感覺器官。這些外星人也必須要有一定的大小：如果太小，他們就無法移動物體；如果太大，他們就會很笨拙。正如我們在第三章對「愛因斯坦鯨」的討論，如果你的身體不對，即使身體中的大腦無比聰明，一樣會有各種各樣你無法做的事情。

此時，科幻小說迷可能會說，外星人不需要建造太空船；他們可以讓機器人建造它們。這是一個有趣的建議，但立即又引發一個明顯的問題：誰來製造這些機器人？我們推測，因為身體大小不合而無法興建太空船的外星人，應該也因為身體大小受限，而無法打造機器人。下次觀賞地球遭外星生物入侵的電影時，要記住這一點。不論那些外星人有多麼聰明，他們是否擁有可以讓他們建造太空船，讓他們來到地球的身體，還是他們的身體可以建造機器人，來製作這些太空船？

除了外星生物的身體是否能夠來到地球之外，我們也可以得出有關他們心智的結論。他們顯然必須非常聰明，但我會主張，任何智慧足以建造能作星際之旅太空船的太空生物，都會明白這樣的旅行是浪費他們的時間和精力。要了解我為

什麼這麼說，請想想距離太陽系最近的恆星比鄰星（Proxima Centauri）。假設它有一個擁有智慧生物的行星，並假設這個行星上的居民決定來拜訪我們。如果他們像我們一樣乘火箭太空船中，可能要耗數 10 萬年才能到達地球。[18] 這在太空船上會是非常漫長的時間。任何有理性的生物會同意參加這樣的旅行嗎？就算他們這樣做了，他們或他們的後代能否生還？

要了解這一旅程的背景，請記住我們地球人已經登過月。登月之旅每一次僅需要往返各 3 天的時間。儘管如此，這樣旅行 6 次之後，我們認為，考量全部的因素後，我們該把資源放在其他地方。另外我們還該知道，月亮離地球只有 1.3 光秒遠，但比鄰星和地球的距離是 4.3 光年。

與其親自來到地球，比鄰星人（如果存在）不如發送無人衛星，就像我們探索太陽系其他行星的做法一樣。但即使如此，對他們來說也是冒險之舉。這樣的衛星可能需要 10 萬年才能到達地球。等它抵達地球，如果仍能正常工作，盡職地把它的發現用無線電傳回母星，這些訊息只需要 4.3 年就能回傳，但那時還有人在那裡接收它們嗎？畢竟，10 萬年對一個文明的存在是很長的時間，即使它依舊存在，當今比鄰星人遙遠的後代還記得衛星發射的事嗎？

此時，一心一意想與外星生物實際接觸的科幻小說迷往往會開始談論蟲洞和超空間驅動器（hyperdrives）等理論，他們認為這能使外星人以我們駕車穿過州界差不多的時間穿越星

系。這是很好的故事，但是除非近在眼前，否則我不相信。

　　總之，外星生命，甚至聰明的外星生命，無疑是存在的，但由於它有智慧，因此會考慮把時間和資源花在比拜訪地球更有用的事情上。下次如果有人告訴你，古代太空人來到地球，教導埃及人如何建造金字塔，或者有太空人趁我們熟睡之時，在我們的田裡建構複雜的麥田圈時，要記住這一點。

第二部

你的細胞層面

第九章

你很複雜

　　你的生命以稱作**合子（zygote，受精卵）**的受精卵細胞展開，它來自一個相當複雜的過程。在大多數情況下，你的父母親發生性行為[1]，你父親的精子開始在你母親的生殖道中向上游，其中一半帶有 X 染色體，另一半則會攜帶 Y 染色體。你最後是男性還是女性，取決於和卵子結合的精子帶的是 X 或 Y 染色體。

　　在旅程中的某一點，這些精子得做出重要的決定：要進入左輸卵管還是右輸卵管？因為在正常情況下，這兩條輸卵管中只有一條會通往一個成熟的卵子，因此有一半的精子會選擇錯誤的輸卵管，這表示它們即將展開的旅程是白費工夫。但即使精子選擇了正確的輸卵管，在隨後的旅途中，還會遇到重重阻礙。例如可能被困在輸卵管內壁的絨毛中。它們也必須與絨毛擺動所產生的潮流相反，逆流而上。到達卵子時，首先必須穿過卵子周圍的放射冠，然後穿過卵子的細胞壁。儘管你的母親願意接納你的父親，但她的生殖系統卻似乎一直在說「免談！」它讓精子很難到達卵子，大概是為了確保能到達卵子的精子都很健康。最後穿透卵子的精子可說在這場賽跑中擊敗了

其他幾億個精子。

要知道，這場比賽的結果隨機到不可思議。要是這個性行為以略微不同的方式，在在略微不同的時間進行，生出來的寶寶就會有不同的基因，而且可能會有不同的性別，這表示**你就不會出生**。當然，如果出生的是別人，你現在就不會存在，我說話的對象「你」就會變成那個人。感謝自己有幸誕生的人就會是那個人。

⊕　　　　　⊕　　　　　⊕

你父親的精子細胞與你母親的卵子細胞結合後，又出現另一個融合：精子的細胞核與卵子的細胞核合併。[2] 這第二個融合可能在第一個融合數小時後發生，就在這個融合中，受精卵細胞獲得了新的遺傳特徵，與你的母親、父親和其他所有活著的人都不同——當然，除非你是同卵雙胞胎。

第二次融合完成後，你的受精卵開始分裂。首先它的DNA複製，接著形成兩個核，以容納兩個副本，最後細胞自行分裂為二，兩個原子核出現在兩個細胞中。一個細胞就這樣變成兩個。細胞以這種方式分裂時，我們常會把它想成是母親細胞生出寶寶細胞，其實並非如此，因為隨後把這些細胞標記為母子都是任意為之：沒有生化方法可以區分何者為母，何者為子。我們把分裂之後的細胞稱為子細胞（daughter cells）。

接下來約一週左右，你的細胞不斷分裂，並且沿著輸卵管朝子宮移動。這段期間，它們並未由你的母親那裡獲取營養。

等到它們形成的細胞群（現在稱為囊胚或胚泡，blastocyst）把自己附著在子宮壁上時，可能已經有100個細胞。但你或許會疑惑，一個細胞怎麼能在沒有營養的情況下變成100個？根據質量不滅定律（Law of Conservation of Mass），物質不可能就這麼無中生有。單細胞受精卵轉化為100個細胞的囊胚，是否違反這一規律？

並沒有，因為分裂的細胞逐漸變小。如果你把1磅起司切成100個小方塊，那麼這些小起司的總量與你開始切時相同，只是每一塊都比原先那一塊小得多。因為最初的卵子按細胞的觀點來看非常大——肉眼可見，因此「負擔得起」分裂多次。要進一步了解這一點，不妨想想鴕鳥蛋。它是可能重達3磅的單細胞，可是經過細胞多次分裂，鴕鳥寶寶就會由其中出現。當然，這隻鴕鳥寶寶身上的每一個細胞都比原先的蛋小得多。

抵達子宮之時，你吃了第一餐。說得更精確一點，你的細胞接受了你母親透過子宮壁傳遞給它們的養分，而她又是由她的飲食中得到這些營養。她會以「一人吃，兩人補」的方式調整自己，因應對她身體資源的新需求。

⊕　　　　　⊕　　　　　⊕

當然，這個主題會有不同的變化。有時候一名女性不只有一個，而且同時有兩個或多個卵子，它們可能來自相同或不同的卵巢。這兩個卵子就可以由兩個不同的精子使它們受精，產生的受精卵就不是同卵雙胞胎，而是異卵雙胞胎。他們的性別

可能相同，也可能互異，而且他們的相似度就和非雙胞胎的同胞手足一樣——當然，除非他們有不同的父親，在這種情況下，他們的相似度會與任何兩個同母異父的兄弟姊妹一樣。

囊胚也有可能在通往子宮的途中分裂。在這種情況下，就會產生同卵雙胞胎，他們會具有相同的DNA，性別也相同——通常如此。[3] 如果分裂成兩半之後的囊胚仍保持接觸，將導致連體雙胞胎。此外，在囊胚一分為二後，其中的一半可能會再次分成兩半，因而產生同卵三胞胎。

除了一個胚胎變成兩個胚胎之外，兩個胚胎也可能融合，產生所謂的「嵌合體」（chimera），這種生物的細胞會基因混合。這就是為什麼會有一位已經育有四名子女的74歲父親竟會有子宮的原因。[4] 醫師在為他開刀醫治疝氣時，發現了它。他顯然在母親的子宮內時還有一個姊妹，但她的胚胎後來被他的吞沒，她的子宮就變成了他的子宮。

還有更奇怪的事可能發生。2002年，已有兩名子女，又懷了老三的莉迪亞・費爾柴德（Lydia Fairchild）與伴侶傑米・湯森（Jamie Townsend）分手，因此得申請福利金維生。申請程序要求費爾柴德、湯森，及孩子們必須接受基因檢測，以確立父母關係。結果發現湯森是孩子的父親，但費爾柴德不是他們的母親。福利官員自然對費爾柴德宣稱是孩子母親的說法存疑。因此，在她生下第三胎後，法院官員在現場做基因檢測。同樣地，結果顯示，費爾柴德不是嬰兒的生母。政府認為

費爾柴德必然是代理孕母——另一名婦女的卵子經湯森的精子授精後，被植入了她的體內。

最後醫師才發現，費爾柴德是嵌合體。她在母親的子宮時有一個也是女性的雙胞手足，她的胚胎遭費爾柴德的胚胎吞噬，但其卵巢卻留在費爾柴德胚胎中的卵巢位置。結果，費爾柴德每個月排出的卵子其實是她未出生的雙胞手足的卵子。儘管費爾柴德是孩子的孕母（birth mother），在某些方面也算是他們的生母，但提供卵子的遺傳母親卻是費爾柴德並未出世的雙胞胎姊妹。雖然奇怪，但如假包換！

其實嵌合體並不像人們以為的那麼罕見。婦女懷孕時，她所孕育胎兒的細胞很可能最後會留在她體內。同樣地，她的一些細胞可能會進入胎兒體內。因此，儘管母親和她的子女早在數10年前就失散，但雙方可能各自都會攜帶對方的一小部分。[5] 這種情況稱為**微嵌合體**（microchimerism）。

⊕　　　⊕　　　⊕

你的細胞並非突然冒出來的。每個細胞都來自一個細胞，而這個細胞本身也來自細胞，以此類推。這表示就像我們可以建構顯示你祖先的家譜，理論上，我們也可以選擇你的任何細胞，建構它的「家譜」，顯示它來自哪些細胞。為求說明清楚，我把先前的家譜稱為個人家譜，因為它顯示了人與人之間的關係，而下接下來的家譜則稱為細胞家譜。

人是有性生殖的結果，兩個人一起創造一個新的人，但細

胞卻幾乎都是靠細胞分裂而存在，[6]一個細胞分裂成兩個子細胞。這表示細胞家譜和個人家譜會有不同的結構。個人家譜像電路圖，其數量為兩倍，每回溯一級，條目數量就會加倍（請參見圖4.1）。相較之下，細胞家譜則像竹莖，其底部是細胞家譜所屬的那個細胞，其上是其母細胞，其上是母細胞的母細胞，以此類推。請參見圖9.1的細胞家譜。

除了擁有個人家譜之外，你還有一棵個人的子孫樹，顯示你的子孫（如果有），你子孫的子孫等，以此類推（請參閱圖1.1的下半部分）。同樣地，你的每一個細胞，除了擁有細胞家譜之外，也有一棵後代的細胞樹，顯示其子細胞（如果有），子細胞的子細胞，以此類推。已知子孫樹上的人下方可以有任何數量的分枝；繁殖力旺盛的人可能有100個分枝，但細胞子孫樹的每一個細胞下方就只有兩個分支，代表它的兩個子細胞，如果它的子細胞也分裂，每個分枝下方還會再增加兩個分支。細胞以指數級數分裂會造成驚人的結果，有人估計，到你成年時，你的受精卵已分裂為3.7×10^{13}個細胞，即37兆個細胞。[7]要了解細胞子孫樹的模樣，請參見圖9.1。

當然，圖9.1所示的細胞家譜並不完整，因為你的受精卵本身也有細胞祖先。要描述這些祖先，必須改變家譜的樹狀結構。雖然你的受精卵下面的細胞是細胞分裂的結果，但你的受精卵本身卻是你母親的卵子細胞和你父親的精子細胞結合的結果。我們可以用 T 來表示這些融合（參見圖9.2）。當然，你

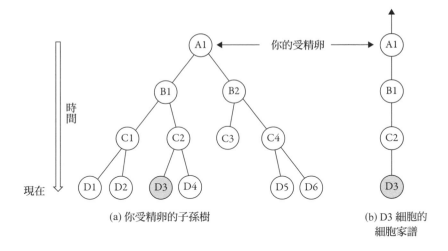

(a) 你受精卵的子孫樹   (b) D3 細胞的
細胞家譜

圖 9.1 （a）圖左是你的受精卵經大幅簡化的子孫樹，顯示細胞分裂產生的子細胞。請注意，細胞 C3 死亡，表示它的細胞系滅亡。（b）圖右是隨機選擇細胞 D3 的細胞家譜，顯示了其母細胞，其母細胞的母細胞，以此類推。D3 的姊妹細胞及其祖先的姊妹細胞並未顯示在圖中，因為它們不是 D3 的直系祖先。由於 A1（你的受精卵）本身有祖先，因此 D3 的細胞家譜會超出上圖所示的範圍。

父母的精子和卵子細胞本身，也可以追溯到**他們的**受精卵，這又是你祖父母的卵子和精子細胞結合的結果。依此類推，回溯你的家譜。

　　由於你的細胞家譜會透過你祖先的受精卵往前追溯，因此得到的樹狀家譜在整體結構上與你的個人家譜相似，但另一方面，它們之間會有一個非常重要的區別。我們在第二章看到，一個人可能在你的個人家譜上占據多個位置。相較之下，一個細胞在一個細胞家譜上，頂多只能占據一個位置。

如果繼續回溯你的細胞家譜，最後你就會到達有性生殖之前，這意味著表示細胞合併的 T 會停止出現，取而代之的是由一個細胞回溯到其母細胞，再回溯到其母細胞的母細胞，以此類推的直線，一路回到現有萬物最後共同祖先 LUCA 這個細胞。你最後會看到一個大致像菱形的圖，LUCA 在菱形頂部的頂端，這個細胞家譜所屬的細胞位於菱形底部的頂點，如圖 9.2 所示。

　　在我們繼續討論之前，要先說明兩點。第一，要知道，雖然你細胞中之一的細胞家譜最後會達到 LUCA，但家譜不會就此終止。因為 LUCA 本身也有它的細胞家譜，那個家譜就會成為你自己細胞大族譜的一部分。第二，細胞家譜可能會比圖 9.1 和 9.2 所示的複雜得多。尤其如果此人像費爾柴德一樣是嵌合體時。

　　細胞家譜的結構看似奇特，但這是因為你習慣以人為主要生物實體之故。但若你的細胞會思考會說話，它們就會讓你擺脫信這種想法。它們會堅持說，**它們**才是主要的生物實體，像你這樣的人類僅僅是它們暫時的聚集體。因此，與其把它們視為**你的**細胞，不如把你的身體視為**它們的**構造，比較有道理。

　　你的細胞年紀多大？要如何回答這個問題，取決於我們對於細胞經歷分裂和融合時其身分變化的看法。我們有理由相信，這些事件並不會重設細胞的年齡時鐘。畢竟在這樣的事件中，細胞一直活著。在分裂時，一個細胞就重組為兩個細胞，

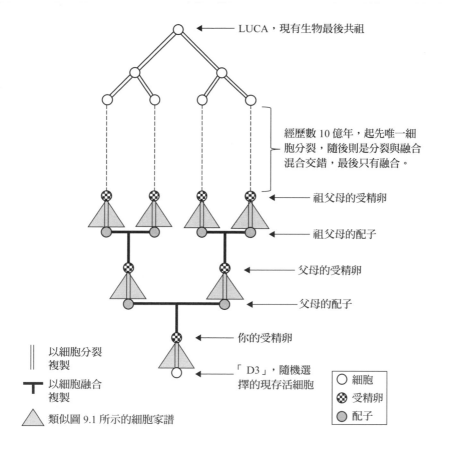

圖中標示：

LUCA，現有生物最後共祖

經歷數 10 億年，起先唯一細胞分裂，隨後則是分裂與融合混合交錯，最後只有融合。

祖父母的受精卵

祖父母的配子

父母的受精卵

父母的配子

你的受精卵

「D3」，隨機選擇的現存活細胞

‖ 以細胞分裂複製

T 以細胞融合複製

△ 類似圖 9.1 所示的細胞家譜

○ 細胞
⊗ 受精卵
● 配子

圖 9.2　這是圖 9.1 隨機選擇的細胞 D3 大幅簡化後的細胞族譜版本。在它和你的受精卵之間，應該會有多次細胞分裂，但受精卵本身是細胞融合的結果。但如果我們在這個家譜樹上回溯得夠遠，就會來到有性生殖之前的時代，細胞只分裂，不融合。在這兩段時期之間，應該還有一個過渡時期，有些細胞分裂，有些融合，在圖中以虛線表示。我們由眼前的這個細胞向家譜樹上移動，家譜樹就變得更寬，這是由於細胞來自細胞融合之故。如果我們由家譜頂端的 LUCA 向下移動，它也會變得更寬，這是因為細胞重複分裂的結果，首先是 LUCA 分裂，然後是 LUCA 的後代分裂。由此產生的細胞家譜將是菱形，中間寬，並匯聚在菱形頂部和底部的頂點。創造這棵樹的過程非常了不起：經歷數 10 億年，LUCA 這一個細胞變成了許多細胞，最後又合而為一：你的受精卵，接著又變成構成你的許多細胞。

在融合時，兩個細胞合而為一。以這種方式衡量，細胞的年齡就應該由它最古老的細胞祖先活著以來算起，這表示構成你的細胞已經存活數 10 億年之久。這是了不起的成就。此外，它也保持了細胞永生的可能性。

但是許多人會排斥「持續的細胞身分」這一觀念。他們主張，一個細胞發生分裂，就會出現兩個全新的細胞，而兩個細胞融合時，就會出現一個全新的細胞。因此他們把細胞的年齡訂為因分裂或融合使細胞存在以來的時間。如果採這種看法，你的血液細胞只有幾個月的壽命，你的皮膚細胞壽命也相對較短。但你的腦細胞則有幾 10 年壽命；否則你就記不得你的童年。如果你是女性，那麼在你出生之前，你的卵細胞就已經存在，因此它們的年齡比你大——如果按你駕照上的年齡來算。[8]

你可能會疑惑，如果由細胞分裂生成新細胞開始算起，你的細胞平均年齡是多少？一種解答的方法是用放射性示蹤劑標記你的細胞，然後測量其放射性量隨著時間有什麼樣的變化：每一次細胞分裂時，它所攜帶的示蹤劑量就會減少一半。科學家曾在小鼠身上做過這種實驗，但可以想見，他們不願在人身上進行這個實驗，而且也很難找到願意接受放射性示蹤劑的受測對象。

不過，在 1950 和 60 年代初，核武競賽造成了數 10 億非自願的人體測試對象。由於核子武器在地面上測試，使環境

中碳-14的數量激增。（碳-14的原子比一般碳原子多兩個中子，就是這些額外的中子使它們具有放射性。）這些碳-14原子被當時的人體吸收，並融合到他們的細胞中，而且由於核武地面測試隨後結束，因此生物學家能夠測量各種類型細胞的放射性速率下降，因此推斷出這些細胞的壽命。[9] 他們結論說，成人體內的細胞平均只有7至10歲，表示即使你的駕照上說你已屆退休之齡，你細胞（平均）的年齡只能上小學。

⊕　　　　　⊕　　　　　⊕

　　寫作本書時，我是以哲學學者的身分撰寫有關科學的文章。身為研究哲學的人，我很熟悉關於身分的問題。但在為本書做研究時，我發現科學家常常敷衍這類的問題。由於他們主要的目標是提出和驗證一般性的理論，因此他們這樣做完全可以理解。但是我寫作本書的目的是要揭示關於你──我的讀者身分的重要事物──即你不只有一個身分，而是有許多身分。為了達到這個目的，我必須認真看待有關身分的問題。這就是為什麼我在第四章努力闡釋物種的身分。這個概念並非稜角分明，也就是說任何把生物歸為物種的分類都是隨機的。這也是為什麼我在本章中會問到細胞分裂時的身分：它是變成兩個新的細胞，還是僅僅是同一細胞分成兩個部分？

　　在我們繼續研究你是誰，你的身分是什麼，還會出現一些問題，為了預做準備，讓我在這裡暫停一下，介紹所謂的「忒修斯之船」（ship of Theseus）矛盾（悖論）。羅馬時代的傳記

作家普魯塔克（Plutarch）在 1 世紀末曾描述過這個問題，此後，哲學家對它所提出的身分問題就一直苦苦思索。下面就以最簡單的說法來敘述這個矛盾。假設要讓一艘木船能夠出海航行，當船上的木板腐爛時，就得更換它。如果僅更換一塊木板，很明顯這還是同一艘船，對吧？但假設多年來經過一連串更換，船上所有的木板都已換新。它還能算和最初那艘船一樣嗎？

如果你認為它是同一艘船，不妨想想：假設你把換下來的腐爛木板都丟棄，但你節儉的鄰居卻趁著晚上把它們都收集起來，準備廉價打造一艘船。最後他用你丟棄的木板建造出一整艘船。的確，他的船是爛木板打造，不能出海，但它還是一艘船。問題來了：如果你的船和你當初開始更換木板時的船是同一艘，那麼你的鄰居打造的船又是什麼身分？它完全由你的船過去使用的木板打造的，所以這算是你的舊船嗎？如果是，那麼你的新船又是什麼身分？能不能說這「兩艘」船雖然截然不同，但卻是同一艘船？

我們可以用一個笑話說明同一哲學觀點。一個男人走進專售具有重要歷史意義的古董店，說要出售華盛頓小時候砍倒櫻桃樹的斧頭。古董店主大吃一驚說：「你的意思是華盛頓曾經握過這把斧頭？」對方回答：「嗯，可以這麼說。因為華盛頓用過它之後，它的斧刃已經更換了兩次，斧柄也更換了三次，才能繼續使用迄今。」

只要是事物的集合體，就會產生「忒修斯之船」的矛盾問題，尤其如果你是細胞的集合，而且這些細胞不斷地替換——其實假設連你最初出現的受精卵也遭替換，你還會是和先前一樣的同一人嗎？在本書的第三部分，我把你視為原子而非細胞的集合時，會出現更多這樣的問題。

第十章

你的祖先很乏味

　　你的母親可能口才絕佳，你的父親可能是撲克高手，你的祖父說不定會由你的耳後變出硬幣來——他是怎麼辦到的？——但如果你繼續回溯家譜，就會發現很多無趣的祖先。

　　為了解我為什麼這麼說，不妨假設你可以回到過去，來到22億年前我們的星球。你所遭遇的生命形式——其中有些是你的直系祖先[1]，是成天漂浮在水中的單細胞生物，或者它們以鞭毛推動，在水中隨機游泳。除非你是地質學家，喜歡看到不受植被遮擋的地貌，或是有先見之明，隨身攜帶顯微鏡的微生物學家，否則一定會覺得周遭的世界乏善可陳。

　　但如果來到18億年前，情況就有趣得多，這時單細胞真核生物已經出現。我們知道，真核生物是生物的三域之一，另外兩域是細菌和古菌。我們將在第十一章討論真核生物以及它們是如何產生的，但目前只要知道它們可以做到細菌和古菌做不到的就夠了，例如它們可以藉著改變形狀來爬行。有了這樣的進展，你可能會對這些真核生物寄予厚望，但在接下來的10億年間，它們依舊保持在這個發展階段。因此有些生物學家就稱這段時期為「乏味的10億年」（the boring billion）。

細胞要擴大自己對世界的影響，一種方法就是變大，但是細胞可以變得多大，有其物理限制。隨著細胞成長，其體積增加的速度比表面積增加的速度更快，使細胞的代謝過程變得越來越困難，因為代謝過程是與體積相同的速率增加，以獲取所需的營養，並排出產生的廢物。而且，變大會使細胞表面的單位面積帶來更大的壓力，使其破裂的機會提高，如果破裂，細胞就會失去做任何事的能力。

要解決這種困境的方法，是使細胞保持微小，但在它們想對世界產生影響時，做任何地方的微小生物都會採取的方法：與其他的小生物結合，共同完成它們無法獨力完成的事物。換句話說，細胞可以結合在一起，成為多細胞生物。這就是我們人類細胞所做的，也是我們人類所做的：透過與他人合作，我們就能夠完成原本不可能做到的事，例如興建胡佛水壩，月球之旅。

在「乏味的 10 億年」間，大多數存在的生物都是孤單的微生物。它們分裂時所產生的子細胞只會漂離彼此，如果它們生有鞭毛，則會游開。一個例外是突變導致細菌產生黏性，它們會黏在它們所遇到的表面，在繁殖時，子細胞也會繼承它們的黏性，四處黏附，結果產生生物膜（biofilm，菌膜）。這樣的生物膜至今仍在我們周遭。它們是一些最討人厭感染的元凶。

要進一步了解多細胞群落形成的方式，不妨想想一種稱為襟鞭毛蟲（choanoflagellates）的真核細胞（見圖10.1）。它們大部分的時間都是孤單的細胞，自由漂浮，但是只要有食物出現時，它們就會聚在一起形成花環狀的群落，以便更順利地攝取該食物。[2] 襟鞭毛蟲也可能「生在」群落之中。當細胞分裂，產生的兩個子細胞由一線連接，就產生這樣的群落。這些子細胞隨後分裂時，它們的子細胞也會連接在一起，如此這般，結果將產生基因一模一樣的細胞群落。

　　我們已知細胞的大小有其限度，襟鞭毛蟲群落能夠發展到多大，也有一些限制。如果群落小，它所有的細胞都是「外在」細胞，與它們習慣的環境接觸。但隨著它成長，最後必然

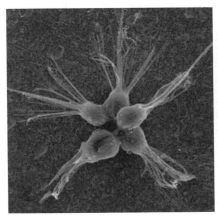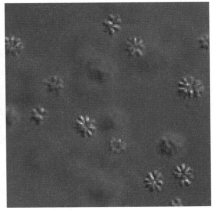

圖10.1　圖左，襟鞭毛蟲合併，形成一個群落。圖右則顯示了幾個這樣的群落。創用CC（Creative Commons）：http：//www.dayel.com/choanoflagellates/

會有「內部」細胞，它們不是暴露在帶有養分的水中，而是被其他襟鞭毛蟲包圍。到了某一點，群落的內在環境就會變得不適合生活。幸而這個「內部」細胞問題有一個解決辦法，否則，像我們這樣肉眼可見的多細胞生物就不會存在。

要了解這個問題的本質，不妨想想海綿。它們在海底的岩石上紮根，看似植物，但實際上卻是微小動物的群落。花瓶狀海綿的體壁必須夠厚，才能支撐其三度空間的結構，也就是說，海綿「肉體」內的細胞將由其他細胞包圍。為了照顧這些內部細胞的需求，海綿就長滿了管子，讓水流進海綿體，進入中央腔中，然後再由中央腔的頂部排出，如圖 10.2 所示。流過這些管子的水流可以用染劑來證明，把染劑放在海綿外部的水中，幾秒鐘後，染劑就會出現在中央腔中，然後透過海綿頂部的開口向上漂，看起來就像冒出五彩煙霧的煙囪。

由於海綿內層細胞的鞭毛持續不斷地擺動，水就流過這些管子。這些「幫浦細胞」因為與襟鞭毛蟲相似，而被稱為「領細胞」（choanocytes）。這種相似顯然並非巧合。相反地，領細胞和現代襟鞭毛蟲在生命樹上似乎是近親。

如果用力把海綿推下非常細的篩網，讓它的群落細胞分解，這些細胞不僅可以存活，而且會重新聚集，形成新的海綿。如果分解兩種不同種類的海綿細胞，再將它們混合在一起，會各自重新聚合成兩個不同的海綿。彷彿它們**想要**成為多細胞一樣，彷彿它們把多細胞視為自然狀態一樣。

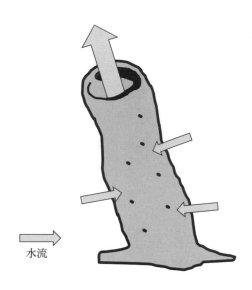

圖 10.2　帶有養分的水流過中空圓柱形的多孔海綿體，滿足生活在體內細胞的需要。

水流

　　海綿透過海綿體濾食，而海葵則透過口部攝食，處理之後，再以同一個口——還是該稱肛門？排出廢物和未消化的食物。這種消化過程既沒有效率，而且不衛生，因而在動物界非常罕見。

　　取而代之的做法是，大多數動物的身體都是圍繞著稱為腸道的管子生成。這條管子的一端是攝取食物和水的嘴，另一端是排泄廢物的肛門，這個設計十分出色。不過，為了使腸道正常運作，動物必須要有用它運送水和食物的方法。海綿可以用鞭毛移動水和食物，蠕蟲則可用肌肉來做。肌肉還可以讓蠕蟲移往有食物的地方，這是海綿辦不到的事。當然，運用這些肌

肉會消耗能量，但是腸道的吞吐策略非常有效率，讓蠕蟲能夠有多餘的能量可用。

儘管帶有嘴和肛門的管道是非常聰明的設計，但仍有改進的空間。最早的蠕蟲會隨機游動或挖掘，憑運氣取得食物。但它們的後代獲得了感知自己環境的能力，尤其能夠感知水中某些化學物質的存在。有了這些訊息，它們就可以朝向有可能會有食物的地方移動。由於此定向運動的目的是要把食物送入蠕蟲的嘴中，因此感覺器官最合理的位置就應該是在口部附近。後來蠕蟲發展出原腦，感覺器官的合理位置就成為靠近感官輸入來源的附近，好讓它們分析，因此也是在嘴邊。這個演化的理由就是為什麼我們稱呼頭部不僅是嘴巴，而且是味蕾、鼻子、眼睛、耳朵和大腦之家。這是大多數動物喜歡的設計。[3]

就演化而言，我們人類代表了管狀身體設計的高級階段：基本上，我們是帶有嘴巴、消化道和肛門的管子。我們由遙遠的蠕蟲祖先繼承了這個設計。幾百萬個世代以來，我們不斷演化，以允許這種「內部蠕蟲」更方便運作，因此增加了臂、腿和有大腦的頭部。因此如果說我們是添加了許多配件的蠕蟲，並不為過。

⊕　　　　⊕　　　　⊕

請容我重述重點。在地球上漫遊的乏味單細胞生物，到 8 億年前已經演化為像你這樣多彩多姿的多細胞生物。為了進行這種轉變，必須解決「內在細胞問題」。海綿、海葵和蠕蟲各

自找到不同的方法來解決這個問題。為了讓這些解決方案起作用，細胞必須有專門的功能。

襟鞭毛蟲群落中的細胞專門性最低，每一個細胞都在執行 5 種不同功能之一。[4] 海綿細胞分化程度較高，我們已經見到了透過海綿體專門抽水的「領細胞」，其他細胞會形成海綿壁，而還有其他細胞會控制通過海綿壁水流。當然，蠕蟲細胞分化的程度更高，結果蠕蟲可以做很多海綿做不到的事。

例如，秀麗隱桿線蟲（Caenorhabditis elegans）這種長 1 毫米的蠕蟲，說得更精確一點，是線蟲。它的 1 千個細胞比海綿細胞分化得程度高得多。它具有神經、肌肉、皮膚、腸道和生殖細胞，[5] 這表示它可以感知並在環境中移動，和海綿不同。它甚至可能具有性慾。[6]

你當然又比蠕蟲複雜得多，更能幹，你的細胞也更專業。我們人類由數百種不同類型的細胞組成，[7] 包括肝細胞、皮膚細胞和神經元。此外，在專業之下還會有次專業，比如感光細胞是能夠感測光線的神經元。

我們在第九章已經知道，你的細胞都是單細胞生物的後代。這些細胞要成為像你這樣多細胞宏體生物的一部分，必須改變自己。首先，它們必須放棄漫遊的能力。既然已經它們已在多細胞生物中長住，它們無時無刻就都得做同樣的工作——細胞不能放假。而它們獲得的報酬是，可以獲得對它們非常好的生活環境：除非它們是皮膚細胞，否則就可以活在恆溫的環

境中。在正常情況下，它們可以得到充足的食物與所需的水分和氧氣，產生的廢物也會很有效地排出。我還要補充的是，它們被分配的正是它們擅長的工作。

當然，細胞不會考量與其他細胞結合，完成工作的好處，也不會思索為了這樣結合而必須做的犧牲。這是因為細胞不會思考，就這麼簡單。（儘管神經元使人類可以思考，但神經元本身並不能思考。）真正的情況是，合作的細胞比不合作的細胞更可能生存和繁殖，而這些細胞繁殖之時，也將合作的特性傳給它們的後代。由於你的細胞「樂於」合作，因此能比獨立的細胞生存更久。

儘管相對於其他細胞而言，你大多數的細胞為了完成分配給自己的任務，會在它們的一生中一直處於同一位置，但也有例外的情況。例如你的皮膚細胞通常是固定不動的，但如果它附近的皮膚受傷，就會朝傷處移動，這實際上是一種填補空隙的措施。你的血液細胞在數週的生命中會在血管裡循環。如果你是男性，你的精子細胞除了能夠在你的生殖系統中行進，還可能會離開你的身體，進入女性的生殖系統尋找卵子。還有你的巨噬細胞其實是一種白血球細胞，它們在你體內爬行，尋找待清理的生物垃圾。如果它們遇到已死亡或垂死的細胞，或細胞碎片，就會把它吸收，並回收其化學化合物。

這些巨噬細胞的行為類似於單細胞真核生物，和我們所有其他細胞都是由單細胞真核生物演化而來。當時發揮作用的自

由漫遊特性，現在也在我們體內發生作用。奇特的是，就連較靜態的細胞，如果我們把它們和鄰近的細胞分開，也會顯示出其祖先根源。把前列腺細胞放入培養皿中，它就會開始爬行，[8] 彷彿由群體中移出，就會釋放原始的本能。

行動自由並不是你的細胞（大多數細胞）放棄的唯一事物。它們通常也得停止分裂。例如你的肝臟達到一定的大小之後，就該要停止成長。但要知道，要求你的細胞停止分裂，是在要求它們停止做它們祖先細胞所做的事——每一個祖先細胞！自從第一個祖先細胞誕生以來，它們一直都是這樣做，這樣的要求很過分，然而，這卻是你的細胞要組合成為你這個細胞組群所願意做的事。

不過，你的細胞還可能會要做更大的犧牲。它們可能得要為了更大的利益而放棄生命，這一過程稱為細胞凋亡。以你的手在子宮內的發育為例，你的手在發育的初期並不像有獨立手指的手套，而是像手指連在一起的連指手套。到你的胚胎發育到第五週時，被選定的某些細胞訊號消失了——稱作「手指間隙」（digital interspace）的細胞死亡，結果出現了獨立的手指。如果這些細胞拒絕死亡，你就會有先天的缺陷。

有時，細胞會反抗集體的細胞權威。不幸的是，癌細胞就是這樣做。它們起先忽視停止分裂或要它們死亡的命令，接著在發展中，它們又不理睬留在固定一處的命令，而還原到祖先狀態：它們離開了在多細胞城市中被分配的位址，而前往遙遠

的地區。這種情況發生時，醫師就說癌細胞已經**轉移**。

⊕　　　　⊕　　　　⊕

我們已知細胞可以藉著結合在一起形成多細胞生物而受益。然而，由此產生的生物也可以聯合起來，形成生物學家稱為「超個體」（superorganism）的生物體，如蜜蜂、白蟻和珊瑚的情況。[9] 蜂巢中的蜜蜂雖然身體並沒有像牠們的細胞那樣連結在一起，但牠們幾乎全都是姊妹，因此以這種方式建立遺傳上的連結。這表示可以把蜂巢當作多個多細胞有機體。

蜂巢中的蜜蜂各有專門的工作，會隨著牠們年齡的增長而改變。在工蜂生命中的某一時期，牠們可能要清潔蜂巢，而在另一段時間則可能要興建撫幼室（brood cells）。之後，牠們可能要把時間花在採集花粉、花蜜或水，帶回蜂巢。[10] 再稍後，牠們可能要守護蜂巢的入口。等到牠們的工作生命結束時，清潔蜂巢的工蜂只會把牠們的遺體從蜂巢中拋出。這些工蜂永遠不會繁殖，和蜂后不同。蜂后代表牠們，完成繁殖的工作。因此我們可能會想要說，繁殖的不是蜂后，而是被稱為「蜂巢」的超個體，因為蜂巢是透過蜂后繁殖的，蜂后可稱為是蜂巢的生殖器官。

類似這樣的事也發生在你自己的體內。你的細胞分為體細胞和生殖細胞，前者幾乎構成整個的你，但它們最後會滅亡，不留下任何後代。它們就像工蜂一樣，一生都在執行被分配的任務，讓其他事物──即你的生殖細胞，也是體細胞的遺傳雙

胞胎，來代表它們繁殖。

⊕　　　　　　⊕　　　　　　⊕

你原本的受精卵是幹細胞，[11] 除了透過細胞分裂繁殖之外，沒有其他任務。它的子細胞同樣是幹細胞，但是經過約一週的分裂，你的細胞開始專門化，它們並非憑選擇這麼做，而是由化學訊號通知它們要做什麼工作。

細胞藉由選擇性表現其基因而專門化。啟動某些基因，細胞就會扮演皮膚細胞的角色；啟動其他基因，它就會變成肝細胞。我們人類約有兩萬個不同的蛋白質編碼基因。據估計，其中有 8,847 個都由我們的細胞啟動。然而，如果細胞要發揮神經元的作用，則需要另外啟動 318 個基因。相較之下，你的睪丸細胞（假設你是男性）需要額外啟動 999 個基因，比人體任何其他細胞所需的基因都多。[12]

當專門的細胞分裂時，子細胞不僅繼承母細胞的 DNA，也繼承那個該 DNA 中的哪些基因要被啟動的指示。因此它們繼承母細胞的專門特性。在正常情況下，[13] 細胞專門化是單行道：細胞一旦專門化，就無法還原為幹細胞，也不能改變其專門的特性。

為了使你的受精卵產生數百種不同的專門細胞，它在 DNA 中必須具備每一種專業的「藍圖」和「作業手冊」。換言之，受精卵必須「明白」如何製造和操作肝細胞、皮膚細胞、神經元等，這點可以想見，但奇怪的是，即使在細胞專門

化之後，它們仍繼續攜帶完整的基因組，而不只是與它們的專業化相關的部分。結果皮膚細胞雖「明白」如何成為神經元，但由於它已經被指示要成為皮膚細胞，因此永遠不會把這個知識付諸實行。

我們已經看到，單細胞生物要轉變為多細胞宏體生物，必須克服「內部細胞問題」，但這並非它們所遭遇到的唯一問題。多細胞生物越複雜，就需要越高程度的細胞專業化，而這又需要更大的基因組來攜帶所有這些專業的藍圖和作業手冊。舉例來說，領鞭毛蟲（Salpingoeca rosetta，一種能夠形成群落的襟鞭毛蟲）的基因組長 5 千 5 百萬個鹼基對，而相當複雜的秀麗隱桿線蟲基因組長 1 億個鹼基對，人類基因組長 32 億個鹼基對。

可是基因組的維護和複制在生物學上很昂貴，這表示生物體基因組的大小如果增加，會對其能量的需求產生重大影響。但額外的能量將從何而來？幸好有新的能源落入我們的老祖宗懷裡——因此我們自己也很幸運，下一章就要談這個了不起的事件。

第十一章

你的「細胞伴侶」

在上一章中，我們探討了成為多細胞宏體生物的結果，要達到這樣的結果，你的細胞必須專門化，這意味著它們需要更大的基因組。像大腸桿菌這樣的微生物必須含有用於建構和操作一種細胞的 DNA 指令，這或許只需要僅僅 500 萬個鹼基對的基因組即可。但你的細胞必須包含有關建構和操作數百種不同類型細胞的指示，結果你的基因組具有 32 億個鹼基對，是大腸桿菌的 600 多倍。

然而，維持和複製基因組需要大量的精力。一直到約 20 億年前，有機體根本無法獲得這種能量，因此它們體積很小，構造簡單。但接著發生了某件事。它們得到一種新的能量，結果微生物能夠演化為具有複雜能力的宏體生物，能夠進行消耗大量精力的活動，如游泳、步行、飛翔，甚至思考。

我把促成這種能量提供的事件稱為「大吞噬」（Big Gulp），科學家稱之為「**造成粒線體起源的內共生細菌**」（**endosymbiotic merger that gave rise to mitochondria**）學說，本章就要解釋什麼吞噬了什麼，吞食如何發生，以及隨後對生物造成什麼樣的影響。不過在此之前，先知道一些背景知識可能會有

幫助。

⊕　　　⊕　　　⊕

　　地球上的生物分為三域：細菌、古菌，和真核生物。你就和所有的動植物、真菌，和藻類一樣，是真核生物。真核生物有個共同點，那就是它們的 DNA 全都包含在細胞核內。這就是它們被稱為 eukaryotes（真核生物）的原因——eu 意為結構良好，karyon，意為核或仁，指細胞核。相較之下，細菌和古菌的 DNA 在細胞中自由漂浮。因此它們被稱為 prokaryotes（原核生物）——pro 意思是之前，此字的後半則是 karyon。

　　儘管真核生物與原核生物通常很容易區分——沒有人會混淆驢子和大腸桿菌，但要區分原核細菌和原核古菌卻相當棘手。它們在顯微鏡下看起來很像，但若像微生物學家卡爾·烏斯（Carl Woese）1970 年代那樣檢視它們的核糖體，你就會發現重大的差異。要知道，核糖體在解譯 DNA「配方」以製造蛋白質的過程中，發揮關鍵作用。烏斯發現古菌核糖體與細菌核糖體的作用不同。細菌和古菌之間的區別可以比作 PC 和 Mac 電腦之間的區別：它們看起來相似，執行的功能也相似，但各自具有不同的作業系統。

　　人人都知道細菌，它們都在我們周遭，有些會使我們生病，但有些則在製作我們喜歡的某些食物（如起司和優格）中舉足輕重。但另一方面，大家對古菌都不甚了了，大概是因為它們的存在對我們的影響很小之故。古菌顯然不會致病，這是

好事，因為它們對抗生素具有抵抗力。古菌之所以低調的另一個原因，是因為它們喜歡生活在我們人類極力避開的地方，比如鹽分高、熱、酸性或放射性強烈之處。

舉個例子，一種稱為甲烷生成菌（methanogens）的古菌喜歡在沒有氧氣的地方生活，如沼澤的淤泥或汙水爛泥中，因為氧氣的存在會剝奪它們最喜歡的「食物」，即氫。由代謝的角度來看，甲烷生成菌藉著結合二氧化碳和氫，製造甲烷和水。如果有氧存在，氧就會與游離氫結合成水，奪走甲烷生成菌的午餐。

生物學家很晚才接受烏斯的發現，[1] 但一等到他們接受這種發現，就不得不重組生命樹。先前生命樹是一個樹幹分為兩個分支，一個分支用於原核生物，另一個分支用於真核生物，但是由於生物現有三域，生命樹必須有第三個主幹。只是這個主幹應放在哪裡？換句話說，這三域出現的順序如何，它們彼此之間是什麼樣的關聯？最重要的是，它們是如何產生的？

⊕　　　⊕　　　⊕

了解了這樣的背景之後，讓我們將注意力轉移到「大吞噬」。大約 20 億年前的某一天，[2] 兩個微生物正好同時在同一地點，其中一個是細菌，另一個是古菌。接下來發生的事是生物學爭辯不休的課題——它被描述為「地球上生命演化中最神祕的事件之一」[3]，但大家都同意，細菌以某種方式進入古菌內部，這就是我所說的「大吞噬」。在正常情況下，細菌應會

被古菌消化，要不然就是會殺死古菌，但這兩者都沒有發生。相反地，細菌和古菌都欣欣向榮。不僅如此，而且它們的後裔仍然存在，古菌的後代成了你的細胞，細菌的後代則是那些細胞內的粒線體。這些粒線體提供了能力，讓你成為如今這樣了不起的生物。

為了讓故事更流暢，下面我將擅自更改這故事主要微生物角色的名稱。[4] 我要把合併後細菌存在古菌內部的微生物，稱作林恩，紀念林恩‧馬古利斯（Lynn Margulis），她是內共生學說的關鍵人物，這個學說是奠定「大吞噬」故事科學基礎的理論。至於合併形成林恩的古菌和細菌，我把它們命名為阿奇（Archie）和貝姬（Becky），阿奇是古菌（archaeon），貝姬是細菌（bacterium）（見圖 11.1）。有人認為阿奇是最近發現的洛基古菌門（Lokiarchaeota）的祖先，貝姬是現代 α- 變形菌（Alphaproteobacteria）的祖先，α- 變形菌是一群微生物，包括例如沃爾巴克氏菌（Wolbachia）和立克次體（Rickettsia）等寄生細菌。

阿奇可以算是甲烷生成菌[5]，因此討厭像貝姬這種細菌通常需要的氧。這兩種生物會在同時出現在同一地點頗為奇怪，但它們卻一起出現，而且貝姬不知怎麼進入了阿奇體內。或許是阿奇「吞噬」了貝姬，也或許是貝姬侵入阿奇，想要寄生。[6] 也說不定是雙方都有「意圖」，貝姬卻進入了阿奇裡面；或許阿奇就是在貝姬周圍生長，就像樹木在附近的柵欄柱

旁生長一樣。

通常在一種微生物進入另一種微生物體內時，彼此之間的關係很短暫，因為其中一方會殺死另一方，但阿奇和貝姬的相遇竟展開了一段漫長而美好的關係。貝姬發現阿奇的內部對她而言是非常舒適的環境，舒適到她開始複製，產生許多子細胞，後者又產生孫細胞。而阿奇並未因體內存在這些細菌而受害，反而從中獲益。這些細菌提供力量，使阿奇能夠戰勝競爭的微生物。阿奇為貝姬的後代提供氧氣和有機化合物，而它們反過來會進行高效率的有氧呼吸，產生大量帶能量的三磷酸腺苷（ATP）分子，並且會與阿奇分享其中的一部分。這種安排使阿奇可以利用氧氣產生的能量，也擴大了像它這樣的古菌可以舒適生活的環境範圍。這是微生物的雙贏局面。

因此，我們稱為林恩的合併細胞成長茁壯，並且開始分裂。林恩的子細胞被貝姬的後代「感染」：有些可能會存在某個子細胞，另外一些存在其他子細胞。當林恩的子細胞本身長大並分裂後，它們的子細胞也攜帶了貝姬的後代。你的 37 兆細胞都是林恩的後代，因此也是阿奇的後代。你所有的細胞幾乎都是貝姬的後代。[7] 結果你的細胞中還有細胞——它們是你細胞內的「伴侶」，只是你可能並不這樣想。你把它們稱為你的粒線體。[8]

我之前提到，古菌與細菌不同，它們不受抗生素影響。在你因細菌感染而服用抗生素時，你的細胞（古菌的後代）不受

影響，應該就是這個原因。但重要的是，你細胞中的粒線體可能會受到抗生素的不利影響，這很可能是因這些細胞器的演化史所造成。[9]

我們在第九章探索了你的細胞家譜。我們知道你當前所有的細胞都可以追溯它們的祖先到你的受精卵這個細胞，而目前生活在地球上所有的細胞都可以追溯到被稱為萬物共同祖先LUCA這個細胞生物。[10]根據大吞噬理論，在你細胞祖先的這兩個「樞紐」（choke points）之間，還有第三個樞紐，由我稱為林恩的有機體（見圖11.3）占據。而且不僅你的每一個細胞都可以追溯其起源到它身上，每一個真核生物的每一個細胞，也都可以追溯其祖先到林恩。這包括你臥室壁櫥角落的蜘蛛細胞，以及你後院楓樹的細胞。它也包括你廚房中正在發酵麵糰中的酵母細胞，以及侵入你大腳趾的真菌細胞。對一個細胞而言，它擁有的後代實在相當多。

⊕　　　　⊕　　　　⊕

你完全是由母親那裡繼承了粒線體。[11]它們全都是你母親卵子的後代，這個卵子在受精後變成了你，而你的粒線體就是這個受精卵中粒線體的後代。你父親的精子也攜帶粒線體，但精子進入卵子時發生的第一件事是，它失去了頭部。更確切地說，精子的頭部進入卵子，但其尾巴和推動該尾巴的中間件仍在卵子外面。由於精子的粒線體位於中段，因此你父親的粒線體通常進不了卵子。

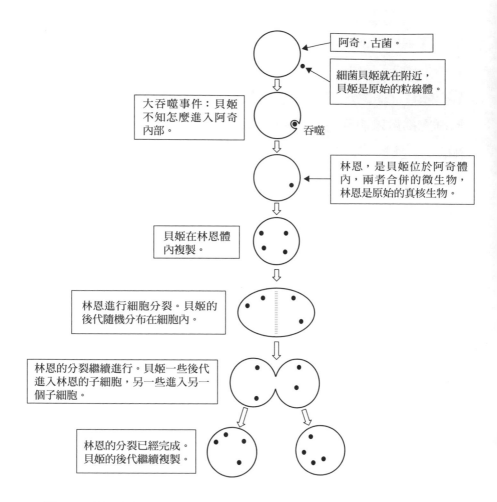

圖 11.1 （第一次）大吞噬事件發生在約 20 億年前。細菌貝姬遭古菌阿奇吞沒，形成我稱為林恩的複合生物——這究竟是如何發生的，生物學家眾說紛紜。貝姬非常適應它的新環境，不斷成長和分裂，阿奇並不介意貝姬在它體內——甚至因而受益，它也不斷地成長和分裂。在林恩分裂時，貝姬的後代進入每個林恩的子細胞。你的細胞中就有貝姬的後代，那就是你的粒線體。

一個細胞有多少個粒線體取決於其能量需求。消耗能量的心肌細胞可能有6千個粒線體，足以構成其40％的細胞質。[12]肝細胞可能具有1千至2千個粒線體，足以構成其細胞質的20％。[13]精子細胞可能只有100個粒線體，而紅血球細胞則一個粒線體都沒有。此外，一個細胞有多少個粒線體也會配合該細胞最近的能量需求。正在接受訓練的運動員，其肌肉細胞中的粒線體遠多於久坐不動的人。

　　有的估計說，成人的細胞平均擁有300至400個粒線體，足以構成我們體重的10％。[14]當然，這麼多的粒線體要擠進一個細胞，就必須很小，而且確實如此，它們的細菌祖先貝姬無疑也是一樣。

　　阿奇和貝姬初遇時，各有自己的DNA，但兩者合併時，雙方的DNA並沒有像卵子和精子的DNA那樣「結合」。相反地，因為貝姬的細胞壁，貝姬的DNA與阿奇的DNA分隔。結果林恩就攜帶兩組不同的DNA，你身為林恩的後代，因此你也一樣。在你細胞的細胞核內，擁有生物學家所謂的**細胞核DNA（nulcear DNA）**。它是來自阿奇的DNA，你可能會把它稱為你的DNA，因為是它給了你五根手指、你的血型和眼睛的顏色。不過你的粒線體也包含DNA。這個粒線體DNA（**mitochondrial DNA或mtDNA**）源自貝姬的DNA，與你的細胞核DNA截然不同。你細胞核中的染色體是線性的，而粒線體中的染色體是圓形的，像細菌的染色體一樣。不僅如

此，而且正如我們在第七章中所見的，粒線體DNA與細胞核DNA是用略有不同的遺傳密碼解譯。人們常說「他們的」基因組，這會引起誤會，因為他們實際上擁有兩種不同的基因組，一種用於細胞，另一種用於粒線體。

我們在第九章談到人類嵌合體，他們體內包含先前在子宮的同伴所擁有的身體器官。我們還發現，大多數人都是微嵌合體：他們的細胞潛藏著母親的細胞，或者，如果她們是母親，其體內也可能潛伏著子女的細胞。但現在應該清楚的是，我們更符合嵌合體一詞更根本的意義：我們的細胞攜帶兩種古代生物的DNA，這兩種生物並不像人類嵌合體和微嵌合體那樣，是相同物種的不同成員。相反地，它們屬於兩個不同的物種，而這兩物種又分屬兩個不同的生物域：一個是古菌，另一個是細菌。這使你成為跨域細胞內的奈米嵌合體。真是可喜可賀。

儘管你的mtDNA來自貝姬，但它已因歲月的演進而有了變化。因為阿奇的後代供應它們食物無虞匱乏，因此貝姬的後代基因開始流失：如果阿奇的後代會為它們提供某種蛋白質，那麼何必自己製作？如果你不打算再製造蛋白質，為什麼還要保留製造蛋白質的基因配方？結果經歷20億年的基因配對過程，貝姬現今的後代──你的粒線體，只剩下37個基因。

就在林恩後代的粒線體DNA減少的同時，他們的細胞核DNA卻越來越大。阿奇的細胞核DNA可能有幾百萬個鹼基對，就像現代的古菌一樣，但它的真核後代──包括你自己的

細胞，卻可以擁有數 10 億個鹼基對。[15] 這種 DNA 的生長是拜貝姬後代提供的力量之賜。多虧有更大的基因組，林恩的後代才能讓細胞專業化，而這是成為多細胞宏體生物的關鍵。因此，你應該接納你的奈米嵌合性質，要是沒有它，你就會變成像阿奇一樣乏味的單細胞生物。

我們的「人類」細胞竟是古菌的後代，實在有點驚人，畢竟古菌通常都在極端的環境中生活，在我們人類認為太鹹、太熱、酸性或放射性太強——或以上皆是的總和環境之中。[16] 然而，我們的細胞與這些快樂安頓在灼熱間歇泉中的古菌之間的關係，竟比我們午餐優格中的細菌更密切。多麼奇怪！

⊕　　　⊕　　　⊕

一種生物吞沒了另一種生物，此後這兩種生物過著幸福生活，「大吞併」並非這種內共生合併唯一的例子。確實，有證據顯示阿奇本身是嵌合體，是它的祖先和細菌過去相遇的結果。[17] 此外，林恩的後代之一——姑且稱之為小林恩，後來又參與了另一個非常重要的跨物種合併，我把它稱為「**第二次大吞併**」，並且為避免混淆，把產生林恩的那次大吞併稱為**第一次大吞併**。

身為林恩後代的小林恩攜帶了粒線體。在「第一次大吞併」之後幾億年的某一天，[18] 小林恩發現自己和藍綠藻（cyanobacterium）辛西亞（Cynthia）在一起，古老的故事又重複了一次：辛西亞被小林恩吞沒了。辛西亞喜歡她的新家，因此開

始生長並分裂，其子細胞也生長和分裂（見圖11.2）。由於藍綠藻能夠行光合作用，因此辛西亞為小林恩提供了來自太陽光的新能源，這又是一個雙贏局面。結果，小林恩的後代仍然在附近：我們稱它們為植物，[19]辛西亞的後代也仍然存在：它們是些植物和藻類的葉綠體。

如我所說，我們動物很幸運擁有粒線體，不過植物和藻類卻加倍幸運：它們同時具有粒線體和葉綠體。多麼幸運的生物！此外，植物和藻類除了具有動物也有的細胞核DNA和粒線體DNA之外，還有第三套DNA，攜帶在它們的葉綠體中。還有一點：儘管我們已知，我們人類使用略微不同的遺傳密碼來解譯我們的細胞核和粒線體DNA，但植物和藻類並不這樣做，它們的三套DNA全都是用「通用」遺傳密碼解譯。[20]

我們動物是第一次大吞噬的直接受益者。我們也因第二次大吞噬而受益，但這回是間接受益。如果沒有發生第二次大吞噬，就不會有植物和藻類存在，這對動物的後續發展會產生深遠的影響。一方面，我們不會有植物可吃，因此也沒有吃植物的動物可供我們食用。此外，如果沒有植物和藻類，動物呼吸所需的氧氣就會大幅減少。[21]沒有足夠的食物和氧氣，早期的動物就會缺乏演化為複雜生物所需的力量。因此，我們人類之所以能存在，應該是拜兩次「大吞噬」事件之賜，這就像閃電打擊我們單細胞祖先不只一次而是兩次的生物版本。

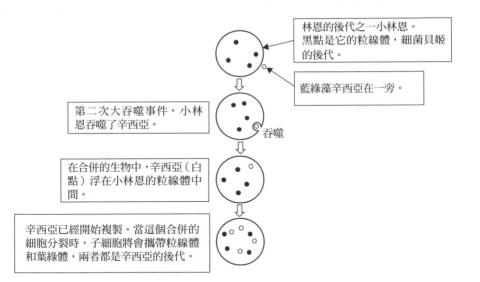

圖11.2　第二次大吞噬事件發生在第一次大吞噬後數億年。這回小林恩（林恩攜帶粒線體的後裔）不知道以什麼方法吞噬了藍綠藻辛西亞。當前所有植物和藻類的細胞祖先都可以追溯到這個合併後的細胞。因為植物和藻類含有辛西亞的後代——如今稱為葉綠體，因此它們能夠將光轉化為化學能。

　　阿奇和它的後代能夠參與多次內共生合併，這表示它是有才能的宿主。但要充分欣賞這種才能，我們得考慮另一件事。在第一次大吞噬發生幾億年後，[22] 阿奇的真核後代想出了如何參與有性生殖，這是一個細胞吞噬另一個細胞的事件。說得更精確一點，是一個卵子細胞吞噬一個精子細胞。當然，在這樣的合併中，被吞噬的精子不會攜帶在卵子內生長和分裂的新生命。相反地，它的 DNA 與吞噬它的卵子的 DNA 合併，因而出現了新的遺傳身分。

　　現在該重新審視你的細胞家譜了。你所有的細胞都是你的受精卵的後代。受精卵細胞又是林恩的後代，後者由阿奇和貝姬組成，它們的祖先可以追溯到所有現存生物的最後共同祖先LUCA。 LUCA應該會是透過分裂複製的單細胞生物（見圖11.3）。

　　現在也該是重新審視生命樹的時候。我們在第四章中建構的生命樹是基於以下的假設：儘管一個物種可以分為兩個物種，但兩個物種卻不能合併成一個。可是在討論大吞併事件中，我們可以清楚地看到，物種在某種意義上可以說是合併。實際上，所有真核物種都是一個古菌物種和一個細菌物種「合併」的結果。（更確切地說，它們是兩個物種的成員之間的實體合併。）完全正確的生命樹應會顯示這種合併。例如，它可能會顯示出一根樹枝離開了一個物種的分支，並且碰上另一個物種，因而在樹上產生了新的樹枝。

　　我在第六章提到，生命樹的描繪可能並不逼真，因為它們暗示著一個物種立即轉變為另一個物種，但實際上演化過程需要數千年的時間才會產生新物種。大吞噬事件是這個規則的例外。更確切地說，儘管大吞噬事件只涉及兩個獨立的細胞，可能不到 1 小時內就發生，但卻造成了新的物種。第二次大吞噬亦然。

　　不過，如果第一次大吞噬發生時，生物學家在場，他們可

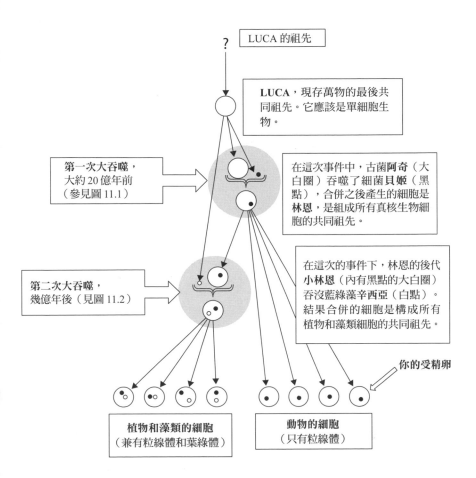

圖 11.3　這是 LUCA 子孫細胞樹的極簡化版本，橫跨數 10 億年，直到今天。你細胞的祖先可以追溯到你的受精卵，然後追溯到林恩，然後（透過阿奇和貝姬）追溯到 LUCA，而 LUCA 本身也會有細胞祖先。然而植物細胞的祖先則首先可追溯到由小林恩和辛西亞合併的細胞，小林恩的細胞族譜則可由林恩追溯到 LUCA，而辛西亞則可直接追溯到 LUCA。

能不會想到林恩會是一種新物種的第一個成員，他們甚至不會把它當成單一的有機體，而是體內有另一個有機體的有機體。但如果這些生物學家努力追溯任何一個現代真核生物的祖先，那麼在他們到達「第一次大吞噬」時，可能會得到一個結論：這個事件是區分物種界限的明確位置——在這裡可以宣布林恩不僅是單一的生物，而且與阿奇或貝姬的物種不同。

我們在第四章曾提過，如果時光倒流，在任何特定的時刻都會有一個物種是你的直系祖先物種，而那個物種的其中一些成員則是你的直系祖先。根據前面的討論可知，你可以追溯祖先到林恩，在那個時間點，它的物種將是你唯一的祖先物種，而它將是你獨一無二的直系祖先。但如果你正好回到第一次大吞噬之前，你擁有的就不是一個，而是兩個祖先物種，即阿奇和貝姬的物種。這兩個生物也是你唯一的直接祖先。因此，你的大家譜就會複雜得非常有趣。如果你是植物，那麼你的大家譜會更複雜，因為你還必須考慮到第二次大吞併。

⊕　　　　　⊕　　　　　⊕

現在可以明白的是，我們應該感激我稱為阿奇、貝姬和辛西亞的謙卑微生物。由於阿奇能夠在體內攜帶其他微生物，才能夠成為後來變成粒線體的細菌宿主，而粒線體提供強大的力量，使我們成為複雜的宏體生物。它還可以作後來成為葉綠體的細菌宿主，讓植物得以捕捉陽光的能量，讓它們能夠為我們提供食物。但我們大多數人都忽略了這些微生物的存在，以

及它們使我們得以生存所扮演的角色。我們應該提高對此的認知。

因此，我建議每年舉行一次大吞噬日，讓我們慶祝大吞噬事件。為了證明這個建議的必要，不妨想想我們所慶祝的事件——例如，美國國慶日、法國國慶日，和世界各地基督教國家慶祝的聖誕節，這些都是重大事件，因此值得慶祝，但要明白，如果沒有大吞噬事件，那麼這一切都無法發生。

原本我們應該在大吞噬事件週年紀念日慶祝大吞噬事件，儘管這事件應該是在一天內發生，但我們不知道是哪一天。（妙的是：沒有人紀錄大吞噬事件的日期，因為在那事件發生之前，不可能有任何人類存在。）因此，讓我們在3月5日林恩·馬古利斯的生日那天慶祝它，因為畢竟是因她之故，才讓我們明白這一關鍵的祖先事件。

第十二章
你的「寄宿者」

　　我們在上一章探究了你的「細胞伴侶」，對你的細胞層面做了更進一步的探索，這些是在你體內生活的「非人類」細胞──即我們稱為「粒線體」的細菌後代。現在讓我們再談談在細胞層面上可稱為是你「寄宿者」的物體。這些是在你體表和體內生活的非人類細胞，由生物學家稱為你的「微生物群系」（microbiome）構成，大部分是細菌和古菌，但也可能包括單細胞真核微生物，例如酵母菌、真菌和原生動物。

　　無論多麼頻繁地洗澡和洗手，你的皮膚上依舊覆滿微生物。它們通常是「區域性」的。有些微生物喜歡在你的額頭上，因為那裡有許多美味的油脂；有的則喜歡待在你手臂的彎曲之處、肚臍裡，或腳上。但我們不該以為一種微生物只限活在一個特定的區域。其實，不同種類的微生物會在混合的群落一起生存，只是其中某一種在某個區域比在其他區域更普遍。

　　你的陰毛也覆滿細菌。它們可能與你頭髮上的細菌不同，原因很簡單，因為這兩個區域「氣候」不同。此外，不同的人通常會有不同的陰部微生物群，這個事實在法庭上可能會發揮作用。例如一個強暴犯在犯案時因為使用保險套，因此沒有留

下精子可供識別，但他留下了一根或多根陰毛。在辨識他的身分時，這些毛髮上的微生物群可能會發揮作用。[1]

你皮膚的毛孔中有微生物群系，造成青春痘。即使你完全健康，你的肺部依舊有微生物群系。[2] 你的眼球表面也有一個微生物群系，就像你身上的各種孔穴開口，包括嘴、耳朵、鼻子、尿道和肛門。如果你是女性，那麼你的陰道不僅在酵母菌感染時有微生物，當你「健康」時，同樣也有微生物。

如果讓人幾天不洗澡，也不用止汗產品或香水，他們就會開始有異味，體味如何，主要是取決於棲息在他們身上的微生物。此外，由於不同的微生物偏愛不同的身體部位，每個部位都會有獨特的氣味。你腋窩的氣味和陰部不同，陰部的氣味也會和肚臍或腳的氣味不同。順帶一提，有些起司聞起來有腳的氣味，這不是巧合：這兩種氣味都是由類似的細菌造成的。

⊕　　　⊕　　　⊕

我們可能不會因皮膚上有微生物而感到驚訝，畢竟皮膚一直暴露在細菌中。但是我們的腸子呢？它們並沒有直接暴露於外界，而且我們攝入其中的食物都經過清洗、煮熟。此外，任何經過洗滌和烹調之後還倖存下來的微生物，在到達腸道之前，都必須要在我們胃部的高酸性環境中生存。因此我們可能以為腸道是無菌或者幾乎無菌的。何況在這些理論之上，我們還有自己很健康的證據：我們沒有嘔吐或腹瀉，不就證明我們的腸道不含細菌嗎？

但其實，我們的腸道內充滿了細菌和古菌。[3] 雖然清洗和烹調食物可以消除許多微生物，但並非全部。是的，胃酸會殺死許多剩餘的微生物，但也不是全部。尤其幽門螺旋桿菌對酸具有足夠的耐受性，因此它們非但不覺得你的胃環境嚴酷，反而認為這是洞天福地。即使不耐酸的微生物，只要條件合適，也可承受胃酸的攻擊。尤其假設在你脫水並且空腹之時，喝下含有大量微生物的水，它會順利進入你的腸道，而不會酸化。還有一點要記住：即使只有一個微生物克服萬難進入你的腸道，它也可以在很短的時間內繁殖數百萬個後代。

有些進入你小腸的微生物會發現此地並非適宜的環境，但更多微生物會認為它是天堂，這裡溫暖潮濕，有很多食物。你喜歡吃豆子嗎？你腸道中的某些微生物也是如此。它們進食後會產生氣體副產品，使你感覺腸胃脹氣。想深入了解你腸道生物群系的一個方法，就是點燃它產生的氣體，如果燃燒的火焰是藍色，表示你的腸道內有可以生成甲烷的古菌。不用說，這個實驗可能會造成嚴重的後果，所以請勿自行在家嘗試！

你的許多腸道微生物最後會進入你的糞便。確實，如果把你的糞便脫水，剩下的 $1/4$ 至 $1/2$ 之間都是由先前微生物居民的遺骸組成。[4] 因此如果說你的腸道裡有**一些**微生物，未免太過保留；其實你身上大部分的微生物群系都在腸道。

那麼你的微生物群系究竟有多大？如果對你體內或身體表面上的細胞做個普查——不包括細胞**內**的微生物群系，你就會

發現每個「**人類**」細胞——也就是每個具有你細胞核 DNA 的細胞，就有 10 個屬於你微生物群系的細胞[5]。即使這麼驚人的說法也還未能說明事實的真相。原來構成你大部分腸道微生物群系的細菌還具有常駐型病毒。研究顯示，這些病毒發揮極大的作用，保持其宿主細菌的健康[6]，因而也使你保持健康。但如果說這些病毒是微生物群系的一部分則是誤導。你的微生物群系（microbiome）包括在你體內生活的生物，因此這個英文字才會有 bio（生物）這個字根。在你常駐細菌中的病毒並不是活的，所以生物學家把它們總稱為噬菌體群落（phageome）。

因此為求完整起見，我們應該記住，前面提到的單細胞生物並非唯一可以生活在你體內和體表的非人類生物，也有多細胞生物，包括可以寄居在你腸道內的寄生蟲，在你頭髮上的蝨子，和棲息在你睫毛上的蟎蟲。

⊕　　　　⊕　　　　⊕

有很長一段時間，研究人員都認為你的腸道是你體內微生物群系所居之處，因此他們沒有在你體內其他地方搜尋微生物：他們「知道」會找不到。但這個想法在 2010 年代初有了巨幅改變，因為研究人員在各種出乎意料之處發現了微生物。他們發現即使是非常健康的膀胱，也可能會有微生物生存。長期以來一直被認為是無菌的子宮也有微生物。[7] 像這樣的發現引發了微生物的淘金熱，全球科學家都試圖擊敗競爭對手，在

意想不到的器官中發現微生物。

　　但若微生物會致病，而我們身上又滿是微生物，那麼我們為什麼沒有生病？這是由於很少有微生物會致病，這點與一般的想法相反。我們已經知道古菌不會使我們生病，而且據估計，只有0.36％的細菌會致病。[8] 我們對微生物似乎抱著偏見：因為其中一些會致病，讓我們以為它們全都會致病。

　　同理，想想大腸菌群（coliform），其中最惡名昭彰的是大腸桿菌（E. coli），糞便內通常充滿這些細菌，所以我們應該害怕它們，對嗎？未必。首先，大部分的大腸桿菌菌株是無害的。確實，它們之所以常見於糞便中，是因為它們生活在幾乎每一個人的腸道，但我該補充說明，它們並沒有讓宿主生病。大腸菌群之所以聲名狼藉，是因為衛生官員用它們作為食品和水是否受到汙染的指標，而為什麼會選擇它們，是因為它們易於培養。因此，僅憑飲水中有大腸菌存在的測驗不一定表示喝那種水就會生病，它只是意味著可能源自糞便的細菌不知怎麼存在飲水中，值得注意，因為其中可能有病原菌。

⊕　　　　⊕　　　　⊕

　　如上所提，子宮並非沒有微生物。這表示嬰兒在進入產道之前，已經獲得一部分微生物群系。在進入產道時，他們會遇到生存在母親陰道中的微生物。一旦他們的頭冒出陰道，如果他們處於正常的分娩位置，面對母親的肛門，這又是其他微生物的來源。以剖腹產分娩的嬰兒沒有碰到這些微生物，有人建

議用「人為方式」讓他們接觸這些微生物以受益。[9]

在嬰兒由母親覆滿微生物的乳頭吮乳時，也增強了嬰兒的微生物群系。順帶一提，母奶不但可以餵養嬰兒，還會滋養嬰兒腸道中的微生物。[10]隨後嬰兒會吸吮他們的玩具、拇指，甚至腳趾，補充其他更多的外來微生物。不久之後，嬰兒就會和母親一樣，充滿微生物。

在嬰兒的一生中，其飲食會影響其腸道微生物群系。這是因為微生物像人一樣，對食物有偏好。吃含高脂肪的食物或飲用大量酒精會使某些微生物受益，但對另一些微生物則不利。同樣地，如果我們攝取的食物以肉類為主，就會得到和以蔬菜為主食不同的腸道微生物群系。[11]不僅如此，我們還有理由認為，微生物群系的變化會影響你的食量和你所吃的食物。[12]因此我們可以說，在你決定要吃什麼之時，你不僅是在為自己，也是在為腸道中的數 10 億微生物攝食。

醫師和營養師建議我們在飲食中加入纖維。由於纖維在定義上是不可消化的，因此這種建議就出現了明顯的問題：為什麼我們要吃無法消化的東西？他們解釋說，因為腸道中存在纖維會促進食物通過我們消化系統的運動，但這還有第二個不那麼明顯的好處。即使我們不能消化纖維中的複合式碳水化合物，腸道生物群系中的許多微生物卻可以，而且我們因為體內有它們存在而受益。[13]因此高纖飲食會使你的腸道生物群系更加多樣化，在醫學上更符合理想，並且不會使你發胖。

徹底改變飲食或服用口服抗生素，可能由根本上改變你的
腸道微生物群系，但在飲食中添加益生菌，例如堅持在午餐時
吃優格，恐怕不太可能對它造成任何重大的影響。這樣做的人
可能以為，食用有益細菌能讓無菌的腸道灌入好菌，防止有害
細菌增長。但如果他們本身健康，那麼他們的腸道裡已經布滿
各種細菌，這意味著新添加的任何細菌會很難有立足之地。

　　我們應該已明白，你的微生物群系在保持你的健康方面發
揮重大作用。失去它，你就有重大的麻煩。因此有些人建議，
應把微生物群系視為由數 10 億非人類細胞組成的身體器官。[14]

　　你的死亡會對你的微生物群系產生重大影響。一旦停止餵
食它們，先前在你體內繁殖的許多微生物都會滅亡，但其他微
生物會開始以你死亡的人類細胞為食，獲取營養，接管你的內
臟：微生物群系因此會被壞死菌群系所取代。[15]透過分析腐爛
屍體的壞死菌群系，法醫就可以確定死者死亡的時間。[16]

⊕　　　　　⊕　　　　　⊕

　　上面的討論可能會觸發某些讀者的「噁心因素」（ick
factor）。我形容人體充滿了微生物，還說你的腸道微生物「滿
腹」，恐怕教你大感不安。我們會有這種感覺，是因為我們把
微生物視為敵人之故。

　　因此我們可能會用消毒肥皂洗手。普通肥皂清潔的效果同
樣很好，但是抗菌肥皂使我們更感安全。問題是，如果大家都
效法這種榜樣，汙水最後就會充滿如三氯沙等的殺菌劑，結果

擾亂了汙水處理廠用來把汙水中的固體轉化為肥料的微生物群落。[17]

由於「噁心因素」，我們可能會想要盡可能在無菌的環境中養育孩子。根據「衛生假說」（hygiene hypothesis），這反而會產生意想不到的結果，使他們日後變得較不健康。因為他們的免疫系統被寵壞了，無法面對日常生活中接觸的微生物和環境刺激物。

我們對微生物的厭惡也可能會讓我們在只要一有不適，就堅持要醫師開抗生素給我們服用，以防萬一是細菌感染。這樣使用——甚至更糟的是在動物飼料中使用抗生素，刺激牠們增加體重，結果我們已經發現的抗生素逐漸失去治療的能力。致病的細菌已經適應了我們為它們創造滿是抗生素的環境，因此先前可能殺死它們祖先的抗生素，如今對它們已無影響。我們有充分的理由相信，我們將會回到抗生素前的時代，即使小小的割傷，也可能造成感染，奪走人的性命。

反覆服用抗生素會破壞人的微生物群系，讓它被壞菌接管，其中一種壞菌是困難梭狀桿菌（Clostridium difficile）。它存在人的腸道，可能會影響消化，使人不斷腹瀉——病情嚴重到他得穿尿布，甚至必須坐輪椅，因為他一站起來就會排便。而且，如果困難梭狀桿菌對抗生素具有抗藥性（通常都會如此），就無法用抗生素治癒腹瀉。「腹瀉致死」聽來有趣，但這在醫學上是非常可怕的可能性。

醫師發現治療這類患者的一種方法是改變腸道微生物群系。他們給病人一定劑量的糞便，取自腸道微生物群系的健康捐贈者。移植通常用大腸鏡透過患者的肛門進行。這樣的糞便移植非常成功，已由實驗成了司空見慣的做法。

在這些移植的過程中，醫師有一些有趣的發現。在一個病例中，糞便移植似乎讓病人擺脫了終生脫髮的情況。在另一個病例中，一名感染困難梭狀桿菌的 32 歲婦女進行了糞便移植，捐贈者是她肥胖邊緣的青春期女兒。在移植前體重正常的母親移植後開始增重，無論她怎麼節食和運動，都無法減掉所增加的體重。[18] 後來研究人員進行實驗，他們以人類的瘦子作為捐贈者，給小鼠作糞便移植，結果牠們體重減輕。[19] 像這樣的病例顯示腸道微生物群系對我們健康的影響比我們想像的大得多。大體說來，腸道中的微生物扮演舉足輕重的角色，使我們得以成為我們。

⊕　　　　　⊕　　　　　⊕

我們並非唯一擁有腸道生物群系的動物，無尾熊也有，否則牠們就無法消化牠們愛吃的尤加利樹葉。無尾熊媽媽為了確保子孫能夠消化這些樹葉，還會定期讓牠們吃一點糞便——以口服方式做糞便移植。牛、綿羊和山羊等反芻動物也有腸道微生物群系，否則就無法消化青草。白蟻有腸道微生物群系，由披髮蟲（Trichonympha）這種原生動物和其他微生物群系成，使牠們能夠消化木材。這些微生物自己也有一個微生物群

系：披髮蟲可以消化木材纖維素的唯一原因，是因為生活在牠體內的細菌為牠提供了纖維素酶（cellulose）這種酵素。白蟻卵孵化時，新白蟻也接種了未來消化木材需要的腸道微生物。

海綿也有微生物群落，由細菌、古菌和單細胞真核生物組成。這些生物可能占海綿重量的 $1/3$。[20] 當今海綿的橫剖面與 6 億年前大致相同，表示牠們的微生物群落已經有很長一段時間。

不僅動物有微生物群落，樹木也有，不同的樹種有不同的微生物。[21] 豆類的微生物在它們根瘤中的固氮細菌。綠豆不僅有根瘤菌，而且會把它們包含在它們所生的種子內，為後代提供微生物。[22]

微生物群系在演化中顯然也起作用。可以找到並與微生物建立有益關係的生物較有可能生存和繁殖，但微生物群系似乎還扮演更深層次的角色。金小蜂屬的吉氏金小蜂（Nasonia giraulti）和長角金小蜂（Nasonia longicornis）可以與遠親麗蠅蛹集金小蜂（Nasonia vitripennis）交配，但雜交的後代通常會死亡。原本科學家以為這是因為這些黃蜂之間的遺傳差異，但是在研究人員使用抗生素消除黃蜂的微生物之後，繁殖障礙消失了，黃蜂順利繁衍許多後代。可是恢復微生物群系之後，這些金小蜂再次變得生殖不相容。[23] 這表示生物的微生物群系會影響牠們的生殖相容性，只是並非人人都願意做這樣的結論。[24]

⊕　　　⊕　　　⊕

　　我們已經看到如果你的細胞**內**突然失去了「非人類」細胞，會發生什麼結果：沒有粒線體，你會嚴重缺乏力量，很快就會死亡。那麼在你細胞**外**的非人類細胞呢？如果你的微生物群系突然消失會有什麼結果？讓我們分兩種情況討論這個問題。

　　第一種情況，我們假設世界上唯一消失的微生物是你體表和體內的微生物，其餘的微生物仍然存在。由微生物的角度來看，你的身體將成為微生物的處女地，無需面對競爭對手即可生存。因此你會體驗到類似先占先贏的微生物搶占事件，而且其中許多來占地定居的都是令人討厭的微生物。你雖有很大的可能存活，但也很可能在一開始會生大病。

　　第二種情況，**所有**的微生物都消失，包括你體表、體內，和外在世界的微生物，結果就是生物學家所稱的**無菌世界**（**gnotobiotic world**）。[25] 在這種情況下，你不必擔心被壞微生物接管，尤其不需要擔心細菌感染。但你有其他的事需要擔心：沒有腸道微生物群系，你會發現你消化食物的方式和以往不同——不過仍然在消化食物，只是不久之後，你不得不改變飲食。一方面，如果沒有細菌，就不可能製作起司和優格。這些食物的庫存一旦消耗殆盡，就不會再有新貨，而且用來製造它們的乳汁也會消失，因為分泌乳汁的牛、羊和山羊都是反芻動物，非常依靠腸道生物群系幫助消化牠們所吃的食物。而且

當然，沒有乳汁，牠們就無法養育牛、羊和山羊的後代。結論：純素食者適應無菌世界，會比肉食者容易。

但在沒有微生物的世界中，這只是你要面臨諸多挑戰的開始，因為我們人除了要吃東西之外，還需要氧氣才能呼吸。確實，植物是氧氣的來源之一，但藍綠藻才可能是其主要的來源，只是在無菌世界中，它們不會再存在。因此到頭來很可能連素食者也會發現活在無菌世界中很困難。

科幻小說家試圖想像人類居住在另一個星球的情況，那會是艱鉅的任務，但假設地球快要遭巨大的小行星擊中，或者由於汙染或戰爭，使我們的星球無法居住，在這種情況下，人類可能會勇敢地出發，尋找新家園——根據第八章的討論，希望在附近的某個地方找到目標。於是出現的一個問題是，這些星際先驅應該攜帶什麼東西。

他們這趟行程當然需要足夠的食物、水和空氣，但在他們到達目的地後也需要食物，而且他們的食物供應必須成長，以跟上我們希望人口增長的步伐。他們可以藉由攜帶種子來達到這個目的，並且，除非他們願意吃純素，否則也得攜帶動物。但他們要做的另一件事，是攜帶他們他們存活所需的動植物身上以及自己身上的微生物。如果忽略微生物群系，他們殖民地的前景慘澹。

⊕　　　　⊕　　　　⊕

我們對你細胞的調查，到此已結束。我們已經看到由於細

胞專業化，你的祖先才能由單一細胞生物變為複雜、多細胞的宏體生物。你是由 37 兆個細胞組成，但這個數字會誤導。一方面，在你認為是你的人類細胞中，每一個平均都會有數百個「細胞」存在其中，我們稱之為粒線體。此外，你的每一個人類細胞外部平均都會有 10 個細胞（你的微生物群系的成員）。在這些非人類細胞中，每一個都有自己的 DNA，這與你認為是你的 DNA 不同。因此，我們可以說組成「細胞的你」的，並不是 37 兆個細胞，而是數千兆個細胞，其中不到 1％ 是「人類」細胞。

你把自己視為生物，但其實你是一個生態系統。你認為自己活著，但實際上你身上充滿了生物。而且相信我：這就是你希望的方式。

第三部

你的原子層面

第十三章

人如其食

　　到目前為止，我們把你當成一個人、一個物種的成員，和一群細胞，但這些並非了解你唯一的方法。如果問物理學家你是什麼，可能的答案是「一群原子」。這位物理學家可能會繼續說，如果你體重 155 磅（70 公斤），那麼你大約是由 6.7×10^{27}（6.7 十億十億十億）個原子組成。[1]

　　出生時，你可能重 9 磅（4 公斤），由 0.4×10^{27} 個原子組成。那麼另外那 6.3×10^{27} 原子從何而來？令人驚訝的是，許多人都會以這個幼稚的答案回答：這些原子「本來就在那裡」，或者你的身體不知道以什麼方式便創造了它們。這樣的回答未能遵守物理學最基本的定理：質量守恆定律。儘管質量可以四處移動，卻無法創造或銷毀，至少在正常的情況下不能。[2] 這表示你並沒有在體內創造任何原子，而是由外在世界借來的。在你把它們處理完後，它們也會返回外界。

　　在原子進入生物時，會進行各種化學過程，結果一個單一的原子可能會成為分子的一部分，而原本已經是分子一部分的原子則可能成為另一個分子的一部分。這些化學轉化可能會產生驚人的結果。例如，帝王蝶主要是由原本屬於馬利筋

（milkweed）葉子的原子組成，帝王蝶在毛蟲時期以這些葉片為食。同樣地，絲主要由原本屬於蠶所食用桑葉的原子組成。

俗話說，人如其食。就原子層面而言，這是事實：構成你的原子幾乎都來自你所吃的食物和飲料[3]。這句俗諺也適用於其他動物，因此，如果你是食肉動物，你就是你所吃的東西。吃放山雞，你攝取的某些原子就可能屬於這隻雞所捕食的蟲子。（有些人認為吃這些蟲子會使放山雞比籠飼的雞更美味。）如果你吃龍蝦，你攝取的某些原子原本可能屬於那隻龍蝦食用的腐魚。

把構成你的原子視為「你的」原子是很自然的，但其實，它們在成為你的一部分之前，已有悠久的歷史；確實，其中一些已經存在將近 138 億年。在你死亡時，這些原子並不會停止存在。它們會繼續存在你的遺體中，或者可能會成為其他生物的一部分。它們極有可能比你長壽數 10 億年。因此，由你的原子的角度來看，你的身體只是漫長旅程中的一個小站。

⊕　　　　　⊕　　　　　⊕

如我所說，為了增加體重，你必須獲得新的原子。通常這可以藉由飲食達成，但在你吸氣時，即使只有幾秒鐘，你也會獲得一些原子。（敏感的秤可以判斷你的肺部是否充滿空氣。）你也可以藉由刺青、補牙，或把藥物注入體內獲得原子。同樣地，一顆子彈留在你的肌肉中，會使你的體重增加幾公克。如要減重，你就不得不除去當前構成你的一些原子，這

可以透過排尿和排便達成，也可以藉著呼氣、哭泣、排汗、嘔吐、拔掉蛀牙，或去除留在你身上的子彈達成。

抽考：哪一種會讓你增加更多重量？吃1磅巧克力或喝1磅水？許多人回答「巧克力」，因為他們知道這是使人發胖的食物，但其實最初兩種做法增加的體重完全相同：都是1磅。但隨後你的身體可能會失去水分子，但卻會找到地方，存放巧克力中的脂肪和碳水化合物分子。因此如果你吃了1磅巧克力，一週後你的體重可能會比喝了1磅的水要高。

假設你因為吃了太多巧克力，體重意外地增加。如果你節食，貯存在你體內的脂肪會縮小，但這並不是因為脂肪的原子消失了。我們先前已經說過，原子不會無緣無故消失，一定是因為脂肪原子離開你的身體之故。但是它們如何離開你的身體？是因為你流汗排除了它們嗎？還是像某些人所想的，以排便的方式把它們排出體外？

原來在脂肪被代謝時，也就是被「燃燒」時，脂肪分子就會轉化為水分子和二氧化碳分子。隨後，「代謝水」分子會殘留在你的呼吸、糞便、尿液、汗水，甚至眼淚中，而二氧化碳分子則被呼出。這表示由原子的層面來說，不僅可以用流汗的方式排出脂肪，也可以用哭泣或呼氣的方式排出。並非只有人類擁有以這種方式製造水的能力。冬眠的熊也可以藉著燃燒身上貯存的脂肪，產生代謝水，因而不用喝水就可以度過嚴冬。跨洋遠程飛行的鳥類也是如此。同樣地，駱駝不用喝水就能穿

越沙漠，並不是因為牠們貯存了水，而是因為牠們貯存的脂肪可以被代謝成水。

大部分人都知道我們吸入氧氣，呼出二氧化碳，但他們往往不會問一個明顯的問題：二氧化碳的碳原子從哪裡來？它們只能來自於我們，但是由我們的哪一部分？如我所說，其中一些貯存在我們消耗的脂肪，其他則在我們消耗的碳水化合物或蛋白質。[4] 這裡所述的過程極其簡化：代謝過程取出這些碳原子，把它們接附到氧氣分子[5]上（化學家稱之為 O_2），釋放能量，產生出的二氧化碳（CO_2）分子進入我們的血液，隨後由呼吸被我們排出體外。因此，你吸入的 O_2 分子就像是進入你體內的搬運工，抬起由一個碳原子組成的負載，把它搬出你的身體。它們每來一次，都會使你的身體失去一個碳原子，因此變得更輕。

我們在運動時顯然會燃燒卡路里，因而減輕體重，但在我們休息時，也有同樣的結果——即使我們入睡亦然。在一般的夜晚睡眠中，如果我們不去洗手間或去翻冰箱，就可能會損失 8 盎司（227 克）[6]的體重，主要是因為我們以出汗的形式，由皮膚毛孔失去水分子的結果，或是呼吸時藉由肺部黏膜組織排出水分子，但或許其中有 2、3 盎司是由於我們呼氣時排出碳原子之故。是的，這些原子各自都很輕，但是如果呼出的量夠多，總重量就很大。

想到我們可能會在一年的時間內失去 180 磅（82 公

斤），未免教人吃驚。此外，當我們清醒時，我們可能會燃燒卡路里，因此以更快的速度失去原子。但當然，在我們清醒時，我們也可能會進食和飲水，這表示大多數人恢復他們在睡眠中失去的體重並非難事，甚至還可以再增加一些體重。

⊕　　　　　⊕　　　　　⊕

你一年吃進多少磅的食物？也許你會順口回答：「一噸！」但這答案卻離事實不遠。據美國農業部的調查，美國人在2000年平均消耗以下的食品：150磅的甜味劑，200磅的穀類產品，700磅的蔬果，75磅脂肪，600磅乳製品和200磅肉類。那相當於1千925磅（873公斤）的食物——將近一噸——大約每天5.5磅（2.5公斤）。[7]

除此之外，我們還得加上每年消耗的飲料重量：平均45加侖的汽水，30瓶瓶裝水，20罐啤酒和20杯咖啡。可能還有30加侖的茶、運動飲料和烈酒。（牛奶的消耗量列在乳製品裡。）總計每年150加侖，另外還要加上你喝的水或以冰的形式攝取的水分。[8] 這相當於你每年攝取約200加侖的液體——大約170磅。[9] 重要的是，在一年的時間裡，你可能攝入3千7百磅（1千678公斤）的食物和飲料，相當於每天約10磅（4.5公斤），其中5.5磅是食物，4.5磅則是飲料。

許多人都覺得上述這些日常食物的攝取數字高得驚人，至少我有這種感覺。但後來我想到每週我買菜數次，每一次把採買的袋子由車庫拖到房內有多麼重。為了了解這個問題，我開

始紀錄我的飲食消耗情況，我追蹤的不是卡路里，而是飲食的重量。此外，我也在烹調後為食物稱重，並減去了我沒吃的那部分食物重量，例如西瓜皮。我發現在 24 小時中，我通常會吃喝 7、8 磅的食品和飲料。這表示我在日常食物的消耗上低於平均。我應該補充一點：我的體重也低於平均值。

上面這數字表示在我這一生中，已經消耗了約 19 萬磅（8 萬 6 千公斤）的食物和飲料。其中僅 160 磅（73 公斤）的物質仍然存在我身上——這是我目前的體重，這意味著我只保留我所攝取飲食的 0.1％以下，因此也是我攝取原子的 0.1％以下。另外的 99.9％都回到世界上，以尿液和糞便、汗水和眼淚、脫落的皮膚細胞，以及脫落、修剪和剃過的頭髮、呼出的水蒸氣和二氧化碳等原子的方式回歸。

假如我出生後就被放進一個裝有空氣、水，和我一生所需食物的膠囊中，再假設這膠囊是密封的，並以防止任何原子離開或進入的方式貯存和回收物體。如果我在膠囊中的體重增加與外面的體重增加相符，那麼在我一生，應該會增加 154 磅——我出生時的重量是 6 磅。但有一個必須要明白的重點：膠囊的重量在整段時間內都得保持不變，它必然會如此，因為沒有原子會出入其間。

這是證明這一點的另一個方法。如果你在壁爐中燃燒 30 磅重的木柴，等火焰熄滅後，剩下的物質會很少——可能只有 1 磅的灰燼。那麼其他 29 磅的木柴到哪裡去了？它們化為水

蒸氣和二氧化碳，沿煙囪往上飄去。但如果你在密閉的室內燃燒同樣的木柴，室內有足夠的氧氣完全燃燒，那麼這個房間的重量會和燃燒之前一樣，室內不僅留下灰燼，而且還含有被困在內的燃燒氣體。要減重，無論是人體還是木柴，都必須失去原子。

你獲取的大多數原子都透過你的口和鼻進入你的身體。你所吃食物和所喝飲料中的分子被導入食道，而你呼吸氣體中的分子則被導入氣管，進入你的肺部。後面這些分子包括你所呼吸空氣中的氮（N_2）和氧（O_2）。你吸入的 N_2 分子可能僅與你同處幾秒鐘：有些會溶入你的血液，如果你是深海潛水員，就會有很大的問題；但大部分都會立刻被呼出體外。你吸入的 O_2 分子則會在你身上駐留更長的時間。它們會通過肺膜，和你紅血球中的血紅蛋白結合，並被攜帶到你身體的細胞，在其中發揮新陳代謝的作用。

進入你食道的固體和液體分子較可能在你的體內停駐中或長期時間。食物和飲料進入你的胃時，會與酸和酶混合，並因肌肉收縮而攪動，直到它們變成塊狀的稀漿，稱為食糜。在這個消化過程中，碳水化合物被分解成糖，脂肪被分解成脂肪酸，蛋白質則被分解成構成它們的胺基酸，接下來你的身體就可以用它們來構造新的蛋白質。

接著食物由你的胃部進入腸道。你的小腸裡透過小指狀的絨毛吸收營養成分（蛋白質、糖類、脂肪、鹽等），這些營養

成分接著進入你的血液，它有驚人的多功能。它可以攜帶液體，包括你細胞所需的所有水分，如果你喝酒，它也會攜帶酒精。它帶有人體製造蛋白質所需的胺基酸，這表示它不僅為肌肉，也為頭髮和指甲提供建築材料。它也攜帶製造骨骼所需的鈣。它以糖和脂肪酸的形式，攜帶你的身體所需的燃料，以及「燃燒」那燃料所需氧氣。它攜帶任何你所施打的靜脈注射藥物，或你服用的娛樂性藥物。它還攜帶代謝過程產生的廢物，其中有些被你的腎臟以尿液的形式排出；其他，主要是二氧化碳，則被你的肺排出。因此你的血流綜合了燃油管、水管、建築材料管、氧氣管、排氣管和汙水處理系統等角色。這實在太神奇了！

食物從你的小腸進入大腸，大腸的主要功能是藉著吸收來保留你攝取的水分。我們需要這樣的器官，表示我們的演化祖先活在缺水的環境中。相較之下，魚擁有牠們所需的水，因此牠們沒有大腸。你所吃的食物去除了營養和水之後，剩下的就是糞便。它是由不易消化的物質組成，包括纖維素。它還包含如我們在上一章中所談的，生存在你腸道內的微生物遺體。最後，它還包含來自死紅血球的膽汁和膽紅素。這就是糞便為什麼是棕色的原因。

⊕　　　　　⊕　　　　　⊕

如果有人問你年齡多大，你會本能地告訴他們你在多久之前出生。在我撰寫本書時，我的答案是 65 歲。但正如我們在

第九章中所看到的，這只是與人相關的許多年齡之一。確實，由細胞來說，你（平均而言）只是個孩子。

你的生平和細胞年齡就談到這裡。至於你的「原子年齡」呢？在回答這個問題時，我們要記住：計算你原子年齡的方式，與計算你細胞年齡的方式截然不同。你的細胞在你體內成形，幾乎完全是細胞分裂的結果。但你的原子卻在你出生前數10億年就已存在。在我們談論你的原子年齡時，我們談的是現在組成你的原子成為你的一部分的時間。要知道，如果你以為自你出生以來，它們就一直與你在一起，那是錯誤的。它們之中大部分顯然並非如此；否則，你現在的體重就該像你出生時一樣。相反地，有些原子已經陪伴你數10年，但其他原子卻是在你最近吸入空氣時，才進入你的體內。

確定你原子年齡的明顯方法，是「標記」單個原子，確定它們在你體內多久。但你可能疑惑，我們該如何標記原子？一個方法是把它放入原子爐，或把它放在粒子加速器的光束中。如果我們的做法正確，原子就會獲得一兩個中子，因而具有放射性。接著我們可以使用蓋革計數器（Geiger counter）或其他儀器檢測這些「標記」原子持續存在的時間。

科學家透過這種標記過程，把普通食鹽轉化為放射性鹽。普通的鹽除了含有氯原子外，還含有鈉-22原子，每個鈉-22原子含有11個質子和11個中子。而放射性鹽則含有鈉-24原子，每個原子有11個質子和13個中子，多餘的中子使鈉-24

原子具有放射性，但由於它的質子數量與鈉-22 相同，在化學反應中，作用就會與鈉-22 相同。這表示人體使用放射性鹽的方式會與使用普通食鹽的方式相同，因此追蹤人體中放射性鹽的運動，科學家就可以確定普通鹽如何移動。

二次大戰後，標記原子實驗風行一時。美國政府為製作原子彈，建造了原子爐。戰爭結束後了，美國政府也開始向社會大眾宣傳，表示這些原子爐也可做和平用途。它們被用來製造放射性同位素，提供給研究人員做各種實驗。

在其中一個實驗中，受測者把一隻手握住放在裝在鉛筒裡的蓋革計數器管子，用另一隻手喝含有放射性鹽的水。鹽會經過他們的胃腸，進入血液，最後進入他們握住管子的手，檢測到放射性鹽的存在。這些鹽用了兩分半鐘到 10 分鐘完成這次的運動。[10] 研究人員保羅・艾伯索德（Paul C. Aebersold）後來改良了這個實驗，他把放射性鹽水溶液注入受測者的手臂，水溶液只花了 15 秒，就穿過了受試者的心臟和肺部，出現在另一隻手臂上。再過 1 分鐘，它已經充分擴散到那隻手臂上，出現在皮膚表面的汗水中。

艾伯索德的結論是：「我們體內的原子周轉速度非常快且非常完整。」說得更具體一點，他發現只要一兩週，我們體內一半的鈉、氫和磷原子就會被其他同類原子取代。碳原子在我們體內的代謝速度較慢：在一兩個月內，其中一半就會被其他碳原子取代。他繼續估計，在一年的時間裡，「大約我們體內

98％的原子都會被我們由空氣，食物和飲料吸收的其他原子取代。」[11]

因此，即使你已達可以投票，甚至可以退休的年齡，但依舊可以說，原子的你仍然處於包尿布狀態。當你還是受精卵時，構成你的原子也極不可能仍然是你的一部分，這意味著我們面對第九章所提到的「忒修斯之船」矛盾：既然當前的你和受精卵時的你已沒有共同的原子，那麼就原子而言，你還和當時的你是同一個人嗎？

我們即將看到，這並不是我們最後一次遇到這種矛盾。要回答它所提出的問題，困難之處或許是證據，儘管我們非常重視我們的個人身分，我們對那個身分的本質卻還不太清楚。

第十四章

你隨風飄揚的過去

上一章我們說明了人如其食，你不折不扣就是你所吃的食物。你稱為「你的」原子幾乎全部都是由你攝取的飲食而來，這表示我們可以藉由追蹤你餐飲中原子的歷史，來追尋你身上原子源遠流長的由來。

讓我們從構成你全身 12％ 的碳原子開始。[1] 它們由你攝取的碳水化合物、脂肪和蛋白質進入你體內，而這些食物追根究柢是由植物而來。如果你由酪梨中攝取碳原子，上面這話顯然正確；如果你吃的是牛排，它們也會間接地進入你體內，由牛吃的青草或玉米而來。植物由哪裡得到碳原子？由空氣──更精確地說，是由占大氣層 0.039％ 的二氧化碳分子產生而來。

這些二氧化碳分子可能有多種來源。有些來自火山，其他則來自包括我們在內的動物，在我們「燃燒卡路里」之後用呼氣把它們排放出來。除了以這種方式產生二氧化碳分子之外，我們人類在日常活動中還會產生更多這種分子。我們燃燒地球上的森林和包括煤炭和石油等化石燃料。這些活動的結果，讓我們在過去兩個世紀中，讓大氣中的二氧化碳含量增加了近

40％，因而大幅改變地球的氣候。[2]

　　在第九章，我們隨機選擇你的一個細胞，追蹤它的歷史。現在讓我們在你的一個細胞內隨機選擇一個碳水化合物分子，追蹤其中碳原子的歷史。如我們所提的，它來自你所吃的食物，可能是你早餐吃的英式鬆餅的一部分。在那之前，它可能按照時間順序，來自做鬆餅的麵粉；製作麵粉的小麥粒；麥子吸收的二氧化碳分子；土撥鼠燃燒卡路里後呼出的二氧化碳分子；土撥鼠所吃的草；草由空氣中吸收的二氧化碳分子；因燃燒而產生二氧化碳分子的樹木；樹木吸收的二氧化碳分子；因燃燒而產生二氧化碳的汽油；古老微小浮游生物的一部分，它們死時被其他材質覆蓋，成為石油的一部分，被提煉成汽油；微生物吸收的二氧化碳分子。最後一個分子可能是古老火山冒出來的。可以肯定的是，這雖是想像的故事，但我們有充分的理由認為，如果可以追蹤你個人碳原子的歷史，它們一定也同樣精彩。你的任何兩個碳原子也不太可能會有相同的歷史。

　　所有碳原子都有 6 個質子──這就是它們之所以為碳的原因，但中子的數量可以變化。通常碳原子有 6 個中子。因此，化學家稱它們為碳-12 原子（注意 6 個質子＋6 個中子＝12 個核子）或者用原子核符號表示為 ^{12}C 原子。但正如第九章中看到的，碳原子有可能攜帶「額外的」中子。在冷戰期間，在地面上進行核武測試產生了攜帶兩個額外中子，總共 8 個中子的碳原子。這些 ^{14}C 原子（6＋8＝14）成了追蹤劑，讓科學

家得以確定細胞的平均年齡。而且即使沒有核子試驗，地球上也約有1％的碳原子會帶有一個額外的中子，總計7個中子，這些 ^{13}C 原子的存在（6 + 7 = 13）使科學家能夠探索玉米在你的飲食中的驚人功能。原來光合作用有不同的形式。大多數植物都進行「碳三（C_3）光合作用」，但許多草本植物，包括甘蔗、高粱和玉米，卻具備稱為「碳四」（C_4）的更有效光合作用形式。這些碳四植物在吸收時二氧化碳分子，偏好含有碳-13同位素而非碳-12同位素的分子。這表示你吃的玉米越多，體內的碳-13原子的比例就會高於碳-12原子。（你所吃源自高粱和甘蔗的糖也將是碳-13原子的來源，但這些食物在飲食中的作用不太可能像玉米那樣重要。）這也表示科學家藉由檢查你體內碳-13與碳-12原子的比例，就可以估計你消攝取了多少玉米。

新聞主播黛安・索耶（Diane Sawyer）曾在做報導時，測試了她本人的碳比例，結果發現她的碳原子有50％來自玉米。[3] 你可能會自認為吃的玉米很少──說不定索耶熱愛啃玉米或吃爆米花。但要了解，除了「明顯」食用來自玉米的碳原子之外，還有其他不明顯的方式。假設你在墨西哥餐廳吃了玉米製的墨式塔可（taco）夾餅和飲料，你除了由塔可餅皮中的玉米明顯地攝取源自玉米的碳原子之外，也以不明顯的方式，攝取飲料中高果糖玉米糖漿中玉米衍生的碳原子。另外也別忘了包在炸玉米餅皮中的碎牛肉也包含玉米衍生的碳原子。

畢竟，玉米是動物飼料中的主要成分：一項研究發現，它所抽樣的碎牛肉餅中，93％的碳原子都來自玉米。[4] 因此，吃大量牛肉的人就吃下了很多玉米，最後很可能含有超量的碳-13原子，意思是，非常可能，而且極其諷刺的是，肉食者最後比純素食者「更玉米」。

⊕　　　　　⊕　　　　　⊕

你的碳原子就談到這裡。那麼分別占你身體62％和24％的氫和氧原子呢？在回答這個問題時，最好先區分以水分子進入你體內的氫和氧原子，和以脂肪、碳水化合物和蛋白質分子進入你體內的氫和氧原子。後者最後可以追溯到植物，稍後我們會再討論，但首先讓我們探討以水分子成分進入你體內的氫和氧原子歷史。

如果你喝水，當然就會攝取水份。水也存在幾乎所有你所喝的飲料中──純酒精例外。即使你只吃不喝，也幾乎可以肯定會攝取水份。比如黃瓜就含95％的水分，表示你只要有足夠的黃瓜可吃，就可以不喝任何東西而能維持生命。肉大半也是水，這就是為什麼1磅牛肉脫水後只剩 $\frac{1}{3}$ 磅牛肉乾的原因。有些食物不含水，例如方糖，但人類不能光靠吃方糖維生。

由於水分子非常穩定，所以可以存在數百萬甚至數10億年。這意味著在你喝水時，其中一些分子可能曾經被人喝過。例如，你杯中的一個水分子可能是莎士比亞四個多世紀前所痛飲啤酒的一部分，他後來流下一滴眼淚，讓這個水分子重新循

環。如果回到 6 千 7 百萬年，這個分子很可能是暴龍所喝一口水的一部分，這頭暴龍後來排了尿，使這分子重新循環。

你所喝的水分子可能曾在海洋和雲層中。它們曾化為雨滴和雪花落下，也曾在河裡和湖泊待過，其中一些可能在冰河度過數千年，或在地下深處度過數百萬年。不過你正在喝的杯中有些水分子也可能在幾天前才由汽車引擎中產生。請容我解釋。

汽油是烴（碳氫化合物）分子。在以汽油為動力的車輛引擎中，這些分子的碳原子與汽車進氣口的氧氣（O_2）分子結合，產生二氧化碳分子[5]，烴分子的氫原子則與氧氣結合，產生水（H_2O）分子。這些燃燒產品由汽車的排氣系統排出。如果是在寒冷的冬季早晨釋出，水分子就會聚在一起，形成水滴，結果我們就看到汽車排氣管中冒出來的「煙」——稱為霧更適當。它很快就會消失，因為水滴蒸發，成為看不見的水蒸氣分子。在暖和的日子裡，水分子不會那麼黏：它們不會凝結為水滴，汽車因此「不會冒煙」。

因此，你喝一杯水時，其中一個分子有可能是由汽車引擎中產生。它進入大氣層，成為雲層的一部分，接著形成雨滴，落到地面上，被你所在當地的自來水公司由湖中吸出，用管道輸送到你的房子，接著你把它倒入玻璃杯中。這也意味著在你喝這個分子時，你就攝取了兩個不久以前還是汽車油箱中烴分子的氫原子。在此之前數百萬年中，我們所提的這個原子是微小浮游生物的成分，它們死後落在海底，經掩埋並慢慢轉變成

為可以提煉汽油的石油。正如我們將在下一章所見的，原子的歷史非常悠久。

⊕　　　　　⊕　　　　　⊕

對於以水分子成分進入你體內的氫和氧原子就說到這裡。至於以你吃的食物的脂肪、碳水化合物和蛋白質分子的成分進入你體內的氫和氧原子呢？如我們所見，即使你是肉食者，這些原子依舊可以追溯到植物。這表示只要研究植物如何獲得氫和氧原子，我們就可以對你自己的氫和氧原子的歷史有深入的了解。

我們已經看到植物從二氧化碳分子中獲取碳原子，但它們的氫和氧原子來源是什麼？它們是經由光合作用得到這些原子：它們以二氧化碳和水分子為原料，在光的照射下，以化學方式讓它們結合在一起，產生葡萄糖和氧氣分子。隨後再用葡萄糖形成其他碳水化合物以及脂肪和蛋白質。其過程可以用以下化學方程式說明：

$$CO_2 + H_2O + 光能 \rightarrow C_6H_{12}O_6 + O_2$$

雖然我們許多人在生物課中都學到或至少接觸過這個方程式，但光合作用的化學過程其實比這個方程式所表示的更複雜。

一方面，植物除了產生氧氣之外，在進行它們自己的代謝活動時，也會消耗氧氣；而且植物除了消耗二氧化碳之外，也

會在它們新陳代謝活動時產生二氧化碳。在白天，如果天晴，植物就會成為二氧化碳的淨消耗者和氧氣的淨生產者，但到了晚上，這些作用則會相反。對我們而言，幸好由於它們靜止不動——植物不會像我們動物四處移動，因此植物產生的氧氣多於它們消耗的氧氣。否則我們的大氣就不會有這麼多氧氣，我們動物就會陷入困境。

另一方面，光合作用不僅是在陽光下把二氧化碳和水分子結合在一起那麼簡單。如果你把二氧化碳和水一起放入瓶中密封，然後把它和你種的番茄植株一起放在陽光下，在生長季節結束時，你會發現你的番茄植株會生出幾 10 個美味的番茄，但瓶子仍然是水和二氧化碳。事實證明，光合作用需要多個化學步驟，還涉及教人望而生畏的複雜化學過程。[6]

最後，要讓植物進行光合作用，光是提供一**些**二氧化碳和氧氣分子還不夠。每一種一定都需要精確的 6 個分子，才能構成一個葡萄糖分子。因此下列這個化學方程式才能更準確地描述這個過程：

$$6CO_2 + 6H_2O + 光能 \rightarrow C_6H_{12}O_6 + 6O_2$$

請注意，這個方程式是平衡的，因為它的左右兩側都有 6 個碳原子，12 個氫原子，和 18 個氧原子。

然而由化學方面來看，就連這個方程式也沒有說明真相。

描述光合作用過程更正確的方式如下：

$$6CO_2 + 12H_2O + 光能 \rightarrow C_6H_{12}O_6 + 6O_2 + 6H_2O$$

這個公式乍看之下很累贅。它顯示輸入了 12 個水分子，輸出 6 個水分子。為什麼不像上一個方程式那樣，僅顯示 6 個水分子作為輸入，而沒有一個水分子作為輸出？因為如果你一開始使用的水分子少於 12 個，光合作用的過程就會停止。這 12 個都分子在反應中不同之處發揮作用。因此列出全部 12 個分子作為反應物並非多餘，而是正確地表示所發生的化學過程。

此外，這點對於說明你原子的歷史非常重要，光合作用結果的 6 個水分子每一個都**與這個過程開始時的 12 個水分子不同**。這是因為 6 個最後的水分子是由原先 12 個水分子中獲得它們的氫原子，由原先的 6 個二氧化碳分子中，獲得它們的氧原子（見圖 14.1）。因此最後的 6 個水分子將具有與最初 12 個水分子中的完全不同的氧原子，意味著**它們將是不同的分子**。此外，其葡萄糖分子也會由原來的 12 個水分子獲得氫原子，由原先的 6 個二氧化碳分子中獲得碳和氧原子。科學家是藉著巧妙地運用標記的原子，想出了這些事實。[7]

在我們討論水分子的身分時，我必須自白。在本章開頭，我說過水分子是持久的事物，可以持續數 10 億年。我這樣

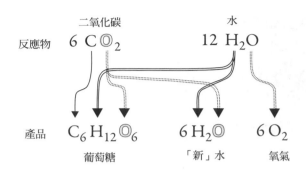

圖 14.1　這是光合作用中發生的化學反應。令人驚訝的是，所有釋放到大氣中的氧氣都來自反應物水分子；全都不是來自二氧化碳。二氧化碳中的氧氣（在此以不同的字體來強調這個氧氣）全都進入所製造的葡萄糖和水分子中。這表示光合作用產生的水分子是由和作為光合作用原料的水分子不同的氧原子組成，這表示它們是「新的」水分子。原始水分子中的氫最後在葡萄糖分子和「新」水分子中都有出現。

說，掩蓋了一些技術細節。的確，如果你由其他水分子中分離出一個水分子，它可以保持數 10 億年，但如果讓它與其他水分子接觸，成為液態水，令人驚奇的事就會發生：水分子開始與鄰居交換氫原子。這樣的交換絕非只是偶然發生，它們在水分子上可能一秒鐘內發生 10^{11} 次。[8] 這表示，如果一個分子的身分是由其組成原子來決定，那麼要追蹤你身上水分子的歷史就非常困難。這想法有其道理，你會不斷地面對分子身分危機，在本質上，就是極小規模的「忒修斯之船」矛盾。

⊕　　　　　⊕　　　　　⊕

　　我們動物顯然受益於植物的存在。我們呼吸它們產生的氧氣，食用它們生產的食物，而它們則吸收我們呼出的二氧化碳

廢氣，並與水化學結合，產生更多的氧氣和食物。要不是有植物，我們動物就不會存在，不會有氧氣供我們呼吸，即使有氧氣，我們又能有什麼食物？

當然，在我們由植物獲益的同時，它們也由我們獲益。它們由動物，尤其是人類，獲得了所需的大量二氧化碳：我們不僅為它們提供呼出的二氧化碳，也向它們提供我們燃燒化石燃料產生的二氧化碳。在許多情況下，我們還提供它們光合作用所需的氧──也就是我們為它們澆水。

有些植物物種不僅因為與人類的關係而受益，而且還因此欣欣向榮。例如，沒有我們，玉米植株就會變成四處散布的小雜草。多虧了我們，它們的基因才能獲得改變，成為巨大的植物，並且由於我們發現玉米非常有用，所以我們把森林整理為可以讓它成長的田地。我們為玉米施肥，保護它免受雜草的競爭，免受昆蟲掠食。近來世界每年都種植足夠的玉米，為地球上的每一個男女和兒童提供超過 300 磅（136 公斤）的糧食。[9] 那可是很多玉米！

有時候，我七月開車穿越美國的心臟地帶，看到延伸到地平線一望無際的玉米，不免會偷偷懷疑我們人類是不是被利用了。我們為了植物的利益而努力工作！在我讀到大麻種植者被查獲的新聞報導時，更加強了這種懷疑。我們人類發現大麻植物非常有用，因此在某些地方，我們甘冒坐牢的風險，建造供大麻生長的房間，為它們澆水、施肥、提供理想的光照，甚至

調節它們周圍空氣的二氧化碳含量。對於大麻，我們扮演聽差的角色，或者該說是奴僕的角色才對。

⊕　　　　⊕　　　　⊕

現在我們已經探索了你身上碳、氫和氧原子的來源。至於占你全身3%的氮原子呢？它們是組成你蛋白質的胺基酸的成分，沒有氮原子，你就不會有肌肉、頭髮或指甲；的確，沒有氮，你會死亡。

你在獲得碳、氫、氧原子相同的地方獲得氮原子，即由植物而來，不是直接食用植物本身，就是間接透過食用植物的動物。我們很可能會以為植物會以它們得到碳的方式來得到氮，即透過「吸入」──畢竟，大氣主要是由氮氣 N_2 組成，其實不然。因為 N_2 分子化學上的惰性，因此植物不能利用其中所含的氮。

植物的做法是透過根部吸取溶解在水中的硝酸鹽，吸收氮原子。這些硝酸鹽來自空氣，不過是以異乎尋常的間接方式──其實是3種間接方式中的一種。第一種來自固氮細菌，這些細菌有能力把空氣中的氮氣分子轉化為氨。有些植物的根，尤其是豆類，其根瘤就含有這些細菌。這些植物為常駐細菌提供良好的生活環境，細菌則為它們提供生長所需的氮化合物作為回報。硝酸鹽的第2種來源是閃電。在閃電穿過大氣層時，會把遇到的 N_2 原子轉化為硝酸鹽，後者溶入雨滴，落在地面上，硝酸鹽和其中所含的氮被植物吸收。「固定」大氣

氮的第 3 種方法則來自人類的創造力和努力。20 世紀初，化學家弗里茲‧哈伯（Fritz Haber）發明了把空氣（及其所含的氮）和天然氣放在密閉反應器加熱加壓的同名過程，結果產生硝酸鹽。這個過程是農民和園丁所用無機肥料的主要來源。

晚餐吃美味多汁的牛排，可讓你獲得水分子和碳原子。你也會獲得組成牛排蛋白質的氮原子。在一個牛排的氮原子成為你的一部分之前，它是牛的一部分。在那之前，它可能只是一片草葉的一部分；在那之前，是土壤中硝酸鹽分子的一部分；在那之前，是空氣中氮氣分子的一部分。但在位於空氣中和在植物內之間，氮原子可能經歷以下 3 種命運：它被活在植物根部結節中的細菌所吸收，被閃電擊中，或者在化肥廠經哈伯法處理。就像我說的，如果原子會說話，它們會有很精彩的故事要說。

⊕　　　　⊕　　　　⊕

如果對原子進行普查，就會發現你的身體 99％ 都是由氫、氧、碳和氮原子構成。這表示藉著說明你的氫、氧、碳和氮原子的由來，我們已提供了你的短期原子歷史紀錄。當然，我們並沒有提供你個別原子詳盡的歷史——這不可能辦到，但對於你稱為你的原子的過去行蹤，我們仍獲得了許多深入的了解。

值得注意的是，你體內最常見的 4 個元素屬於宇宙中最常見的 6 個元素。你是由隨手可用的常見元素組成並非偶然。另

外兩個宇宙常見的元素氦和氖不屬於你，也並非偶然。它們是「惰性氣體」：由於它們電子的配置方式，因此在化學上是惰性，表示它們不願與其他原子結合，形成分子，使得它們在生命過程中用處有限。

　　你可能認為自己是一個堅實的固體，但由於你在重量上主要是水，因此說你是液體更為正確。如果我們探索你的原子歷史，可能會把你形容為靠風傳播。你的水分子原本是空氣傳播的水蒸氣分子，也就是它們的氫和氧原子是靠空氣傳播。同樣的，你的碳水化合物、脂肪，和蛋白質分子中的碳、氫和氧原子先前也是空氣中二氧化碳和水蒸氣分子的成分，而你蛋白質分子中的氮原子先前是空氣中氮氣分子的成分。結論：不久之前，構成99％的你的碳、氫、氧和氮原子都在風中飄揚。

　　於是我們來到你最後1％的原子。它們包括生命中不可或缺的約20種其他元素的原子，包括鈉、氯、鈣和鉀。[10] 你的鈉和氯原子可能是以鹽的成分進入你體內，這些鹽可能來自海洋。（請注意，即使你的鹽來自鹽礦，它的鹽也很可能來自很久以前水分已蒸發的海洋。）你的鈣原子可能來自你攝取的乳製品，而它們又來自乳牛。不論這些乳牛的鈣質是來自牠們食用的草，飼料中的玉米，或酪農餵牠們的營養品，這些鈣原子終歸來自大地。你的鉀原子同樣來自你攝取的食物，例如富含鉀的馬鈴薯和香蕉，而它們也是由大地獲得這些元素。

　　但當然，我們再度沒有追根究柢。是的，你的鈉、氯、鈣

和鉀原子來自地殼和海洋，但是地球又是由哪裡得到它們？讓我們直接切入主題，不要問某個特別的物質來自哪裡的問題，而是提出最基本的來源問題：究竟這一切，也就是宇宙中所有的原子，來自哪裡？再次，要完整地回答這個問題是不可能的，但正如我們將在下一章中看到的，我們可以提出雖然是部分，但卻很精彩的答案。

第十五章
你的宇宙聯繫

最初，什麼也沒有——沒有物質，也沒有它所占據的空間，說不定也沒有時間，也就是說，談論造成我們宇宙的大霹靂事件**之前**的事並無意義。[1]

在大霹靂前 10^{-32} 秒時，空間創造了。在它發生後一秒，質子和電子已經形成，其中一些接著融合，形成中子。幾分鐘後，質子和中子開始結合，形成複合的原子核。[2] 一個質子和中子可能融合為 ^2H 原子核，^2H 也稱為氘。（請注意不要混淆 ^2H 和 H_2，^2H 是加有中子的單一氫原子，而 H_2 是由兩個氫原子組成的分子。）兩個氘核可能會融合，並彈出一個中子，形成 ^3He 核，這是具有兩個質子和一個中子的氦的同位素；或者，它們可能會融合，並彈出一個質子，形成 ^3H 核，也就是具有一個質子、兩個中子的氫同位素。之後，^2H 核和 ^3He 核可能融合，然後彈出一個質子，留下一個帶有兩個質子和兩個中子的原子核，也就是 ^4He，氦的正常形式。究竟原子核如何結合，之後又會發生什麼，是由相當複雜的粒子物理學定律決定。

宇宙存在 20 分鐘後，只包含兩個元素，氫和氦。氫被分

為 3 種不同的同位素：^1H，^2H 和 ^3H，具有一個質子，但分別具有零、一和兩個中子。氦則分為兩個同位素：^3He 和 ^4He，帶有兩個質子，但分別有一個和兩個中子。這些原子以氣體方式在太空中擴散，它們原本就缺乏電子，因為太熱，電子無法保留。確實，總共花了 38 萬年，宇宙才冷卻到足以讓電子與原子核結合，產生電中性原子，這個事件被誤導地稱為**復合**（recombination）。[3]

⊕　　　　　⊕　　　　　⊕

或許有人會認為，融合過程的開頭既然如此良好，應該會繼續進行，讓上述原子核繼續結合，形成更重的元素。它確實持續進行，只是有其限度：它還產生了少量有 3 個質子的鋰，以及更少量有 4 個質子的鈹。但此時融合過程遇到重大障礙：當現有原子融合時，產生的原子不穩定，很快就分解了。[4] 結果在大霹靂之後的數百萬年中，宇宙的物質幾乎全是稀薄散布的氫和氦原子組成。這是多麼無聊的地方！

顯然，這一障礙已經克服。否則身體主要由氧和碳組成的我們人類就不會在這裡談論它。創造較重的元素需要恆星的形成，因為恆星比初期的宇宙是更適合原子核融合的容器。

要形成恆星，早期宇宙的氣體必須收縮以形成雲，重力是唯一可以使它們這樣做的力量。但因為原子質量很小，它們之間的引力極小。此外如果氣體分配均勻，原子就不會受到任何特定方向的強烈吸引。確實，如果宇宙中的物質是以完全一致

的方式分布，每個原子在各個方向上都會受到同樣的引力，因此它根本不會移動。

幸好早期宇宙的原子分布並不規則。目前尚不清楚為什麼會有這樣的不規則存在，或許它們是量子效應的結果。不過，因為它們確實存在，所以有些原子感受到相鄰原子的不對稱拉力，結果漂移了，因而使原子的分布更加不規則。這引發了滾雪球現象：一個區域越密集，就越會吸引物質，使它變得更加密集。

由於雲層在引力的作用下收縮，其氣體溫度升高，因而抗拒進一步的收縮。如果引力要贏得這場爭鬥，被壓縮的氣體就必須冷卻——即它必須散發熱量。如果氣體是由分子形成，就很容易造成這種輻射，因為分子由多個原子組成，具有二維或三維結構，使它們以單一原子不能的多種方式振動。例如水分子，它的形狀像一個寬的 V 字母，氧原子位於 V 的頂點，兩個氫原子位於 V 的兩臂末端。這兩臂可以向裡和向外振動。V 的角度也會振動，變大或變小。在水分子以這種方式振動時，就會以紅外線輻射的形式輻射出熱。

但在早期宇宙中，分子很稀少。當時存在的氦原子抗拒與任何其他原子的連接，氫原子則只能形成非常簡單的分子，由兩個氫原子組成的 H_2 分子最常見。這意味著氣體雲冷卻緩慢，也就是在早期宇宙中，恆星形成緩慢。結果，在大霹靂之後的數千萬甚至數億年中，宇宙經歷了長久的黑暗時代。在這

段期間，有大量的氣體，但沒有恆星。

　　但如果你回到過去，卻不會看到全然的黑暗，因為你周遭的氣體會非常熱。因此不論你朝四面八方任何方向看去，都會看到略帶紅色的光芒。要順帶一提的是，這種光芒如今仍然存在，只是因為自大霹靂以來，宇宙已經大幅冷卻，因此已不再是微紅色的光，甚至也不再是肉眼看不見的紅外線光。它的波長已經長到電磁波譜的微波部分。因此，這種「光芒」被稱為「**宇宙微波背景輻射**」（**cosmic microwave background radiation**）。

　　可能會被稱為「宇宙黑暗時代」（Cosmic Dark Age）的時代在第一顆恆星燃燒之時結束了。那將是一個壯觀的景象：一個明亮的光點在一片暗淡的宇宙裡發光。不久，那顆星就有了同伴。

　　塌縮氣體雲會變成什麼，取決於其大小。小的雲可能會形成氣態行星，而巨大的氣體雲則會塌縮，形成恆星，其核心會有無以倫比的壓力，結果原子核將被迫融合。發生何種融合反應取決於恆星的大小。在我們的太陽中，主要的反應是質子—質子鏈反應：4 個質子（氫原子核）融合，製造出一個氦原子核。在這個過程中，兩個質子轉化為中子。在比太陽重的恆星中，也可能發生其他的核融合反應。在 3α 過程中，3 個氦原子核融合形成一個碳原子核，在碳—氮—氧循環中，碳原子因

為添加一個質子，而轉變氮，接著氮原子添加另一個質子，而轉變為氧。

如果恆星更大，融合過程將繼續，因而產生比氧氣更重的元素。在這些反應中，能量將被釋放。但是融合比鐵重的原子不會釋放能量，而是消耗它。這表示一旦恆星的核心變得富含鐵，融合過程就會停頓下來。

我們已經看到，引力把恆星的物質向內吸引，而熱能卻把它朝外推。不過在恆星的融合過程停止時，其熱能的來源就切斷了，這表示引力戰勝。接下來會發生什麼情況取決於恆星的大小。如果它的大小如我們的太陽，就會變成紅巨星。如果你看過夜空中的獵戶星座，就看過這樣的恆星。那顆恆星是參宿四，位於獵戶肩上的紅色星球。不過紅巨星只是一個過渡階段，因為隨後這顆恆星會拋出外層的氣體，變成所謂的白矮星。大約 50 億年後，太陽也會面臨這種命運。

如果一顆恆星比我們的太陽大得多，它就會爆炸，只是爆炸一詞無法形容所發生的情況。一顆恆星可能會在一瞬間釋放出比周圍星系所有恆星更多的能量。這種爆炸稱為「超新星」，它釋出了恆星核心產生的重元素。

在上一章，我們討論了你隨風飄揚的過去。我們看到構成你 99％的氫、碳、氧和氮原子曾有一度飄揚在空中。但前面的討論也清楚地說明，這並非你的碳，氧和氮原子[5] 頭一次在風中飛揚。它們也曾在創造它們的恆星爆炸時發生的恆星風

（stellar winds）飛揚。飛沙走石狂風大作還不足以形容這種風：如果說颶風風速可達每小時 240 公里，超新星的風速可以每**秒** 3 萬 2 千 2 百公里移動恆星所含的物質，不過你的原子在這次經歷中倖存下來，在很久以後才會成為你的一部分。

⊕　　　⊕　　　⊕

現在，我們來到宇宙包含比氦更重元素之處。但我們已經看到，恆星無法藉由持續的融合來製造比鐵重的元素，那麼該如何解釋存在我們宇宙中的這些元素，包括填補牙齒的金和你的甲狀腺必須含有微量，才能避免甲狀腺腫大的元素碘？

一種理論認為，這些較重的元素是在超新星事件期間產生的。恆星核心坍塌會釋放出大量的質子和中子，它們遇到元素核，就把它們轉化為更重的元素。另一種較近的理論是，較重的元素，尤其是金，是在中子星發生碰撞時產生。[6] 在超新星事件中，比太陽大 4 至 8 倍的恆星爆炸時，留下的這些恆星遺體外層被吹入太空，而其核心的原子承受莫大的壓力，使它們的質子和電子結合在一起，形成中子。結果造成由排列非常緊密的中子組成的物質，因此密度極高：一茶匙的中子星物質比吉薩金字塔重 900 倍！你的碳、氧和氮原子可能在加入你體內之前，有許多精彩的經歷，但是你金牙的金原子和甲狀腺中的碘原子，它們的經歷輕而易舉就超越其他原子。

超新星釋放的物質被散布到附近的太空中，使之成為恆星碎片場。在我們的宇宙附近只有 6 千 5 百光年距離之處，就

有一個，（為說明光年的距離：銀河系的直徑為 10 萬光年。）天文學家稱它為蟹狀星雲（Crab Nebula，見圖 15.1）。產生這些碎片的超新星事件發生 7 千 5 百年前，它的光在公元 1054 年到達地球，中國天文學家作了紀錄。現代的觀測則顯示在蟹狀星雲中間有中子星的存在。儘管這顆恆星的質量高於太陽，但卻被壓縮為直徑約 16 公里的球體。

當宇宙的第一代恆星[7]把自己炸成碎片時，產生的物質就和從未成為恆星組成部分的原始氫和氦原子混合，為第二代恆星提供原料。如我們所見，形成第一批恆星的雲幾乎沒有分子，它們很難散發熱量，因此可能塌縮而形成恆星。然而含有這些恆星碎片的雲包含較重的元素，因而能形成許多複雜的分

圖 15.1　蟹狀星雲，一顆超新星的碎片場。

子，其振動使得雲有效地散發熱量，因此塌縮的速度比第一批雲快得多。結果形成恆星變得容易得多，而所形成的恆星體積則比第一代恆星小得多，壽命也比那些恆星更長。

⊕　　　⊕　　　⊕

我們先前已說明，人類的家譜必然是二元的。人必然源自父母兩人，父母又各自源自兩個人。但顯示星系祖先的恆星「家譜」變化較大。我們談到第一代恆星可能根本沒有恆星祖先。這樣的恆星將由從未成為恆星部分的氫和氦形成。恆星也可能只有「單親」，只由一顆恆星的超新星碎片形成，許多第二代恆星都是如此。但大多數恆星都將擁有不止一個父母。如果它是由重疊的超新星碎片場中的物質形成，就會是這種情況。我們甚至可以想像由數 10 顆超新星的碎片組成的恆星。在這種情況下，我們可以在我們建構的恆星家譜中，不談父母的身分，而是談父母的百分比，比如一顆星占其由來的 21％，另一顆占 3％，以此類推。此外，一顆大恆星──最早的恆星就可能是這樣，可以擁有多個後代：它可以產生足夠的碎片，形成數 10 顆恆星。

為確定兩個人是否有關係，系譜專家利用 DNA 證據：兩個人共同的 DNA 越多，他們之間的關係就越密切。恆星當然沒有 DNA，但是它們確實具有獨特的化學成分。一顆恆星所含有的元素，以及其相對的量，將取決於哪些爆炸的恆星為其「新生雲」（natal cloud）貢獻了原料。如果兩個恆星的化學成

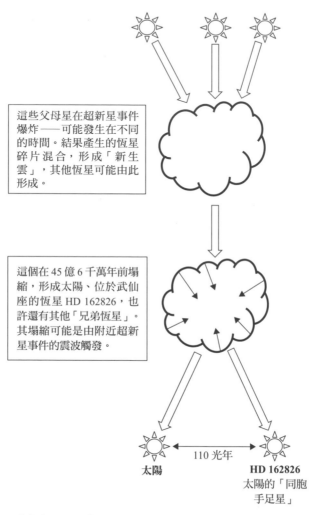

太陽的父母星
（可能只有一個，
但可能還有更多。）

這些父母星在超新星事件
爆炸——可能發生在不同
的時間。結果產生的恆星
碎片混合，形成「新生
雲」，其他恆星可能由此
形成。

這個在 45 億 6 千萬年前塌
縮，形成太陽、位於武仙
座的恆星 HD 162826，也
許還有其他「兄弟恆星」。
其塌縮可能是由附近超新
星事件的震波觸發。

太陽 ←110 光年→ **HD 162826**
太陽的「同胞
手足星」

圖 15.2　天文學家對太陽「家譜」的結構有粗略的認識。他們可由太陽的化學成分，
知道它至少有一個「母星」。他們還確定太陽至少有一個同胞恆星，是由與太陽相同
的碎片場形成。

分不同，就可能是在不同的碎片場形成，因此父母不同。反之，如果兩顆恆星的化學組成非常相似，則它們形成的物質很可能來自相同的碎片場，表示它們是恆星手足。

　　幸好對天文學家來說，不必去親赴恆星以確定其化學成分組成。他們可以由遠處對恆星的光進行光譜分析，達到這個目的。這些分析顯示：太陽並沒有「無父母」恆星該有的化學成分。結論：太陽有一或多個母星。天文學家還發現一顆化學成分非常像太陽的恆星，他們稱之為 **HD 162826**。這顆恆星的位置，顯示它是由與太陽相同的超新星碎片形成的，由某種意義上而言，它是太陽的「兄弟之星」。[8] 如果再進一步來看，我們可以用我們為人類甚至為組成他們的細胞建構家譜時相同的方式，創造「恆星家譜」，顯示恆星的祖先、後代和手足。太陽的家譜看起來就會像圖 15.2。

　　太陽及其雙胞胎出生後，在宇宙中走了不同的路徑。結果這對雙胞胎現在相距 110 光年，看來似乎離得很遠，但我們要記住，太陽的雙胞胎旅行了很長的時間，超過 45 億 6 千萬年——太陽系的年紀。此外，它的距離要達到 110 光年遠，漂移的平均時速僅 26 公里。我該補充的一點是，這是適用於各處手足的警世箴言：非常緩慢的漂移，如果持續足夠長的時間，將導致永不可能重聚的分離。

第十六章
把你組合起來

在上一章，你的原子是孤獨的，漂浮在超新星爆炸的碎片場。你的氫原子是在「大霹靂」事件中成形，包括碳、氧和氮等在你身上占絕大部分較重的原子都已由一或多個恆星形成，在這些恆星爆炸後釋放。

你的原子受引力吸引，凝聚到一塊可能跨越數光年的雲氣，其元素組成大概就像現在的太陽系一樣：約71％的氫，27％的氦和2％較重的元素。[1] 由於雲氣持續轉動，因此在塌縮時形成盤狀。占太陽系質量99.85％的太陽隨後成為這個盤狀物的中心，行星則在盤內成形。這個轉盤理論解釋了為什麼行星會以相同的方向繞著太陽旋轉──由地球北極上方看是逆時針方向，並且大約在同一平面上。這也解釋了為什麼太陽在它的自轉軸上逆時針旋轉，幾乎所有太陽系的行星也一樣。

儘管超新星碎片場中的原子最初是孤單的，但它們隨後會結合，形成分子，然後再結合，形成塵粒。這些顆粒可能會被靜電吸引到一起，並在碰撞時黏在一起。在太空梭上的太空人就會觀察到這種現象。[2] 他們作了一個實驗，觀察鹽粒在零重力的情況下會有什麼反應，因此把一些鹽粒放進充氣的塑膠袋

中。這些鹽粒並沒有獨立飄浮，而是聚在一起，看似成團的塵埃（見圖 16.1）。我們有理由認為現在構成你的原子曾是類似塵埃團的一部分。

行星盤的內部溫度足以讓水和甲烷等氫化合物以氣態存在。它們如果是單獨的分子，就容易受太陽風的影響，被推離太陽。但在較遠之處，溫度低得讓這些氣體能夠凝結、冰凍，並聚合。這就是為什麼太陽系的內行星——水星、金星、地球和火星大半是由較重的元素組成，而外行星則主要由氫和氦

圖 16.1　在無重力的情況下，由鹽晶體形成的塵團飄浮在膨脹中的塑膠袋裡。左下方是太空人的拇指。

組成。

　　宇宙塵一旦形成塵埃團，就會具有緊密結合的主體。如果兩團相撞，很可能會合併並變得更堅實，而不是崩解。隨著它們越變越大，就成了積聚物質的更大目標。久而久之，宇宙塵埃就會變成宇宙團塊，然後變成宇宙岩石，然後變成宇宙巨石，以此類推。隨著它們變大，引力也變得更強，因而加速了它們的成長，變成小行星。

　　順帶一提，這些較大的宇宙塵體不太可能是球形的，而是像參差不齊的馬鈴薯，就像許多小行星一樣。只有在它成長到穀神星（Ceres）那樣，直徑達幾百哩時，才會有足夠的重力，有系統地把物質由從較高的位置移到低處，讓自身成為橢球形（見圖 16.2）。

　　地球初成形時應該是熾熱的：它遭小行星撞擊，累積了物質，小行星的動能被轉化為熱能。在小行星的撞擊減少，行星冷卻後，形成了地殼，第一批岩石出現了。儘管太陽系已有 45 億 6 千萬年的歷史，但已知最古老的陸地岩石卻「只有」43 億 7 千 4 百萬年歷史。[3]

　　為了更進一步了解地質學家確定岩石年齡的過程，請參考含有鋯石晶體的岩石。這些晶體的分子通常是由鋯、矽和氧原子組成。但在形成晶體時，如果有鈾原子存在，它們就可以取代鋯原子。一旦鈾原子嵌入晶體內之後，就會發生放射性衰變，並慢慢地轉變成鉛原子。由於科學家知道鈾原子衰變的速

愛神星

穀神星

灶神星

圖16.2　小行星愛神星、灶神星和穀神星的大小和形狀比較。通則：體積越大就越圓。

率，因此可以藉著測量鋯石晶體中鈾與鉛原子的比例，確定它在多久以前形成，[4] 讓我們了解含有晶體的岩石何時形成，也就是它何時凝固。

在這裡要做一點澄清。如果地質學家說一塊岩石有43億7千4百萬年之久，並不是指它的原子有那麼古老，它們其實更古老得多。地質學家在說明岩石年齡時，指的是構成岩石的原子在多久以前成為那塊岩石的一部分。

⊕ ⊕ ⊕

我們來到太陽系早期發展的階段，許多「微行星」（planetesimals）彼此的引力相互作用，它們可能互相碰撞，形成了較大的微行星，也可能在碰撞後其中一個或兩個都被撞碎，在行星形成過程中受挫，但只是臨時的，因為其碎屑大都會被其他微行星吞噬。經過這個混亂的過程，太陽系才擁有現在的行星，這些行星也才有它們的衛星。

在行星受到較小物體的擦撞時，奇怪的事情發生了。我先前提到過，幾乎所有的行星都在其軸上逆時針旋轉。但天王星例外：它的軸不是指向「上方」，而是指向「側面」，這可能是受到大小如地球的行星擦撞結果。水星同樣也被認為是因受到擦撞，而撞落了它大部分的地殼。由於較輕的物質會向上飄浮進入其地殼中，因此水星的輕元素比地球少得多。

地球似乎也曾受過擦撞。天文學家認為在地球存在早期曾被如火星大小的行星撞擊。（火星的直徑僅有地球的一半。）因此，地球大部分的地殼被吹入圍繞著地球的軌道上，並與撞擊物的物質混合。這些材質後來合併，形成了我們的月亮。這解釋了月球岩石與地球岩石為什麼如此相似：因為許多月球岩

石原本就是地球岩石。此外，這種碰撞可能會液化地球上大部分或全部的岩石[5]，因而重撥地球「最古老岩石」的計時器：一直要到岩漿冷卻後，結晶才能重組，其原子時鐘才能開始紀錄。

月球的創造在我們自己的生存中扮演了重要角色。創造月球的撞擊可能也使地球的自轉軸傾斜了 23.5 度。這種傾斜使地球有了四季，使地球表面更多地區更適宜居住。此外，月球的存在使地軸的傾斜度保持穩定，因而也使溫度的季節性變化保持穩定。最後，沒有月球，依然會有太陽引起的潮汐，但會比因月球造成的潮汐低得多。如我們所知，動物由海洋移到陸地，潮汐可能起了重要作用。這是因為潮汐會創造潮間帶，使海洋物種可以由一個潮池移到另一個潮池，「練習」陸地生活。

在創造月球的撞擊發生前大約 5 億年，地球顯然經歷了「**後期重轟炸**」（**Late Heavy Bombardment**），這可能是由木星軌道的變化所引發。在這段期間，月球受到小行星重擊。月球凹凸不平的表面就證明了這一點：月表不僅有隕石坑，而且還有隕石坑內隕石坑內的隕石坑。地球同樣遭受重創，但我們的隕石坑已經風化了。在這段重擊開始前，生命很可能還沒有出現，但也有可能已經有了生命，卻因重擊而滅絕，或者生命已開始發生，只有一些強壯的微生物度過打擊存活。

自「後期重轟炸」以來，流星體、小行星和彗星仍繼續撞擊地球，只是比較零星。我們已知在 6 千 5 百萬年前，一

顆小行星撞擊了當今墨西哥灣尤卡坦（Yucatan）半島的邊緣，使恐龍滅絕。5 萬年前，一顆小行星撞擊了當今的亞利桑納州，造成流星隕石坑（Meteor Crater）。1908 年，一顆小行星或彗星在西伯利亞上空爆炸，被稱為「通古斯大爆炸」（Tunguska event），壓倒了兩千平方公里面積的樹木。2012 年，車里雅賓斯克（Chelyabinsk）流星經過俄羅斯上空，引起轟動。

據估計，地球每天受到 9 萬 1 千公斤宇宙物質的撞擊。其中一些會落在地表，可能化為塵土，或者後來可以在南極冰層或建築物屋頂上發現。[6] 其餘的材料則在大氣中「燃燒殆盡」，可能就像流星一樣。不過重要的是要了解，即使最後這種物質可能「消失」，但構成它的原子卻不會停止存在。相反地，它們存在大氣層，然後成為地殼、海洋或甚至生物的一部分──包括你在內。

現在，聽到你的**某些**原子可能源自宇宙，已不足為奇了：它們全都源自宇宙。有些可能來自去年某個孩子許願的流星，有些則可能是 6 千 6 百萬年前，由造成恐龍滅絕的小行星送到地球。還有更多的原子比那還要早到達地球，它們乘著各種結合起來構成我們星球的宇宙物體而來。

⊕　　　　⊕　　　　⊕

如我們所知，地球存在之初處於高熱狀態。在那段時期，其元素分門別類，如鎳和鐵等最重的元素沉到地球的核心，較輕的元素則上升形成地殼。所以如果在地球表面發現較重的金

屬沉積時，它們應該是最近才被小行星帶到這裡來的。地質學家認為加拿大安大略省薩德伯里（Sudbury）附近發現的鎳礦就是如此。有些人認為我們在地表開採的黃金，也是最近由小行星帶來的。[7]

地球冷卻後，地殼就像冬季極地海洋結冰那樣成形。起先會有地殼孤島漂浮在熔融材質的海裡，這些孤島一直擴大，到最後大地全都結滿地殼。〔幾乎全部：地球上仍然有可見的熔岩湖，包括剛果境內尼拉貢戈山（Nyiragongo）〕中的一個。此後地殼開始變厚，但速度非常緩慢，因為地殼本身是一種絕緣體，會阻礙進一步的冷卻。即使經過數10億年，在海洋下的地殼也只有5至8公里厚，在大陸下則厚達40公里。地球的直徑是1萬2千9百公里，如果按比例來算，雞蛋的殼都比地殼厚得多。

地球中心的高溫使物質上升，到達地殼後則橫向移動並冷卻。冷卻的結果使物質逐漸稠密，最後下沉，因而完成對流循環。這個過程引起的橫向潮流運送了構成地殼的地球板塊。當兩個板塊碰撞時，總有一方要退讓。通常的情況是，一個板塊被向上推，造成山脈，而另一個板塊則被向下推。被往下推的板塊有一部分會融化，其物質會浮起，成為火山。這就是為什麼碰撞板塊的邊緣通常都是一連串的火山，如南美西海岸的火山。板塊之間的碰撞也可能導致大陸升起。

地球構造板塊的運動在許多方面都會影響生物。藉由分開

大陸或使山巒升起，它畫分了物種的種群，因而使它們各自走上不同的演化軌跡上。它也可能改變區域氣候，再次影響生活在該處物種的演化。值得注意的是，板塊構造可能是造成非洲氣候變化的原因，使非洲在 700 萬年前由熱帶雨林變成熱帶大草原，因而為我們祖先的演化奠定了基礎，讓他們發展出直立行走的能力。

⊕　　　⊕　　　⊕

地球構造板塊的運動也以其他方式影響了生命。最重要的是，若非它們的運動，地球可能會是水世界，沒有陸地，因此也沒有陸地動物。原因如下。

如我們所知，引力是行星的平衡器：這是使行星呈圓形的原因。不過在有水的情況下，平衡過程就高速進行潮。液體的水把一切向下沖，並以結冰冰川形式沖刷原野，把產生的碎片推下山坡。此外，水由液體變成冰，然後再變成液體，因此有力量讓懸崖峭壁崩解為巨石，再把巨石打碎變成可以被河流運送並進一步分解的岩石。重力和水合作，只要時間夠長，就能化高山為平地。這種現象的例子，可以見第六章所述，曾經存在當今曼哈頓島的山巒。雖然那些山原本高達數千呎，但目前曼哈頓（天然）最高點僅海拔 265 呎（80 公尺）。

侵蝕過程把物質由陸地移到海洋，沉積在海底和如三角洲及更遠的沖積扇等河流的盡頭。位於印度和緬甸之間的孟加拉灣接收喜馬拉雅山沖刷下來的物質，可能已有 7 千萬年。由此

產生的深海沖積扇——孟加拉扇（Bengal Fan）長約3千2百公里，寬約1千公里，在某些地方厚達16公里，是舉世最大的沖積扇。圍繞著大陸的大陸棚也是由陸地上侵蝕下來的物質所造成。

就像你坐進浴缸中時，浴缸裡的水位會上升一樣，侵蝕下來的物質沉積在海洋裡，海平面就會上升。這表示侵蝕一邊降低了陸地的高度，同時卻又使海平面升高，結果沿海地區就遭海水淹沒。這也意味著，要不是地球上的山脈經常因板塊構造的力量不斷重建，所有土地免不了都會淹沒，地球將會成為水世界。

這不僅僅只是**可能**發生而已。隨著地球繼續冷卻，地殼會變得厚到它的構造板塊無法再移動。那時造山運動將大幅減少，[8] 但侵蝕的力量將繼續進行。山脈不斷縮小和海洋不斷上升兩者的結果，終將使地球變成沒有乾土的世界。覆蓋地表的海洋平均將達到9千呎（2.7公里）深。[9] 該補充說明的是，這種水世界不僅僅存在理論中，科學家認為木星的衛星歐羅巴（Europa）和土星的衛星泰坦（Titan，土衛六）和「恩賽勒達斯」（Enceladus，土衛二），在表面的冰層下都有深海。

這讓我們面臨「地球由哪裡得到水」的問題。它顯然就像地球上所有的原子一樣，來自我們周圍的宇宙環境。冰彗星和有水的小行星是明顯的來源。不過即使看似乾燥的小行星，也可能攜帶「化學結合」（chemically bound）的水，要到小行

星與地球碰撞加熱後才會釋放。在我們思索地球上水的問題時，要記住，就像鎳和鐵會自然地沉澱到地球的核心一樣，水也會自然地上升到地球表面。如果它被帶進地下深處，就會被加熱，變成蒸汽，並在地表釋放。因此地球上大部分的水都在地球表面。

由於我們很容易就能在湖泊和海洋中看到水，因此往往會以為我們的星球有很多水，但這種印象大錯特錯。按體積算，地球上只有 0.128％ 是水，按重量計比例更低，因為礦物幾乎總是比水重。把地球上所有的水全部集合成一滴，它的直徑只有 860 哩（1 千 380 公里），而連橫跨美國都不夠。

⊕　　　　⊕　　　　⊕

地球的海洋就談到這裡。至於它的大氣呢？我們對太陽系的探索已顯示，各行星的大氣有許多不同的可能。水星受太陽烘烤，被太陽風吹襲，因此幾乎沒有大氣層。金星因為接近太陽，使它很熱，但它的大氣使它更熱：它的大氣不僅濃密，而且含有 95％ 的二氧化碳，使它受到溫室效應的極端影響，白天溫度經常達到華氏 800 度（攝氏 425 度）。火星大氣層比地球的大氣層稀薄得多——如我所說的，它被太陽風吹走了，剩下殘留的一點大氣是 95％ 的二氧化碳。相較之下，氣體巨星木星和土星，大氣濃密，其中的化學成分類似太陽的大氣層，亦即它們含有約 75％ 的氫和 25％ 的氦，還含有少量的甲烷、氨、硫化氫和水。

地球的大氣層比火星或水星厚，但比金星的薄得多，比氣體巨星的更薄。目前它是由78％的氮氣、21％的氧氣和1％的氬氣組合，另外還有微量水蒸氣和二氧化碳，但並非一直都是如此。比如在有藍綠藻之前，地球的大氣層中幾乎沒有氧氣，但在3億年前，氧氣比例已上升到逾30％。此外，由於工業革命，大氣中的二氧化碳含量已經由300ppm（0.03％）上升至390ppm。

行星大氣的成分取決於氣體被加入其中及由其中移除的速率。例如氬氣。許多人聽到它是我們大氣中第三常見的氣體，僅次於氮和氧，都感到很驚訝。但它的存在很容易解釋。它是地殼中常見的鉀-40放射性衰變的產物。它也是惰性氣體，亦即一旦它進入大氣，就不會與其他氣體結合，形成可能由空氣中除去的化合物。最後，它很重，表示它不會漂到大氣上層被太陽風帶走。因此，一旦它進入大氣層，往往就會停留在那裡。

你可能會以為大氣中含有高量的氮，是因它在地球上含量豐富之故，其實你錯了。地球上幾乎沒有氮：若按含量高低，依序列出地殼中的元素，氮排在第32位，就在釔和鈧之後，這兩個元素幾乎沒人聽過。儘管氮占地球大氣層的78％，但在地殼中含量卻僅有0.002％。[10]

這麼看來，地球上大部分的氮都在大氣中。地質學家認為這是板塊構造的結果。當含氮化合物的岩石被沖到地球表面

下時，熱度釋出 N_2 分子，然後被火山排放到大氣中。[11] 我們已知 N_2 分子是相對惰性，它們會留在大氣裡，除非閃電、細菌，或化肥廠讓它們化學轉變，回到地球的地殼。

大氣中以 O_2 分子形式存在的氧氣來源完全不同。它們來自陸地上的植物，更重要的，是來自海洋中的浮游植物。不過要知道，O_2 分子與 N_2 分子和氫原子不同，它在化學上是混合物：如果讓它們自行存在，會與其他原子結合，形成分子，包括 H_2O 和 CO_2，在自然過程中會由大氣層移除。重要的是：如果去除地球上的植物和浮游植物，大氣中的氧氣就會隨它們而消失。

我們已經看到板塊構造使地球的某些部分能夠保持在海面上，因而造成陸地。但若大氣層中沒有氧氣，那片陸地就可能不適合居住。當 O_2 分子升高，飄入大氣層時，會受到紫外線的撞擊，轉變為 O_3 分子（也就是臭氧）。這些分子接著會過濾掉紫外線，否則陸地動物會很難生存。

地球大氣中不僅有氧氣，而且其含量對我們人類而言非常合適──21％。要是氧氣含量大幅較少，我們就會感到衰弱無力，就像在高海拔地區時一樣。當然，我們可以像第六章提到的，西藏人拜他們的祖先丹尼索瓦人（Denisovan）之賜，適應氧氣量的減少。但如果大氣中的氧氣含量降低到16％以下，火就無法燃燒。沒有火，我們的祖先就無法烹煮食物，而若沒有煮熟的食物，人的大腦可能不會長成像現在這樣，亦即

我們人類在思想和文化上，都不會像現在這樣發展。

假設大氣中的氧氣含量不是降低，而是升高。在這種情況下，起火很容易，但一旦起火，就會消耗任何可用的燃料。雷擊造成的不會是我們祖先可以利用的小火，而可能會是導致燎原的大火。在這樣的大氣裡，我們人類恐怕不會利用火力，而是活在對它的恐懼之中。

⊕　　　　⊕　　　　⊕

這就是你的原子簡史。你身上的一些原子是在大霹靂之後不久就已創造，有些則是來自後來爆炸的恆星，後者最後形成了由超新星碎片構成的雲，其中一部分隨後塌陷，形成太陽系，地球是其中的一員。

這些地球原子有些後來形成 H_2O、CO_2、O_2 和 N_2 分子，隨風飄揚。接著它們可能會在生物體內待一段時間，例如在植物或在食用植物的動物體內。你的原子也極有可能曾屬於其他人類，或者它們先前曾在汽車的油箱或古代恐龍的膀胱裡。你可能會認為成為你的一部分，是這些原子最有趣的經歷，但如果你的原子能具有幽默感，它們會覺得這個想法荒唐可笑。

第
四
部

你在宇宙中的位置

第十七章
你是基因機器

內人和我血型都是 B 型。犬子出世時，醫生告訴我們他是 O 型，此言一出，房裡一片靜寂。醫生發現我們的困惑，趕緊解釋怎麼會發生這種事。每個人都繼承了兩個血型基因，一個來自母親，一個來自父親。每個基因可能有 3 種變體，也稱為對偶基因：A、B 和 O，亦即我們每一個人[1] 都有以下 6 個血液基因型之一：AA、AB、AO、BB、BO 和 OO。這個基因型決定了你的血型。尤其是，如果是 B 型血型，就必須具有 BB 或 BO 基因型，如果是 O 型血，就必須具有 OO 基因型。

因此，孩子可能會由兩個都是 B 型的父母那裡繼承 O 型血型，只要父母雙方都是 BO 基因型：他從父親那裡獲得一個 O 基因，由母親那裡又獲得另一個 O 基因。平均而言，父母都是 BO 基因型的孩子只有 $\frac{1}{4}$ 會發生這種情況。在其他 3 種情況下，孩子會得到父親的 B 基因和母親的 O 基因，或者他父親的 O 基因和母親的 B 基因，使他獲得 BO 基因型和 B 型血型；要不然，他會得到父親的 B 基因和母親的 B 基因，使他獲得 BB 基因型，同樣也是 B 型血型。謎團揭開。咻，好險！

我們知道基因是建構蛋白質的配方。這些配方是用核苷酸寫在你的 DNA 鏈上，生物學家把這些鏈稱為染色體。你有46 個染色體，其中 23 個來自你的母親，另外 23 個來自你的父親。你的兩萬多個基因不是隨機排列在你的 DNA 上，而是在特定的染色體上按照特定的順序排列。例如，決定你血型的基因——遺傳學家稱之為 ABO 基因，位於第 9 號染色體上長臂的 34.2 位置（參見圖 17.1）。在構成你 DNA 的 32 億個鹼基對中，這個染色體包含 1.41 億對。它還有 1 千多個其他的基因，其中包括 COL_5A_1，是人體製造數種膠原蛋白之一的基因。

　　你的身體例行複製你的 DNA，尤其在細胞分裂之前，DNA 被複製，因此每個子細胞可以擁有自己的 DNA。複製過程不會改變核苷酸在這些鏈中的順序，就像影印文件時不會更改頁面上文字的順序或單字字母的順序。因此，如果 DNA的複製本正確，就會具有與原始鏈相同的核苷酸順序，因此會按相同的順序，擁有同樣的基因。

　　你很可能會把你的 DNA 當作貯存基因配方的食譜，但你的基因組中只有 1 至 2％ 扮演這種角色。[2] 其他 98 至 99％的 DNA 則發揮多種作用。例如有許多 DNA 片段發揮調節作用，允許基因被打開關上。其他片段則作為 DNA 鏈上的標記。還有很多顯然沒有作用的 DNA，有時被輕蔑地稱為「垃圾 DNA」（junk DNA）。不過，這些被貶抑的 DNA 實際上

很可能確實有作用，只是我們還不了解罷了。

在我們繼續討論之前，要先說明幾點。如我們所知，基因是蛋白質的配方。然而，後來發現：一個基因可以創造多個蛋白質，取決於這個基因的哪些部分表現，哪些沒有。[3] 因此你的基因類似於有所選擇的烹飪食譜——例如可讓廚師選擇在準備過程中的某一點添加或省略奶油。而且你的兩萬個基因並非全部都對你的健康有重要性。其中許多都可以由你的基因組刪除，而不會有明顯的影響。[4]

⊕　　　　⊕　　　　⊕

你由父母兩方各繼承了一個 9 號染色體。不過你母親的生殖系統並不僅只是把她兩個第 9 號染色體之一傳給你，而是把她的兩個第 9 號染色體「混編」（shuffle）在一起，然後隨機選擇其中之一傳給你。這個混編的過程正式名稱為「基因重組」（genetic recombination），結果你所繼承的第 9 號染色體和你母親的兩個第 9 號染色體都不相同。

混編過程相當複雜，但不妨用這種方法來解釋：假設你有兩副紙牌，每副都由一百張牌組成，其中一副紙牌是藍色，而另一副紙牌為粉紅色。假設每一副牌都由 1 編號到 100，並依序堆疊，1 放在最上面。最後，假設你並不是隨機洗牌，而是仔細交換兩副牌隨機選擇的部分。

例如，你可以在 1 到 100 之間隨機選擇兩個數字。如果你選擇 17 和 31，並把由 17 至 31 的粉紅牌和由 17 至 31 的藍色

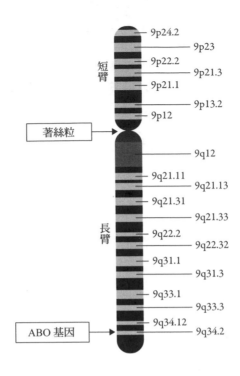

短臂

9p24.2
9p23
9p22.2
9p21.3
9p21.1
9p13.2
9p12

著絲粒 →

9q12
9q21.11
9q21.13
9q21.31
9q21.33
9q22.2
9q22.32
9q31.1
9q31.3
9q33.1
9q33.3
9q34.12
9q34.2

長臂

ABO 基因 →

圖 17.1　人類第 9 號染色體。決定你血型的 ABO 基因就位於此。

牌交換，並小心保留互換卡片的原始順序。最後你依舊有兩副都是一百張的紙牌，紙牌的數字順序依舊相同，1 在最上面，100 在最下方。但洗過牌的牌組現在是藍色和粉紅色牌混合，尤其在 17 至 31 這一段紙牌和先前的顏色完全不同，這表示洗牌後的兩副紙牌和先前兩副紙牌中的任何一副都完全不同。另外要注意的是，儘管混洗過程會影響兩副牌，但不會影響個別的單張紙牌。尤其第 23 號粉紅牌並不會因為移到藍色紙牌中

而有改變。

你從母親那裡繼承的染色體僅由她兩個第9號染色體的基因所構成，這些基因的順序與那些染色體裡基因的順序相同。然而由於基因重組，遺傳的染色體會有一些來自母親第9號染色體的基因片段和來自父親的片段。換言之，它們就像洗過牌的粉紅和藍色紙牌，而且就像方才說明的洗牌方式一樣，不會改變其中單張紙牌的身分，她染色體的基因重組不會影響那些染色體內的單個基因。

請特別考量你由母親那裡遺傳來的第9號染色體，較長臂上第34.2位置的基因（參見圖17.1）。在那個位置，如果不是你母親由她母親那裡繼承來的ABO基因，就是你母親由她父親那裡繼承來的ABO基因。你由你父親那裡繼承的第9號染色體，同樣也是混編過程之後的結果。

因為你父母的生殖系統混編了他們的基因，並且隨機選擇要轉傳的改組版本，因此你在遺傳上與他們兩者都不相同。而且由於改組可能會對每個後代產生不同的結果，因此在基因上，你與同胞手足（異卵雙胞胎）不同。是的，他們就像你一樣，也由你母親那裡獲得了一半的基因，但由於混編和隨機選擇，他們得到的一半和你的不同。他們得自你父親基因也一樣。

不過這種混編過程有一個重要的例外。你父親的生殖系統不轉送他的23號染色體（即性染色體）的改組版本，[5] 而是傳遞他繼承自他母親的同一X染色體，在這種情況下，你是

女性；或者他傳遞的是繼承自他父親的Y染色體，在這種情況下，你是男性。

⊕　　　　⊕　　　　⊕

你的父母親在傳遞染色體給你之前混編其染色體的過程稱為「減數分裂」（meiosis），這個過程相當複雜，而且極其美麗。我一直視之為雙重奇蹟（非宗教意味）。第一重奇蹟在於大自然可以「發明」這樣的過程，第二重奇蹟是生物學家竟能了解這個奇蹟。此外，減數分裂中染色體互換（crossing over）的階段特別引人遐思，因為如果用一點想像力來描述它，這就是生物化學中最情色的過程。接下來我要講的故事發揮了一點變通手法，但我相信你會覺得這比你在高中生物課上聽到的染色體互換，印象更深刻。

為了製造卵子，你母親卵巢中的一個細胞複製了她由母親那裡遺傳而來的第9號染色體。複製後的相同染色體有點混淆地被稱為「姊妹染色單體」（sister chromatids），兩者在著絲粒（centromeres）相連接，類似字母X。X的中心，也就是兩個著絲粒連結處，可以視為X的肚臍，X的分支則像手臂和腿。這個卵巢細胞也對它由父親那裡繼承的第9號染色體做了同樣的過程，結果就有兩個第9號X，一個來自母親，另一個來自父親。

這兩個X發現了彼此，並用它們的「肚臍」聚在一起，各自纏繞對方X的「臂」和「腿」，接著——還能做什麼？當

然是交換遺傳的材料。例如它們可能交換「膝蓋」或「手」，因此產生改組過的新染色體。這一對經過混編的X，心滿意足、筋疲力竭地分開。然後，每個混編後的X都分離，形成兩個一對的染色體。這種細胞內的性行為不只早在你母親邂逅你父親之前發生，而且早在她出生之前，就已經發生了。

到頭來總共有4個染色體，沒有任何兩個相同，也沒有任何一個與你母親自己的母系和父系第9號染色體相同。這4個染色體中的一個進入最後成為你的卵子。儘管我在講這段過程時，只提到第9號染色體，但它並不獨特。你母親其他的染色體也經歷同樣的過程。

要製造精子，你父親睪丸中一個細胞的染色體也進行類似的細胞內性行為。這發生在導致你受孕的性行為3個月前。在初潮和更年期之間大約40年之間，你的母親可能總共會產生500個卵子。而你的父親由青春期開始，每天都會產生1億多個精子，即每秒1千多個，在他一生中共有兩兆個以上！[6]這表示男子在青春期後，就得面對嚴重且持續的排放精子挑戰──我該補充一點，他勇敢地接受這個挑戰，毫無怨言。

⊕　　　　⊕　　　　⊕

就像我們可以藉由建構家譜來追蹤你的祖先一樣，我們也可以為你的每一個基因建構家譜，說明它的祖先。因此這個家譜會沿著你的家譜進行：它將顯示任何特定的基因來自你父母的哪一方，又來自你父母的父母的那一方，以此類推。我們已

知，你有兩個ABO基因副本。圖17.2說明了這些副本的家譜可能是什麼模樣。你父親傳給你一個基因，而在此之前，它來自你父親的祖先。另一個基因來自你母親，在那之前，則來自你母親的祖先。

如果你是男性，你Y染色體上的基因樹看起來會大不相同。因為Y染色體是從父親傳給兒子，並無變化，[7]所以你可以經由父系祖先追溯Y染色體上的基因——由你的父親，你父親的父親，以此類推。（請參見圖17.3）。但X染色體上的基因卻不能以同樣的方式回溯你的母系祖先。這是因為她的生殖系統把她由父母那裡繼承的兩個X染色體混編在一起，創造了你所遺傳的X染色體。

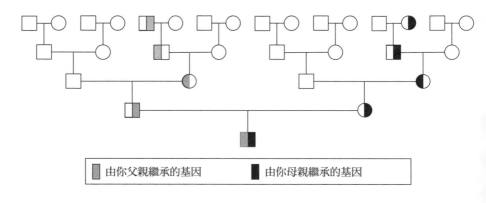

圖17.2　追溯你的兩個ABO基因祖先的「基因家譜」。灰色顯示的是你由父親那裡繼承的對偶基因，黑色顯示的是你由母親那裡繼承的對偶基因。

為了全面了解你的基因史，我們不僅需要提供你細胞核DNA中的基因，也要包括粒線體DNA中的基因。由於你是由母親那裡繼承粒線體，因此你也由她那裡繼承你的粒線體基因，這表示這些基因的家譜可以由母系祖先追溯——由你的母親，到你母親的母親等等。如果追溯得夠遠，你就會碰到第十一章中所述的 α- 變形菌貝姬，即所有粒線體的祖先。

⊕   ⊕   ⊕

在我們建構生命樹時，會發現當前存在的任何兩個物種都有一個共同祖先；唯一的問題是我們必須回溯多遠，才能找到那個祖先。由於現存的兩個物種會繼承它們共同祖先的基因，因此他們會擁有共同的基因。

我們已經看到，在基因複製期間，基因本身並不會因遺傳重組而發生改變，但這並不表示基因是不可改變的。如果基因暴露在包括輻射和各種化學物質的誘變劑下，就可以改變基因。在複製DNA長鏈時，如果發生錯誤，也會改變它們。只要有足夠的時間，就可以充分改變足夠多的基因，讓原來的物種轉變為新的物種。不過這些遺傳變化有一個隨機的成分。因此如果一個物種的成員分為兩個長期不相互交配的群體，基因漂移（genetic drift）就很可能會使這兩個群體變成兩個不同的物種。

人類和黑猩猩的共同祖先大概就是這個情況，而且由於這個祖先「僅」活在700萬年前，因此我們和黑猩猩之間的差異

驚人的小：據估計，我們和黑猩猩約有99％相同的DNA。[8]大體而言，在我們追尋與另一物種共同祖先時，如果回溯的時間越遠，我們與另一個物種共有的DNA就越少。

儘管我們與黑猩猩在基因上有相似之處，但在一個重要的遺傳方面卻有莫大的不同：我們有23對染色體，牠們卻有24對。但僅僅在700萬年前都還有共同祖先的兩種生物，怎麼會有不同數量的染色體？看來不是人類失去了一對染色體，就是黑猩猩獲得了一對，但究竟是哪一種？而且染色體數目有4％的差異，難道不該意味著基因會有4％，而非先前提到的1％的差異？

後來證明，我們人類「失去了」一對染色體，但方式出人意表。[9]我們與黑猩猩共有的祖先應該有24對染色體，和現

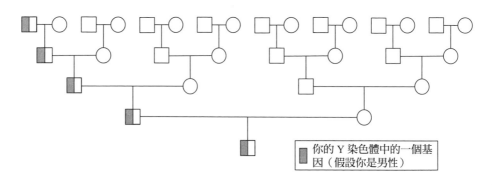

你的Y染色體中的一個基因（假設你是男性）

圖17.3　如果你是男性，你的Y染色體及其包含的基因可以經由你的父系祖先追溯——你的父親，你父親的父親，以此類推。

代的黑猩猩和其他大猿一樣，但在接下來的700萬年中，有兩個染色體融合形成我們現在的第2號染色體。（如果你仔細檢視這個染色體的結構，就會看到融合點。）而黑猩猩在我們第2號染色體的位置，有兩條染色體二A和二B，這兩條染色體的DNA與我們的第2號染色體幾乎相同。這就是為什麼儘管我們「失去」了一條染色體，卻並沒有失去寫在其上基因的原因。

⊕　　　⊕　　　⊕

我已經對LUCA作了基本的介紹，這是所有現存生物最近的共同祖先。它是一種單細胞生物，按照DNA密碼子提供的指示，用「通用」的遺傳密碼建構蛋白質。現代人類的DNA有32億鹼基對，但LUCA的鹼基對可能不到100萬；現代人類有兩萬個基因，LUCA大概有數百個，[10] 最早的生物無疑更少。這就教人不免要問，我們其他的基因來自何處。

我們已經看到，複製錯誤可以改變特定的基因，它們也可能因「基因重複」（gene duplication）的過程，讓基因被複製了兩次。其中一個副本可能隨後發生變異或發生誤抄，這表示將與它的雙生基因不同。一個基因將因此變成兩個。[11]

生物獲得新基因的另一種方法，是來自外在來源。細菌由鄰居那裡獲得稱為**質體（plasmids）**的小型環狀DNA。這種轉移對細菌可能有益。確實，這是它們產生抗生素耐藥性的一種方式。由於這種水平基因轉移（horizontal gene transfer），細

菌基因的家譜就會具有「水平分支」。

　　人類還可以藉由病毒，由外在來源獲取基因。當你被病毒感染時，在大多數情況下，它都會控制你身體的基因複製裝置來製作它自己的副本，同時保留你的 DNA 不變。但有時，病毒會把基因剪接到你的 DNA 中。如果受攻擊的細胞是體細胞，在你死亡時，剪接的基因就會滅亡，但假設受攻擊的是生殖系細胞（germ-line cells），這些細胞隨後產生卵子或精子細胞，又如果這些配子的生殖行為成功，產生生物的基因組就會攜帶病毒 DNA。我們必須明白，這種現象不僅是可能而已，而且還算普遍。我們已知我們只有不到 2％ 的 DNA 編碼基因，另外有 8％ 是古代病毒襲擊的結果。[12]

　　聽到這樣的攻擊，很容易教人心生不滿：病毒怎麼敢改變我們的基因組！但請注意，這些攻擊未必是壞事。曾有一次這類的攻擊為我們提供了負責生產合胞素（syncytin）這種蛋白質的基因。[13] 實際上，它是一組相關的蛋白質，讓胎盤得以融合到子宮內膜。要是沒有它，你就無法在母親子宮受保護的環境中成長。而且合胞素還不只以這種方式使我們受益。我們已知在正常情況下的細胞分裂，一個細胞變成兩個。然而合胞素允許兩個肌肉細胞融合為一個，[14] 因而增加它們的力量。

　　由目前的討論中應該清楚看出，大基因家譜會比圖 17.2 中顯示的更為複雜。基因可能會因突變和複製錯誤而改變。一個物種的成員可以由另一個物種的成員獲取基因。（你的單細

胞祖先可能多次進行這種基因交換。）在多得教人吃驚的例子裡，我們將可追溯基因到病毒身上。此外，基因譜很可能在未來會變得更加複雜：相信不久之後，人們就能追蹤某些基因組到「人造基因」，這是由遺傳工程師創造並植入人類生殖細胞系的基因。結果，你後代之一的基因家譜就可能會有即興創作的外觀。

同樣應該已明白的是，如果說物種有固定的基因組，是一種誤導。尤其是說固定的人類基因組，因為沒有兩個人（除了同卵雙胞胎外）有相同的基因組。此外，某個物種成員的基因組會隨著時間而改變，因為基因會出現、會消失，也會轉變成不同的基因。

我們生物要為生存而戰。適應環境的人能夠生存和繁殖；不適應者就會滅亡。我們的基因同樣也在為生存而戰，它們的奮鬥與我們自己的奮鬥齊頭並進。如果基因改變使物種成員更容易生存和繁殖，這個新基因就會傳播普及，但如果變化會使物種成員更難生存和繁殖，新基因就會消失。因此除了思考物種的演化之外，我們也應該思索基因組的演化。其實我們可以得出以下結論：基因組的演化比物種的演化更為根本，後者的現象只不過是前者的一種表現。

⊕　　　　　⊕　　　　　⊕

你無疑會認為你的基因是**你的**基因，但是它們真的像你的原子那樣屬於你嗎？為了更進一步了解你的原子屬於你的含

義，讓我們假設有人未經你允許就移除你的原子，他們至少會犯毆打之罪，因為要移除你的原子，免不了會涉及不願意的接觸，如果他們移除了比如你的左腎，就犯了更嚴重的罪行。結論：你在法律上擁有自己的原子。其他人擁有在化學上與你的相同的原子，但這些原子在實體上和你的不同，而且顯然屬於他們，而不屬於你。

但如果涉及你的基因時，所有權的問題就複雜得多。如先前所見，你由母親那裡繼承了ABO基因之一，除非突變，否則你的ABO基因與她的ABO基因中之一「在遺傳上相同」（或可能兩個都一樣）。這個基因會被寫入你的DNA中：由一段核苷酸序列顯示其上。儘管你顯然擁有這些核苷酸，但你並沒有同樣擁有「你的」ABO基因。相反地，你擁有的是ABO基因的一個複本。你的母親，以及其他許多人也是如此。

為了更進一步了解關於所有權的觀點，不妨參考羅伯特‧佛洛斯特（Robert Frost）的詩〈未行之路〉（The Road Not Taken），它的第一行是「黃色林中分出兩條路」。我有這首詩的副本，其他許多人也有，除非複印錯誤，否則他們的副本應該與我的副本完全相同，也與佛洛斯特的原本一模一樣。是的，它們的字體可能不同，可能以不同的油墨印在不同的紙張上，但重點是，它們擁有完全相同的訊息。因此在文學上，它們是那首詩的同一副本。

假設有個文學破壞狂摧毀了〈未行之路〉這首詩的所有實

體副本，但這首詩的電子副本仍然存在。假設這個破壞狂之後又刪除所有的電子副本，但只要有人記得這首詩，它還是會繼續存在人們腦海裡。即使這些人都死亡，帶走這些記憶，這首詩也不會不復存在，而只是散失，就像荷馬的史詩《馬吉特斯》（*Margites*）一樣。然而這樣的散失卻帶來一種可能，那就是後來的詩人自行創作了佛洛斯特的這首詩，並把它寫下來，作為她自己的創作。如果按照這樣的想法，我們也可以推想，說不定佛洛斯特本人並沒有創作出〈未行之路〉，而可能是在不經意間「重新發現」了另一位詩人所寫的詩。

你的基因也可以說有差不多的情況。你可以擁有屬於你自己寫有 ABO 基因的媒介，即第 9 號染色體中的一段 DNA，但這基因本身頂多只能視為獨立於任何特定紀錄之外的資訊。如果你死亡，你的 DNA 隨後降解，那麼你的 ABO 基因副本就不復存在，但其他人的副本會繼續存在。如果其他人也都死亡，ABO 基因依舊可以用核苷酸序列的形式紀錄在電腦檔案中繼續存在。就算最後所有這些文件都被刪除，但說 ABO 基因已經不存在依舊不正確。比較合適的說法是，生物已喪失了這個基因，但或許有朝一日演化過程會「重新發現」它，或者聰明的遺傳學家會重新創造它。

知道你並不擁有自己的基因教你有點不安，但還有比這更糟的情況：你正在被這些基因利用！生物學家理查德・道金斯（Richard Dawkins）就是這種自私基因理論最有名的支持

者。[15] 基因當然不是刻意自私的，因為它們沒有頭腦——但它們的行為卻顯得好像有頭腦一樣。由它們（想像）的角度來看，你的工作是製作它們的複本，而它們藉由控制你的想法來實現這點。

首先，它們「建構」你的大腦，讓你有求生存的本能。比如你被建構在缺乏空氣時會爭取它，在面對熊時做出戰或逃的反應，在一段時間未進食後會去覓食。你還可能會被建構受性慾的驅使尋求伴侶。這樣的建構增加了你生存和繁殖的可能，因而提高你複製基因副本的機會。最後，你也被建構成願意為你帶來世上的子女犧牲，老實說，你被建構得如此徹底，連犧牲都不覺得自己是在犧牲。這種建構進一步提高了由你後代攜帶的「你的」基因，能延續得比你長久的機會。

我們可以由社會性的昆蟲，來看基因會影響行為的極端例子。工蜂為蜂群辛勤一生，自己沒有繁殖的機會，[16] 由遺傳的觀點乍看之下，這似乎是愚行。但如果我們想到工蜂和蜂后有共同的基因時，就會明白經由幫助蜂后繁殖，牠們正在傳播「牠們的」基因。

你的體細胞就像工蜂一樣。這些細胞一生為你的身體辛勞，即使它們的細胞株（cell line）在你死時就會結束。這聽起來似乎是犧牲，但你生殖細胞中的基因也存在你的體細胞內，因此努力增加生殖細胞製造配子，提高你繁殖的機會，也會讓你的體細胞增加「它們的」基因傳播的機會。

如果你的基因能說話，它們可能會向你解釋，由它們的觀點來看，你是多麼微不足道。像你這樣的人，如果幸運，可以活 100 歲，樹木如果幸運，可能存活數千年，可是許多基因已經存在了數百萬甚至數 10 億年。它們還可能會說，儘管你參與傳播它們的努力值得稱讚，但這絕非必需。尤其是，就算你不曾存在，幾乎也可以肯定「你的」基因會被其他人，在許多情況下會被其他生物傳播。

　　或許你不喜歡被自己的基因以這種方式利用，但你必須承認，這樣的發展策略十分成功。

第十八章

你（僅僅）是生命的一部分

　　你當然活著，不然就不會正在讀這些文字。構成你的那些細胞也活著，在你體內和體表的非人類細胞也一樣。在你周圍最接近的環境中也有生物生存，包括與你共享家園的所有人，以及你擁有的任何寵物和植物。但這只是你家裡人口普查的開始。

　　一個理由是，你還和很多「蟲子」（包括蜘蛛、蒼蠅、甲蟲和蜈蚣）同住。一項對北卡羅萊納附近50棟房屋的調查發現，一般房屋內會有93種不同的節肢動物，最少的有32種，最多則有211種。[1]

　　根據上述調查，內人和我似乎與各種典型類別的蟲子同居一屋。10年前，我像大多數人一樣，認為這些蟲子是入侵者，但後來廚房裡發生一場小型的螞蟻數量爆發，改變了我的想法。內人下令要我對牠們「採取行動」，所以我去圖書館研究如何擺脫螞蟻的資料。在查資料的過程中，我找到了伯特·霍德伯勒（Bert Hölldobler）和愛德華·威爾森（Edward O. Wilson）的精彩著作《螞蟻》（*The Ants*），拜讀後，我對螞蟻大感讚賞——的確，牠們是奇妙的小生物，而這也讓我對家中

的其他蟲子產生興趣和欣賞之情。

比如蜈蚣，牠們是我在屬於我的世界一角所見最大的室內蟲子。如果連腿帶觸角在內，可能長達2吋（5公分），而且由於牠們許多腿有傑出的協調性，[2] 因此得以用驚人的速度移動。由於牠們的大小和速度，使牠們有點嚇人，但不喜歡蟲子的人不應因這種恐懼而殺死家裡的蜈蚣。畢竟，牠們位居昆蟲食物鏈的高處，而且整天都以其他較小的昆蟲為食，不然怎麼能長得這麼大？依據同樣的邏輯，如果你不喜歡蟲子，就應該喜歡蜘蛛，因為牠們會殺死其他蟲子，以牠們為食。

在開始欣賞昆蟲世界之後，我不再把偶爾出現的節肢動物當成問題，反而對牠們產生興趣，甚至以研究牠們為樂。我的熱情也感染了內人，讓她看到蟲子後的本能反應不再是當場把牠打死，而是把牠帶到室外，她覺得那才是適合牠們的地方。例如在看到蜈蚣時，她會把塑膠杯蓋在牠身上，然後把一張索引卡片塞進杯子下方，把這隻幸運的小蟲送到前院。她真勇敢！

當然，在你房中的每隻蟲子身上都有數10億個微生物。它們在你呼吸的空氣中，也在每一個可見的表面上。即使你帶著你的寵物和植物搬出你家，然後消滅房子裡所有的蟲子，你的房子依舊充滿生命。但不必擔心，因為正如我們所見，這些微生物中，只有1％能使你生病，而且你的身體具有多種防禦機制，防止它們這樣做。

　　走出前門，你會發現更多的生命。如果你有草坪，先由檢視你的草坪開始。由其中挖取一立方呎的土壤，你就會發現令人眼花繚亂的生物。最頂端是草，也許還有一些雜草，土塊中可能有附近灌木叢和樹木的根。你還會發現一些蟲——可能包括先前住在你家裡中的蟲——以及蚯蚓、線蟲、真菌和各種各樣的微生物。如果仔細檢查這塊土壤，你可能會發現新種的微生物——不折不扣就在你自己的前院！如果你非常仔細地檢查附近草地的土壤，幾乎一定會發現許多新物種。[3]

　　下雨時，土壤的蓬勃生機變得顯而易見。就是此時，我們享受到潮濕土地美好的氣味，其來源主要是土臭素（geosmin），是由土壤中放線菌（actinobacteria）產生的一種有機化合物。[4] 我們人類對它的氣味非常敏感：把一茶匙的土臭素放進 200 個奧林匹克標準大小的游泳池中溶解，我們仍然能夠聞到它。但駱駝似乎比我們更敏感。據說牠們依靠風吹來的土臭素味道來追蹤距離達 50 哩之外的水。[5]

　　在土壤表層中發現生命並不稀奇，但我們也可以在底土（subsoil），甚至更驚人的，在底土下方的基岩中發現生命。在土下數千呎金礦的隧道中也曾發現細菌——說得更精確一點，是在岩石中挖掘隧道造成裂縫，侵入裂縫的水中。有些細菌想出用化學方法來結合因岩石放射性衰變而散發的氫和岩石中的硫，藉此維生。[6] 在地下深處發現的不僅只有細菌而已，

人們也在地下 2.2 哩（3.6 公里）深，充滿水的岩石裂縫中，發現線蟲動物。[7]

地球的海洋比陸地還充滿生機。海面下 2.3 公里（1.4 哩）處曾發現鯨、海面下 7 公里（4.3 哩）有甲殼類，海面下 8 公里（5.1 哩）有魚。在海洋最深處，海面下 11 公里（6.8 哩）也發現真核生物有孔蟲。不論是什麼深度，都可以發現細菌。此外，除了在海洋中外，海底沉積物也可以找到生命。在那裡發現的生物新陳代謝太慢，因此很容易以為它們已死亡。[8]

地球的大氣也充滿生命。人們觀察到鳥類飛得如珠穆朗瑪峰一樣高，而且大氣層除了鳥類、蝙蝠和昆蟲這些明顯的生物之外，還帶有大量的微生物，它們被人發現位於對流層上層，在地球的天氣中扮演重要角色：它們成了水蒸氣分子凝聚的核，因而引發水滴形成，最後變成雲。[9]

地球上的生命除了分布廣泛，也很堅韌，尤其可以承受極大範圍的溫度。不僅在稱作「雪下棲息地」（subnivium）的生態系統中發現生物，而且在南極冰下數千呎也有生命。[10] 也有生物可以承受極高的熱度。在 1966 年前，研究人員認為不須在溫泉中尋找，因為沒有生物能夠承受其熱度。然而就在那一年，微生物學家湯瑪斯・布洛克（Thomas Brock）和赫德森・佛瑞茲（Hudson Freeze）仔細觀察了黃石國家公園的溫泉水，發現了活菌，教他們和所有的人都大吃一驚。在海底火山噴發口附近的水中也可以找到生命，若非因此處深度很深，

承受了巨大的壓力，否則這些噴發口噴出的熱氣就會沸騰。但或許我們不該因為在這樣的地方找到生物而驚訝，因為許多科學家都認為地球上的生命就起源於類似的噴發口附近。

微生物也可能活在我們認為在化學上有害的環境中，包括極鹹、極酸、極鹼，或高輻射之處。因此在我們眼中是充滿有毒含硫氣體的洞穴，對微生物來說，可能是甜蜜的家。[11] 生物需要水，所以你會以為在智利極其乾燥的阿塔卡馬（Atacama）沙漠不會找到生物。確實，在沙漠表面，你找不到任何動植物，但如果往下挖掘，你會發現微生物。[12] 同樣地，儘管我們人類認為原油是有毒物質，但對某些微生物卻是滋補的肉湯。衰變的鋰離子電池似乎不是謀生之處，但對於某些生物，它卻是讓微生物隨你吃到飽的自助大餐。[13]

地球表面上可能有一些找不到生命的地方，例如南極洲的大學谷（University Valley）極其寒冷又非常乾燥，顯然沒有生命[14]——當然，這是假設我們的生物普查不包括在那裡進行研究的科學家以及其微生物。同樣地，在剛剛完成滅菌週期的高壓滅菌鍋內也沒有生命，直到滅菌鍋的門打開，空氣中的微生物才會湧入。

由於地球生物如此投機，因此我們在調查其他世界時必須小心，不要在無意間汙染它們。的確，如我們在第八章中所見，我們自己可能就是外星生物意外汙染地球的結果。

⊕　　　　　⊕　　　　　⊕

只有單一物種居住在地球上是有可能的；否則生命就不可能出現。但接下來各種物種的存在產生錯綜複雜的關係，亦即光是列出居住在我們星球上的物種，並不能全面描述出地球上的生命。我們還必須描述這些物種發揮作用的生態系統。看來發展到了某個定點之後，生命就需要其他的生命。

在微生物的層面上，這點最為明顯。動物學家很容易就能挑選一種動物，把牠們與其他動物隔離，進一步研究。但當微生物學家要嘗試同樣的做法時，往往會深感沮喪：據估計，在野外發現的細菌中，有99％不能和其他細菌隔離，孤獨地在實驗室中生長。[15] 原來細菌與其他細菌休戚與共，息息相關：如果把它們和它們的細菌共生體分開，就會死亡。

我們已經看到，大型（宏體）生物依賴微生物來維持健康：想想我們先前對你身上腸道細菌作用的討論。不過反過來也一樣：微生物也依賴宏體生物來維持健康。對你腸道中的細菌確實如此，對於生活在海洋表面以利用陽光的微小浮游植物也是如此，只是方式較讓人驚訝。鯨在海洋深處覓食，牠們浮出水面呼吸時，也會排便。產生的糞便流（fecal plumes）有時稱作「poonamis」，能為浮游植物提供成長茁壯所需要的鐵。[16] 因此如果沒有鯨，浮游植物就有麻煩了。

就像其他生物一樣，我們人類也依賴其他生物：如果沒有同伴的生物，我們就會滅亡。將來如果我們決定離開地球，前往別的星球發展，就得要記住這一點。如果我們要在別的星球

生存，我們的太空船必須攜帶大量生物，其中不僅包括供我們食用，並為我們提供氧氣的植物，也包括讓植物欣欣向榮所需的生態系統中所有的生物。我們的太空船最後會像諾亞的方舟。到頭來，留在地球上還可能明智得多，遏止我們繁衍的狂熱，照顧好我們的行星之家，而非放棄它，追求某個非常遙遠的「應許之地」。

⊕　　　　　⊕　　　　　⊕

地球的生物除了彼此息息相關之外，也與無生命的物質緊密聯繫在一起。如果地球上沒有生命，陸地、海洋和大氣層將會與現在截然不同；而且要不是地球有所改變，就無法像現在這樣供養各種生物。換句話說，不僅地球上的生物在演化，而且牠們和牠們所棲息的地表也可說是一起演化。

首先，想想地球海洋的化學成分。20 億年前，這些海洋中充滿溶解的鐵，讓它們呈綠色。但光合生物的演化產生大量的氧氣。溶解在海中的鐵因氧氣存在而生鏽，由水中沉澱，落入海洋深處。去除了溶解的鐵也使許多物種可在地球的海洋中生存。

有一些因光合作用產生的氧氣並沒有讓鐵生鏽，而是進入大氣，再次影響生命的演化；的確，像我們這樣的陸地生物如果沒有它，就無法生存。當然，我們人類對地球的大地、海洋、大氣，以及居住在這個星球上的生命形式，也有深遠的影響。

除了在地球的大氣中添加氧氣之外，生物還為大氣添加了水。透過稱為「蒸散作用」（transpiration）的過程，植物由地下吸取水分，並以水蒸氣分子的形式把它釋入空氣。這種方式的抽水量十分驚人，單株番茄植物在一個生長季中，可以蒸散34加侖的水；單株玉米植物可以蒸散54加侖。單顆杏仁所含的水分不多，但是要生產那顆杏仁，杏仁樹必須蒸散1加侖的水。如果不是因為植物，這些水全都會留在土壤中，或下沉成為深層蓄水層的一部分。

水蒸氣分子一旦升入空氣中，通常會保持彼此獨立，但如果條件合適，它們就會結合，形成水滴。這需要凝結核的存在，它可能是灰塵或煤煙顆粒，或者浪花水沫的鹽晶體，但如我們先前所談的，它也可能是空飄的微生物。除了本身可以成為這個核心之外，生物還能製造出可以扮演這個角色的分子，其中包括浮游植物產生的硫酸鹽氣膠（sulfate aerosols）[17]，以及讓松樹具有獨特香味的 α- 蒎烯（α-pinene）分子。[18]

因生命存在而受影響的，並不只是地球的海洋和大氣層，其礦物亦然。如果沒有生命，就不會有石灰石，因為它是由死亡海洋動物的殼組成；也沒有煤，因為它是由腐化的植物所構成。[19] 生命對礦物的影響遠不止於此。地質學家羅伯特·哈桑（Robert Hazen）說，如果地球上沒有生命，已知的5千種礦物中，就有3千5百種化學成分獨特的礦物不可能成形。[20] 一方面，沒有生命，就不會有如現在這麼多的大氣氣氧，如果沒

有氧氣，許多形成礦藏的化學過程就不可能進行。

先前我們談過生物學家林恩・馬古利斯，她提出的「大吞噬」理論獲得學者普遍的認可。馬古利斯除了倡導內共生學說，也是蓋亞假說（Gaia hypothesis）的擁護者。這個假說雖非由她提出──而該歸功於詹姆斯・洛夫洛克（James Lovelock），但她後來成為最重要的支持者之一。蓋亞假設指的是地球與生活在其上的生物之間深刻的聯繫。根據其擁護者的說法，把地球和居住在其中的生命視為獨立存在是錯的；應該把它們視為一個自我調節系統整體的成分。

不同的人以不同的方式闡釋這個假設。比如新時代的狂熱分子視蓋亞為一種異教的大地之母，認為她有某種形式的意識，以及訂定和完成目標的能力。他們認為蓋亞保護我們，因此也應得到我們的保護。擁護蓋亞假說的科學派則否認這類主張，認為這種理論是「目的論」，把目的導向的行為加諸於無生命的物體。（他們以類似的方式否認演化過程有其目標的說法。）不過同一批科學家卻肯定生命會影響行星，以及行星相對也會影響生命的方式，因此認為對我們星球完整、正確的描述應該會把地球表面和居於其中的生物，視為一個生命系統的成分。

⊕　　　⊕　　　⊕

我要討論地球生命與它的陸地、海洋和大氣相互作用的另一種方式，作為本章的結束。我們人類對我們的星球有莫大的

影響。因為我們，大氣中的二氧化碳比原本該有的高得多，還夾著更多的霧霾。因為我們，海洋被油、垃圾、化學物質和汙水汙染。大氣中二氧化碳增加，也使得大氣變得更酸。最後，我們不但改變地表的輪廓，還為它添加許多物質。

我們人類得為任何人造物質的存在負責，包括混凝土、瀝青和塑膠。10萬年後，我們的後代在山坡上挖個洞，可能只會挖出一堆古老的塑膠，就像21世紀的人類挖到煤層一樣。如果我們的後代知道它們的化學成分，就會像我們知道煤層是地球上曾有森林存在的證據那樣，得出塑膠沉積物是過去對環境不負責任的聰明生物——即我們自己曾經存在的證據。

有人可能會對上述最後一點做出回應，認為10萬年後我們的後代還能漫步地球，這想法未免太過樂觀，或許由於我們對地球的陸地、海洋和大氣層所做的改變，屆時我們已滅絕。但我認為這樣的滅絕是不可能的。在人類存在的20萬年中，我們已經證明自己是非常會適應的物種。自從由非洲大裂谷出現以來，我們居住在地球表面截然不同的環境。只要未來地球的陸地、海洋和大氣層的變化夠緩慢——而且可能會如此，我們就能生存。

不過未來是否仍有足夠70億人生存的空間則不清楚，減少的人口是否能夠享受我們的生活水準也不得而知。這點看來雖似乎不幸，但要知道兩千年前，地球上只有幾億人口，他們過著我們認為原始的生活：沒有冰箱、沒有馬桶，而且——聽

好了，他們甚至沒有手機！然而，他們似乎對他們的生活還算
滿意，就像我們現代人，和由現在起 10 萬年的後代很可能的
一樣。

第十九章

你的許多來世

　　時時刻刻都有人死亡。實際上，未來 24 小時內，會有 15 萬人死亡，意即就在你閱讀此頁時，可能就有 100 人死亡。他們會變成什麼？更重要的是，在你死後，你會變成什麼樣？

　　我們如何回答這個問題，取決於我們的「你」是什麼意思。畢竟你這個人既有實體成分：你的身體，又有心理成分：你的心智。這些組成顯然息息相關：發生在你身體上的事會影響發生在你腦海中想法，而發生在你腦海中的想法也會影響你的身體。不過大多數人卻認為這兩者是可以分離的，他們以為在自己的身體死亡，甚至在其組成原子解散之後，他們的思想仍會繼續存在，意即他們可以保持意識，繼續擁有想法，並記得過去的事。因此，死後會怎麼樣的問題可以分為兩部分：你死後，身體會變成什麼，心智又會變成什麼？

⊕　　　　　⊕　　　　　⊕

　　基督徒認為，在人死亡時，即他的身體不再發揮功能之時，這個身體可以復活，並成為他心智的住所。[1] 基督徒也可以把時間和精力放在奉行自己的信仰，以期提高日後復活的機會。只是如果可以復活，你是否真的會想復活？你真的想活在

你死時所擁有的那個軀體裡嗎？尤其是，你是否想要在自己嚴重燒傷或被癌症折磨而死亡的身體裡度過永恆？如果你復活時用的不是你死亡時的軀體，又將會占據哪個軀體？也許是你自己在受傷或生病之前的身體？但若是你先天缺陷，身體從來沒有健全過，又該怎麼辦？

聖保羅說，你復活的軀體，雖然與你死亡時的軀體相同，但會因復活的過程而「得到榮耀」：讓它由自然的身體轉變為「精神的身體」。這是什麼意思並不清楚，但是我們獲知，這個軀體將會不朽的：它永遠不會再經歷死亡。[2]

東方宗教相信輪迴而非復活。轉世時，你的心智[3] 將會回到與先前不同的軀體中。你的新軀體可能是人類，果真如此，它可能會也可能不會與你先前軀體的性別相同。你的心智也可能占據非人類的軀體，比如大鼠的軀體。根據南傳（上座部）佛教徒的說法，身體的過渡過程發生在瞬間。但根據藏傳佛教徒的說法，可能會出現一些混亂，讓過渡到新身體的時間延遲多達 49 天。[4] 在你的心智轉向新的身體時，會帶著一些記憶。因此，你或許會記得前世的事。當然，這些記憶是否可靠，則有待考驗。

在情感的層面上，對復活或輪迴的信仰是完全可以理解的，享受人生的人不希望生命終結。此外，相信「天理」的人，也可能會相信復活或輪迴。有的好人一生境遇悲慘，有的壞人在世時從未因他們的惡行而得到任何懲罰。如果有來世的

存在，我們就能解釋這種情況。是的，惡人可能生前過得很好，但在來世，他們會為自己的惡行付出高昂的代價。根據基督徒的說法，他們可能會永生都下地獄，根據佛教徒的說法，他們可能轉世為蟲豸。

同時，惡人在世時欺凌的人將在來世獲得補償，尤其基督徒會在天堂度過永恆。天理的正義天平可以視為一種平衡，一端的秤盤放在此時此地，另一端的秤盤放在死後來世。天堂的存在是什麼樣？天堂的居民會得到他們想要的一切，因此體驗到十全十美的幸福。不僅如此，而且他們永遠都會有這樣的體驗。這確實是幸福的結局。

但是，天堂的居民最後會不會比他們在人世間快樂，目前還不得而知。我之所以這樣說，是因為我相信人類的快樂取決於我們產生的欲望，遠多於我們所置身的環境。得到想要的東西時，我們可能會暫時感到滿足，但隨後我們就會把這些事物視為理所當然，產生新的欲望，並且再次感到不滿足。儘管我們只要克制自己的欲望，快樂就能唾手可得，但因為上述過程之故，使得人們依舊會經歷不快樂的人生。[5] 假設基督徒復活時，把他們在塵世的性格帶到天堂，這點應該理所當然，因為這種個性是他們心智的重要層面。不久，他們在天堂的自我就會適應新環境，開始形成新欲望，然後再度不滿足。而且在天堂上，不滿會持續到永恆。唉！

相較之下，佛教徒充分了解欲望在我們的快樂中所扮演的

角色：如果我們無法約束自己的欲望，就會一生痛苦。因此佛教徒的目標不是可以持續滿足我們欲望的天堂，而是擺脫生死輪迴，達到涅槃的境界，所謂涅槃，就是不生不滅。

⊕　　　⊕　　　⊕

現代科技則創造了其他可以想像的來世。有些人要求死後把遺體冷凍起來，希望有朝一日，醫師能夠治癒造成他們死亡的疾病，讓他們得以復活，繼續他們的生命。

某些形式的人體低溫冷凍可以說是一種復活：人的整個身體被凍結，因此當他恢復生命時，可以繼續占據這個身體。其他形式的人體冷凍則像是輪迴：只有人的頭被凍結，希望未來能把它移植到另一個身體上，或者可能只移植其大腦到另一個身體上。另外也可以把人的大腦保存在大缸裡，神經與電腦相連，讓他能夠感知外界，並與其他人溝通。

電腦混合人（一部分是大腦，一部分是電腦）的想法則提出一種有趣的可能性：為什麼不完全放棄大腦呢？為什麼不把所有的思想轉移到電腦？神經學家告訴我們，大腦其實只是非常複雜的模擬電腦（analog computer）。神經元之間的互動以某種方式引起感官意識。此外，我們的記憶以某種方式貯存在這些神經元中。如果我們能了解神經元如何相互作用，如果我們可以標出大腦中神經元的結構，那麼在理論上，我們就可以創造出它的電腦模型。

這個模型開始運轉時，心智，更準確地說是「我們的」心

智：帶有我們的思維方式和記憶，就會誕生。（不是轉世，也許可以算做是電子轉世？）這種虛擬的大腦可以透過連接到電腦的各種感應器知覺到外在的世界。或者，電腦作業員可以假造感官輸入，讓我們以為自己居住在某個實際上並不存在的世界：充滿了實際上並不真正存在的人，甚至還有實際上並不存在的地牢和龍。如果方法對，虛擬世界在我們看來，就像我們的世界一樣真實。

可以肯定的是，在大腦上標示足夠的細節打造這樣的模型將會極其困難。但難歸難，並非不可能。確實，如果問一位哲學家，他可能會告訴你，把你的心智貯存在某處的超級電腦裡是可行的，就像虛擬心智存在虛擬世界一樣。[6] 果真如此，那麼你的虛擬心智在經歷虛擬死亡之後，再體驗虛擬來世，就不會太難。

⊕   ⊕   ⊕

現在讓我們把注意力由你心智的命運和它與你身體的諸多聯繫，轉移到你身體的命運，尤其是塑造你的原子的命運？

許多人要求死後要土葬，如果他們能如願，又如果他們被放進木製棺材，那麼他們的遺體就會腐爛，不消多久，他們的棺材就會是空的。至少這是穆雷·莫特（Murray G. Motter）的發現。他在 1896 和 97 年的兩個夏天，在美國華府市區內挖掘 150 個墳墓。[7] 他讀墓碑文即知所挖掘的遺體被埋葬多長時間，結果發現屍體腐化的方式以及花多長時間才會腐化有許

多不同之處：

> 我發現這些骨頭在入土71年後，大致仍保存原本的形體和外觀，只是很容易就會被拇指和手指頭捏碎；我所見的頭髮在下葬36年後幾乎完好無損。我發現的大腦是一塊依舊可辨認的灰色塊狀物，在其他所有的軟組織已消失，骨骼已完全脫節之後，依然位於頭骨內。的確，在經歷18年又兩個月後，我發現……在頭骨本身都已解體後，它依然位於枕骨上。[8]

莫特紀錄了他在棺材中所發現屍體腐化各階段的昆蟲，因而成為法醫人類學（forensic anthropology）領域的先驅。現代法醫人類學者以各種方式把捐贈的大體曝露在空氣中，監測腐爛過程，作為調查。他們發現屍體會被大自然徹底回收。在死亡後幾分鐘內，細菌就開始發揮作用。如果屍體位於地表，數小時之內，昆蟲就會來訪。蒼蠅會在其上產卵，卵孵化出幼蟲後就會以屍體的肉為食。肉食的鳥類和動物可能會來分享這個盛宴。如果屍體埋葬在土裡，蠕蟲會發現並吞噬它。屍體的骨骼可能會被動物拆散，但即使如此，仍可由茂盛的植被生長察知屍體腐爛之處，因為這些植物將會以屍體漏出的物質為食。這項研究對需要估計屍體死亡時間的警察非常有用。

許多人精心保養自己的身體，因此一想到死後身體會腐

爛，就教他們不安，而且如果他們相信復活，就可能會想保持遺體完好，以備後用。因此他們會採取一些步驟來防止遺體腐爛及其原子的散佚。他們可能不願把遺體放在木棺材裡埋葬，而會堅持要把它放在防腐並密封的棺材裡，最好不要把棺材埋在地下，而是堅持要放在地面上的陵墓中。

這當然能保護他們的屍體免遭外界生物的破壞，但卻忽略了活在人體內的數 10 億生物。在你的微生物群系中，有些微生物在你還在世時，僅發揮次要作用，但當你死亡時卻會欣欣向榮，因而成為你的「腐生生物」（necrobiome）。這些微生物有能力讓你的身體徹底腐爛，無需任何外力幫助。[9] 如果你想保護屍體免於腐爛，那麼就得保護它不受外在世界和你自己體內微生物群系的侵害。在某種程度上，防腐可以做到這一點。

弗拉基米爾・列寧（Vladimir Lenin）要求他死後入土埋葬，但當權者還是決定把他的屍體公開展示，以收政治策略之效。在將近一個世紀之後的現在，它仍然存放在恆溫玻璃棺材中，看起來就像是昨天才去世者的遺體。這種了不起的保存狀態，是先防腐處理再做後續化學安排的結果。另外也有肉體上的干預：隨著他身體的一部分腐爛，照顧者採用整容手術，零零星星地替換他的各個部位。因此在列寧這個例子中，我們最後看到的是「忒修斯之船」矛盾的另一種形式，這次牽涉的身體的部位。

古埃及人屍體的防腐使我們得知經過長久的時間之後，防腐的屍體會變成什麼樣。它們會乾燥變色，雖然仍然可以辨識出他們是人類，但卻和他們在世時的形式截然不同。他們的親生母親能認出他們嗎？而且重要的是，這些屍體不僅做了防腐處理，還移除了包括大腦在內的器官。因此它們不是復活的理想候選人。

　　儘管防腐處理可以減少微生物對遺體的破壞，但卻無法阻止它的自我分解過程。在這個過程中，你的細胞所產生的酵素開始消化你。要停止這些酵素的作用，脫水或冷凍屍體會有幫助。500 年前，印加人在安地斯山脈高處奉獻孩子作犧牲，並把他們的屍體埋在那裡。在這種陰涼乾燥的環境中，這些屍體保存得非常好。第二章提到的冰人奧茲，顯然在去世後不久就被雪覆蓋，一直持續到 5 千年後他的屍體被發現為止。因此它也保存得很好（見圖 19.1）。

　　保護屍體的另一種方法，是把它沉入泥炭沼澤中，最好是在冬天。這裡的水寒冷、酸性，並且厭氧，這些條件都非常適合保存屍體。以這種方式浸泡的結果是屍體會變成深褐色，但是臉的五官則完好無損。圖倫男子（Tollund Man）這個木乃伊就是如此，這個遺體於 1950 年在丹麥的一個泥炭沼澤中發現。即使已經歷 2 千 4 百年，他的母親依然能夠認出他來（見圖 19.1）。有些人非但不排斥自己遺體腐爛，遭生物侵蝕的念頭，而且欣然接受它。比如西藏人，由於他們居住的地方土地

很難挖掘，而且木材短缺，因此有人死亡時，他們不用土葬或火葬，而是採用「天葬」，把光裸的屍身留在戶外，禿鷲很快就會來啄食。等到他們骨骼上的肉被吃淨之後，天葬師就會錘斷頭骨和其他骨頭，讓禿鷲進一步食用。不久就僅剩小塊碎骨。屍體在生物意義上已經回收。

生活水準較高的第一世界往往覺得以這種方式對待遺體，非常可怕和不敬，但也有例外，比如作家愛德華・艾比（Edward Abbey）就要求在自己去世時，由朋友把他未塗油的遺體埋在沙漠中，「作為仙人掌或野生植物或鼠尾草或樹木的肥料」。他還要求葬禮上不要有肅穆的演講，而是「唱歌跳舞、聊天叫喊、歡笑和作愛」，並且有大量啤酒和烈酒助興。[10]

演化生物學家 W・D・漢米爾頓（W. D. Hamilton）也樂於讓自己的遺體在生物意義上回收再利用，但他的計畫比艾

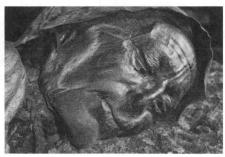

圖 19.1　抗拒時間的摧殘。圖左是 5 千年前的冰人奧茲遺體，圖右是圖倫男子已有 2 千 4 百年歷史的遺體。

比更有雄心。他希望把自己的遺體運到巴西的森林，不是土葬，而是採用一種讓負鼠和禿鷹不能吃它，但卻能讓昆蟲，尤其是角糞亮蜣螂（Coprophanaeus beetles）能夠接觸它。這些甲蟲的大小和高爾夫球一樣，生有虹彩紫色的翅膀。漢米爾頓希望這些蟲子能在他的遺體上產卵，生出的後代把遺體吃掉。等牠們完成這個任務後，就會成群飛往夕陽，像一群摩托車一樣嗡嗡作響。[11] 這是讓你的原子回歸世界的絕佳方法！

我後來才失望地得知漢米爾頓在 2000 年去世時，家人並沒有按照他的吩咐處理他的遺體，而是以傳統的方式將他安葬在英國。漢米爾頓忠實的朋友路易莎・博齊（Luisa Bozzi）心懷他的遺願，在他的墓旁安置了一條長凳，上面刻了以下的文字：

> 比爾，現在你的遺體躺在威薩姆森林（Wytham Woods）中，由這裡開始，你會再次回到你心愛的森林。你不僅將活在一種甲蟲裡，而且會生活在數 10 億菌藻類的孢子中，隨風高飄到對流層，你的一切都將形成雲朵，橫跨海洋翱遊，落下再起，一次又一次，直到最後，雨水讓你落入亞馬遜水淹的叢林。[12]

儘管漢米爾頓的許多原子很可能有朝一日會到達亞馬遜，但如果他是火化而非土葬，這段旅程就會縮短。土葬屍體的原

子最後會被送到地表，釋放到大氣之中，但可能要花數年或數10年時間。但若遺體是火化，它就會在幾個小時內發生。遺體內的水變成蒸氣，以水蒸氣分子的形式經由火葬場煙囪散出。在大火吞噬遺體的脂肪、糖和蛋白質之後，它們的碳和氫原子就會與大氣中的氧氣合併成為二氧化碳和水蒸氣分子的一部分，同樣會隨煙囪上升飄散。

在火焰熄滅時，火化遺體的大部分原子將消失。只有包括骨骼中的鈣和磷原子等少數比例會形成灰燼。留下多少灰燼取決於個人骨骼的重量及其密度。一般成年人會產生3至9磅（1.4至4公斤）的骨灰，男人的骨灰比女人多。這骨灰可說是個人在塵世上的殘留物，而先前所述的水蒸氣和二氧化碳分子，則是他在大氣中的遺骸。

實際上，這些遺骸可能——有很大的可能，會變成另一個生物的一部分。例如，一個水蒸氣分子可能會變成一名學童嘗試用舌頭捕捉的雪花的一部分。一個碳原子可能會成為二氧化碳分子的一部分，被植物吸收，接著融入某一家的草坪或大橡樹的一部分。或者，它可能成為玉米植物的一部分，玉米被老鼠吃了，老鼠又被鷹吃了。果真如此，這個碳原子在它數10億年的存在歷史中，會耗費幾個月時間，翱翔在田野和草原上。如果玉米不是被老鼠而是被牛吃掉，牛又被人吃掉，那麼這個碳原子就會留在此人體內。他可能是著名演員，或才華橫溢的音樂家，也可能是連環殺手。無論如何，這個原子都會享

受到如原子轉世的命運。

　　人火化之後骨灰的命運取決於他的後代。這些塵世遺骸可能會放在骨灰塔中的罐子或壁爐架上的骨灰罈裡，也可能回歸自然，也許是此人喜愛的海灘，或他曾經釣到鮭魚的溪流中。在這種情況下，他骨灰裡的原子很可能會再次成為生物的一部分。例如其中一個鈣原子很可能會化入某個動物的骨骼或外殼中。

　　曾有好幾次，我的親戚問我死後要如何處理遺體，我告訴他們我要火化，並把骨灰撒在花園裡，這樣我的一些原子日後就可以在某個夏日，成為番茄沙拉的成分。他們笑了起來，以為我在開玩笑，但並非如此。

⊕　　　　⊕　　　　⊕

　　你原子的命運就說到這裡。除非你採取極端措施，否則當你死時，你的原子會返回到環境中，其中許多會再次成為生物的一部分。現在，讓我們將注意力轉移到你細胞的命運。你或許會以為你死亡時，你的細胞也會死亡，這點大半是正確的，但是有一些有趣的例外。

　　首先，如果你捐了器官（例如腎臟），你的細胞就會活得比你長久。雖然這個器官只占你細胞的百分之幾而已，但它們可以再繼續活數 10 年。如果你的細胞癌變，它們也可能會活得比你更久，海瑞塔‧拉克斯（Henrietta Lacks）就是一例，她在 1951 年去世。有一位研究人員培養她的一些癌細胞，如

今這些細胞的後代不僅還活著，而且在全球各地的實驗室中欣欣向榮。彷彿導致拉克斯大部分細胞死亡的癌症，賦予某些細胞的永生。

有幸避免癌症的人，也可以因子女而獲得細胞的永生。當你的配子與伴侶的配子融合時，它並不會死亡，而是繼續存活，儘管是以合併的形式存在。它們首先是受精卵的一部分，然後是受精卵後代細胞的一部分。亦即只要你的後代繼續擁有後代，你的細胞在某種意義上就會繼續存在。尤其如果你是母親。[13]

⊕　　　　　⊕　　　　　⊕

這讓我們來到最後，基因造就的你。假設你想達到「基因永生」──更確切地說，你希望在你死後，你的基因能夠存活下來，而且最好要存在許多世代。那麼要實現這個目的的明顯方法就是生兒育女，傳遞你的基因──其實對每一個孩子，你都只有傳遞一半的基因。

如第十七章中所述，你不必擔心你基因的生存，因為它們並不真正是「你的」基因；而是獨立在你之外的基因拷貝。因為其他人，甚至其他物種的成員也會共享你的基因，因此即使你至死都沒有生孩子，這些基因也會在你死後倖活。

明白這一點後，你可能會改變你的遺傳目標。你可能會認為，重要的不是「你的」基因在你死後能存活，而是你的基因組能存活。換句話說，你想讓人類擁有和你一模一樣的基因配

方，以防有朝一日他們覺得有必要讓你復生。你可以藉由保存自己的 DNA，或對它測序，然後仔細貯存所得的資料，做到這點。[14] 這樣的步驟能為你帶來潛在的基因永生，但是如果人類一直都不覺得有必要讓基因的你復活呢？更糟的是，假設有人粗心地扔掉了你的 DNA 樣本，或由資料庫刪除了你的基因組？基因的你就永遠散失了。

心懷這種恐懼的你可能會採取終極步驟，複製你自己。[15] 如此一來，你的基因組至少可以再存活一個世代，將會讓你的基因組復活。不僅如此，如果你的複製人對同樣也想保護他或她的基因組，就可以重複這個過程，可能會持續很多世代。這恐怕也已盡可能接近基因組永生的期望。

但是這種基因的來世對你有什麼好處？這樣做出來的人就像你的雙胞胎手足一樣，它沒有你的記憶，你的思考方式，以及大部分的個性。保存你的基因組可能使你的自我獲得滿足，也可能對進行人類基因組歷史研究或作比較基因組研究的未來遺傳學家有益，但不會對你帶來任何意義的來世。

⊕　　　　⊕　　　　⊕

我們就這麼結束了對你來世的討論。你的原子必然會在你死後存活，就像你的一些細胞一樣。你的基因同樣會在你死後存在，然而你的基因組恐怕不會。此外，透過科技或神蹟的干預，你的身體或許能在你死後繼續存在。但就生存而言，你的原子、細胞、基因，甚至你的身體的存活，都不如你心智存活

來得重要。畢竟，它是使你成為你最重要角色的元素。

　　但如我們所見，死後是否會有靈魂；就算有，會是什麼形式，都還不得而知。也許你的心靈會上天堂，這個經驗可能符合你的期望，也可能不會。也許你的心智只會繼續存在電腦模擬器中。無論如何，可以肯定的是：在你體驗死後的生命（如果有的話）之前，你會先經歷死亡之前的生命。這已暗示了你：明智的做法是盡你所能地發揮你此生的時間和精力。懷抱著這樣的想法，我們將把注意力轉向本書的最後一章，生命的意義。

第二十章

你為什麼存在？

在本書中，我們由不同的角度探討了你的古早歷史以及你的未來。如果我盡到了我作為科學史學者的職責，那麼你現在就對自己怎麼會存在，以及你的存在是多麼了不起的偶然，就會有更深一層的了解。想想所有會使你無法讀這些文字的可能：如果你在 2001 年 9 月 11 日上午 8 時 45 分位於美國世貿中心北塔的頂層；如果是另一個不同的精子到達了造成你誕生的卵子之內；如果你父母沒邂逅；如果你的祖父母沒有邂逅，以此類推；如果浮游植物沒有為地球提供氧氣；如果古菌和細菌沒有因偶然相遇而造成最初真核生物林恩的出現；如果沒有生命；如果月亮沒有因為行星與地球碰撞的結果而生成；如果一個或多個超新星沒有創造形成太陽和地球的碎片場。說真的，你能活著，實在很幸運！

當然，我們必須在這張表單中加上另一個重要事件：「大霹靂」。如果它未曾發生，你就不會存在，原因很簡單，因為任何事物都不會存在。儘管對於大霹靂之後發生了什麼，科學家已提出詳細到教人難以想像的描述，但他們卻發現很難解釋這事件本身。也就是說，他們不能回答非常基本的問題：為什

麼會是有物而非無物？就算他們能回答，他們的答案也會立刻招來下一個非常基本的問題：既然是有物，為什麼是**此物**而非**彼物**？

此外，再想想我們宇宙的維度。空間──或者更確切地說是時空，具有 4 個維度，其中 3 個是空間維度，一個是時間維度。為什麼是 4 維？為什麼不是只有兩個空間維度？或者，為什麼不是 100 個維度？這些還不是僅有的「為什麼不」問題。我們的宇宙受制於自然律，例如，質量和能量根據著名的法則 $E = mc^2$ 運作，其中 E 是能量，m 是質量，c 是光速。但為什麼是這個法則而非其他法則？為什麼光速 c 的精確值是每秒 299,792,458 公尺？[1] 為什麼不是每秒 299,792,452.97 公尺？或者，為什麼不優哉遊哉地每秒 12 公尺？

自然定律中常數的值非常重要。在大多數情況下，如果這些值稍有不同，我們就不會在這裡。例如，如果萬有引力常數（等於 $0.0000000000667408 \ m^3 \ kg^{-1} \ s^{-2}$）降得低一點，氣體雲就會變大很多，才會「點燃」成為恆星。由此產生超大恆星，生命在其行星系統中還來不及演化，恆星就已耗盡其燃料。相反地，如果萬有引力常數略高，氣體雲還很小時就會點燃，亦即產生的恆星會較小，不會產生很多光，並且很快就會用盡燃料。[2] 在這種恆星的行星系統中，生命同樣會很難誕生。在我們繼續探討之前，還得要提一點。物理常數可能並非恆常不變，而是隨著時間流轉而改變。這種變化可能會威脅到

我們持續的生存。

⊕　　　　⊕　　　　⊕

大部分文化都會提出創世的故事，解釋宇宙存在的問題。例如西伯利亞的通古斯（Tungusic）民族，以為天地之初是一片原始海洋，由名叫布加（Buga）的神靈人縱火燒它，創造了陸地。印度教則說：「太古之初，金卵始起，萬物之主於焉降生。他固定並舉起了天和地。」[3] 猶太人，基督徒和穆斯林的創世故事中，則是由上帝創造了天地。然而這些創世故事並未追根究柢，因為隨之而來的是新的問題。以通古斯民族的故事而言，我們可以問是誰創造了布加，又是誰創造了原始海洋；在印度教的故事中，我們可以問金卵是如何產生的；在猶太教、基督教和伊斯蘭教的故事中，我們可以問誰創造了上帝。

11 世紀的坎特伯利主教聖安瑟莫（St. Anselm）為最後這個問題提出了聰明的答案：沒有人創造上帝，沒有人必須這樣做，因為上帝並不只是像你這樣存在而已；相反地，**他非得存在不可**，亦即他**不存在**是不可能的。安瑟莫對這個主張的辯護是把上帝定義為，再沒有比這個存在更偉大的存在。存在的事物顯然比不存在的事物偉大，而非得存在不可的事物又比出於偶然而存在的事物偉大。因此，有鑑於上帝的身分，他必然存在。

這種被稱為本體論論證（ontological argument）的推理方式受到質疑，[4] 但為了討論的方便，讓我們假設其結論是正

確的——上帝必然存在。接下來我們要面對的問題是，他為什麼創造這個宇宙，而非其他宇宙。如果你回答說，他創造這個宇宙，是因為它最適合人類的生存，那麼我們又面對了他為什麼覺得非得創造我們不可的問題。

為了解神為什麼創造這個宇宙，讓我們以此為家，許多人求教於舊約《創世紀》開頭的篇章。我們獲悉，到第 6 天，神就照著自己的形像造人，包括男女，又對他們說，要生養眾多，遍滿地面，治理這地。接著又賦予他們對其他所有生物的管理權。亦即上帝創造宇宙是為了造福我們——甚至他創造宇宙，是為了創造我們，這意味著那該讓我們感到很特別。

但若我們讀到《創世紀》的第二章，上帝的意圖就變得不清楚了。我們獲悉他創造的不是人類，並非男性和女性，而只單獨創造了亞當，而且意味著上帝創造他，因為他需要一個園丁。[5] 後來他才創造夏娃，只是因為他事後想到亞當很孤單。可是夏娃被創造的目的並不是要做亞當的生殖伴侶，而僅僅只是作他的助手。證據在於，亞當和夏娃最初在心理上是無性的生物，並不會因為彼此裸露而產生性慾，他們必須吃下善惡知識之樹的果實才會對性有興趣，但上帝特別禁止他們這樣做。上帝警告亞當，如果他吃了這棵樹上的果實，「必然會死」——可是上帝並沒有讓這個威脅真的實現。直到他們吃完這個果實，「他們二人的眼睛就明亮了，才知道自己是赤身露體。」換言之，他們體驗到了性慾。

這表明上帝並無意讓人類——包括我們自己，存在世上。相反地，他原本只打算創造一個男人，當他明白這樣不行，才又增加了一個女人。只是因為這兩個男女違背了他的命令，我們今天才能存在這裡。說起來，上帝應該為我們存在感到煩惱，而非愛我們。畢竟，我們是他過去所犯錯誤活生生的證據。不過再一次地，既然他全知全能，就該已經知道會發生這樣的事。

更廣泛地說，上帝為什麼要讓人類存在？如果是為了讓我們崇拜他，為什麼無限大的他會在乎像我們這樣可憐小生物的崇拜？如果是因為他愛我們，那他為什麼不好好照顧我們？例如，為什麼他讓我們數百萬人餓死，只要他願意，就可以讓天降甘露餵飽我們？他曾經為摩西的追隨者這樣做。[6] 為什麼不能再這麼做呢？為什麼不再顯其他奇蹟，以免無辜的人被海嘯淹死，或被地震和龍捲風殺死？既然他這樣做，為什麼不發揮神力，治癒所有的癌症？對於無限的神，創造奇蹟只不過是舉手之勞。如果神愛我們，他不是該為我們再顯更多奇蹟嗎？

還有另一點：如果上帝創造宇宙作為我們的居所，或者，作為亞當的居所——那麼我們只能說，這個禮物實在奢華和浪費到教人難以置信的地步。他當然可以創造地球，卻不必把它放在無垠的宇宙中。尤其他原本可以把地球放在一個有限的圓頂中，上面附有星辰——就如《創世紀》所說他的做法，但他做的卻像作父親的為兒子建造了一棟上兆房間的豪宅，其中只

有一個房間適合居住一樣。多麼浪費！

⊕　　　　⊕　　　　⊕

科學家則以大霹靂理論，為我們提供了他們自己的「創世故事」。它非常詳細地描述我們宇宙變成現在這樣所必然發生的一切，它帶我們一路回到大霹靂事件之後的一瞬間。只是在那時，正當我們認為這個謎團即將解開時，這個理論卻沉默了，給我們留下兩個非常基本的問題：為什麼發生大霹靂事件，以及在發生這事件之後，為什麼它導致了這個宇宙，而非其他宇宙？

擁護多元宇宙論（multiverse theory）的科學家認為，他們知道這些問題的答案。他們認為我們的宇宙只是眾多存在的宇宙之一；確實，有些人斷言，可能存在的每一個宇宙都確實存在，亦即我們是無限多個宇宙之一。儘管這些宇宙中，大部分由於它們所遵守的自然律，而不會擁有智慧的生物生活其上，但我們的卻是例外，也可能還有其他的宇宙。

這是值得推敲的有趣理論，也是科幻小說家用來寫作的娛人理論，但在科學上，它卻面臨嚴肅的挑戰：由於我們無法接觸其他的宇宙，該怎麼證明是真是偽？而且在目前的討論中，多元宇宙論提出了新的「為什麼」問題：即使我們同意，我們的宇宙存在，是因為它是一組宇宙中的一個，那麼為什麼會有這一組集合？是誰或什麼創造的？如果沒有任何事物創造它，它又如何自發地產生？為什麼？

哲學家可能會回應我們探索宇宙追根究柢的嘗試，聲稱我們試圖解釋的宇宙實際上並不存在，而是一種幻覺，可能是我們的夢境。也許我們只是電腦中的虛擬角色，也就是說，我們和我們看似真實的宇宙實際上只是虛擬實境。[7] 身為哲學家，我非常願意承認自己可能是在做夢，甚至我可能是電腦中虛擬的角色。不過這麼說之後，我得趕緊補充說明，即使有這種可能性，也並未得到真相。做夢需要大腦，讓我們必須面對為什麼我的大腦會存在的問題。同樣地，電腦虛擬也需要有電腦和程序設計師，這又使我們得面對他們為什麼會存在的問題。

　　到這時，哲學家可能會把實體世界完全排除在他的解釋之外，而主張：我存在是因為在沒有任何實體事物，包括大腦和電腦在內之時，我依舊能夠思想。但當然，這仍然未能探究出真相，因為我滿懷疑問的大腦會想知道它為什麼存在。

⊕　　　　　⊕　　　　　⊕

　　想要透過回答「為什麼」的問題來追根究柢，結果卻陷入了困境，原因在於我們的答案會帶來新的「為什麼」問題。如果告訴我，上帝創造了一切，我就會問：他為什麼存在，為什麼要創造宇宙，為什麼他創造這個宇宙，而非其他宇宙。如果告訴我，大霹靂是一切的開始，我就會問：它為什麼會發生，為什麼會創造這個宇宙，而非其他的宇宙。顯然，要真正的追根究柢，我們就得以不會引起新「為什麼問題」的方式來回答「為什麼問題」，但這可能做得到嗎？

某個年齡的孩子會發現「為什麼」問題的力量。不論成人說什麼，他們都會回應「為什麼」，於是這名成人就得再繼續說。等到他們的問題獲得解答，他們還可以繼續問「為什麼？」這名成人還會再次說明。在問這些問題的過程中，孩子們學到很多關於這個世界的知識。他們也會大出意料地發現，只要提幾個「為什麼」問題，大部分成人就會承認他們對世界的無知：

孩子：「為什麼我必須吃綠花菜？」
父母：「因為這對你有好處。」
孩子：「為什麼它對我有好處？」
父母：「因為它含有維生素。」
孩子：「為什麼維生素對我有益？」

　　到此時，大多數父母會覺得心煩，原因很簡單，因為他們不知道維生素究竟有什麼用處，因此不知道我們為什麼需要它們。孩子們還會發現，大多數成人甚至連最基本的事情都無法解釋，例如天空為什麼是藍色的。[8]
　　假如在追根究柢的過程中，我們想出了辦法，可以回答基本的「為什麼」問題，而不會因此引發新的「為什麼」問題。可是我們成功的感覺可能很短暫，因為不久之後就會有些自作聰明的哲學家投下了炸彈：「為什麼**這些**『為什麼』問題的答

案沒有像以前的答案那樣，產生新的『為什麼』問題？是什麼使得它們不一樣？」唉！

不要誤會我的意思。如果我們想更了解世界，就該問「為什麼」問題，而且該提出很多這種問題。但在這麼做時，我們也得記住它們的循環性質：「為什麼」問題會產生更多「為什麼」問題。不過到頭來會到達一個地步，問「為什麼」問題非但不會加深我們對宇宙的了解，而且只會轉移我們對有益知識的追求。為了寫作本書，我做了一些研究，得出的結論是：我們活在一個「無底」的宇宙中，永遠不會到達我們對存在所提「為什麼」問題鏈的末端，總會有謎待解。我承認這點會讓有些讀者不滿，他們非常希望自己的宇宙有底部有根本。

這種願望完全可以理解，只是我懷疑它受到了誤導。人們希望宇宙有根本基礎的原因，是他們擔心若非如此，他們就沒有存在的理由，果真如此，他們的生命怎麼會有意義？這種想法使得許多人求助於宗教，他們想聽到上帝對他們有個計畫，他們覺得這樣的計畫為他們的生命帶來意義。但別人對我的人生有計畫怎麼會使它有意義，卻一點也不清楚。相反地，我認為要擁有充滿意義的人生，第一步就是刻意地為你的人生制定一個計畫，然後將其付諸實踐。這樣做，你的人生或許沒有宇宙的意義，但這就是你在沒有意義的宇宙中會得到的結果；可是它對你個人而言會非常重要，而這是你在無底宇宙中所能期望得到的最大成果。

身為哲學人，我曾想過、教過、寫過關於生命意義的問題。我得出的結論是，大多數這類的問題在根本上都受到誤導。為更進一步了解這一說法，假設有人拿一支鉛筆給你看，問這是什麼意思。為了澄清這個奇怪的問題，你可能會問對方是不是問**鉛筆**一詞的含義。假設他回答不是，他問的是**鉛筆本身**有什麼意義。

我的答案是，**就意義**一詞而言，鉛筆本身沒有任何意義。我要補充的是，提問者在問這個問題時，犯了哲學家所謂的「範疇錯誤」（category mistake）：他在問某個事物是否具有只有其他類別的事物才會有的性質。如果你問我希望的直徑或數字六的位置，就犯了類似的錯誤：欲望不能有實質的尺寸，數字也不會位於實體空間，儘管數字可能用來指定它們。

我還要說的是，儘管鉛筆沒有意義，但它可以用來做有意義的事，例如撰寫購物單或解數獨難題之類。同樣地，儘管你的人生本身可能沒有任何意義，你也一樣可以用它來做有意義的事。尤其是你可以按照你為自己人生所做的計畫生活，因而賦予其意義。

⊕　　　　　⊕　　　　　⊕

在我結束這本書之前，讓我再對生命是無底宇宙的說法再進一言。我對此有兩個想法，一方面，我很想追根究柢——了解我們的宇宙為何存在，為什麼它存在於這個地方；另一方面，我懷疑如果我真的找到了事物的根本，恐怕也只會覺得悲

傷。這將意味著關於宇宙「為什麼」問題的結束，因此在我作了一番研究，找出根據科學理論，事物為什麼會像如今這樣的小小樂趣，也會隨之結束。

　　此外，了解到我不知道為什麼**所有這一切**會存在，並未導致我陷入沮喪，反而使我時時心懷感激。在我一早醒來，發現我的眼鏡還在我放置它們的床頭櫃上，教我得知宇宙仍然存在，具有同樣的物理定律和常數。我很清楚我無法解釋為什麼會這樣，其他人也不能。它是不僅尚未解決，而且可能永遠不會解開的謎。但同時，經由嘗試解決這個謎，它產生了效果，使我深深感謝自己仍是這個宇宙的一部分。我得到新的一天，有機會把事情做對！如果一切順利，我就能在那一天花一部分時間問為什麼問題。如果有天堂，也不會比這個好多少。

　　我們活在根本上神祕難解的宇宙中。在這樣的地方，最明智的心理戰略就是接受它的奧祕。如果你想充分欣賞你所過的人生，那麼偶爾停下你所做的事，想想本書所述，使你的人生成為可能的一連串重大事件。你何其幸運！

謝辭

本書的基礎奠定於小布希擔任總統之時，到歐巴馬政府期間進行研究和寫作，於川普當政時做了最後的修訂。在這段期間，許多人和機構為本書催生，使它終能付梓。我想藉此機會向他們致謝。

我特別要感謝萊特州立大學（Wright State University）容許我在 2015 到 16 和 2016 到 17 學年度減少授課，讓我有時間寫作並修改本書。

我要感謝閱讀本書各章節，並提供意見的多位學者，包括史密森學會（Smithsonian Institution）的 Kevin de Queiroz 和他身為生物學者的兄弟 Alan；麻省理工學院的 Jayme Dyer；俄亥俄州黃泉村（Yellow Springs）的 Matthew Gale；坎貝爾大學（Campbell University）的 Erik Hill；中阿肯色大學（University of Central Arkansa）的 Steven Karafit；紐約市立大學的 Massimo Pigliucci；萊特州大的 Robert Riordan 和南康乃迪克州大（Southern Connecticut State University）的 Sarah Roe。

我還要感謝麻州大學安默斯特分校（University of Massachusetts at Amherst）的 William M. Irvine，如果讀者有所疑惑，是的，他就如這個星球上的每一個人一樣，是作者的親戚——但不是近親。

我也要感謝牛津大學出版社諸位未具名的讀者對本書的企畫案提出種種有益的意見，並特別感謝讀了本書大部分內容的那位不知名讀者。

特別感謝牛津大學出版社的科學主編 Jeremy Lewis。

最後，我要感謝 David M. Hillis、Derrick Zwickl 和 Robin Gutell 准許我使用其充滿創意的生命樹圖片（圖4.3和4.4）。

注釋

緒論

1. 生命的 3 個領域是真核生物、細菌，和古菌。你是真核生物；在你體表和體內生存的微生物大部分是細菌和古菌。

第一章

1. Balaresque 2015.

2. "Names" n.d.

3. "Not Smith and Jones" 2011.

4. 多少年算一個世代還待討論，相關討論請見 "Generation Length"（2015）。為求簡便，我以平均 25 年為一世代。

5. 這個家譜的頂行將是 1.2×10^{24} 公分 = 1.2×10^{19} 公里寬。太陽系的直徑──也就是海王星軌道的直徑，是 9×10^{9} 公里。注意（1.2×10^{19}）/（9×10^{9}）= 1.3×10^{9}。

6. 這個家譜的的頂行將會有 10^{24} 空間 $\times 10$ 位元組／空間 = 10^{25} 位元組的資料。1TB（1 兆位元組）記憶體的電腦可貯存 10^{12} 位元組的資料。請注意 $10^{25}/10^{12} = 10^{13}$，也就是 10 兆。

7. 古人類學家還在為我們物種的年齡辯論不休，有些學者主張我們的「誕生」比這要早得多。見 Hublin 2017。

8. 非洲遷徙的日期也有很多爭議，而且不太可能只有一次大遷徙，而可能是多次遷徙，有些可能發生在公元前 7 萬年之前。見 Parton 2015 和 Gibbons 2015b。此外要注意，雖然有些人離開非洲，但也有人會移入非洲，見 Llorente 2015。

9. Pugach 2013.

10. 考古學家把**人屬**的任何成員都稱為**人類**。這包括**現代**人類物種智人的成員，也包括古代人類尼安德塔人、海德堡人和直立人的成員。第一種被認為屬於人類的生物可能是能人（Homo habilis），是在 280 萬年前由非人類的南方古猿演化而來。

11. 《創世紀》第十二章一至五節。

12. Balter 2014.

13. Gibbons 2015a.

14. 在演化方面，我們何時與黑猩猩分道揚鑣，有很多爭議。相關討論請參見 Curnoe 2016。本書不會探討這個問題。

第二章

1. Lanier 2000.

2. 瑪莎・傑佛遜（Martha Jefferson）的父親約翰・韋爾斯（John Wayles）是種植園主，也是奴隸販子。他和第一任妻子瑪莎・艾佩斯（Martha Eppes）生了瑪莎。她後來去世，接下來另兩名妻子也去世。韋爾斯顯然在那時與莎莉的母親貝蒂・海明斯（Betty Hemings）有了關係。因此，韋爾斯是傑佛遜之妻的父親，也是莎莉・海明斯的父親，她們倆成了同父異母的姊妹。

3. "The Time I Accidentally Married My Cousin" 2013.

4. Barton 2008.

5. Carter 2012.

6. Haub 2011.

7. "New App Urges Icelanders" 2013.

8. Elhaik 2014.

9. Conger 2012.

10. Cassidy 2016.

11. Durant 1963, 452.

12. Wilkinson 2008.

13. Connor 2008.

14. "Nomenclature of Inbred Mice" n.d.

15. Main 2014.

16. Kolbe 2012.

17. 蜥蜴懷孕的意思是，牠們可以貯存使自己卵子受精的精子。關於蜥蜴交配習性，請參見 Walls n.d.。

18. Hein 2004.

19. 這個數字的含義是，如果你和配偶有兩個子女，你們就各自讓 1.0 個人來到世上；如果你們倆有三名子女，就各自讓 1.5 人降生。

20. 注意 $1.28^{92} = 73$ 億。

第三章

1. 人類的大腦可能僅占其體重的 2%，但小螞蟻的腦卻占其體重的 15%。參 Seid 2011。

2. Fields 2008.

3. Marino 2007.

4. Salvini-Plawen 1977. 這個主張後來遭到質疑。

5. 雖然鳥類是恐龍的後代，但卻不是翼龍的後代，表示鳥類是自行學會飛行。

6. 關於動物的雙足行走，請見 Alexander 2004.

7. 企鵝直立其實是錯覺，牠們走路時股骨與地面平行，只有小腿與地面垂直。見 Thomas 2015 的企鵝圖。

8. Wichura 2015.

9. Sockol 2007.

10. Zihlman 2015.

11. Zihlman 2015.

12. Rogers 2004.

13. Zihlman 2015.

14. Tattersall 2015, 66.

15. Tudge 1996, 256.

16. Roach 2013, 483.

17. Perkins 2013.

18. Young 2003, 166.

19. Young 2003, 170.

20. 我們並不是唯一藉扔石頭殺戮的動物。埃及禿鷲會用喙扔石頭，砸開鴕鳥蛋以食用其內含物。牠們這樣做，殺死了在蛋裡孵育的小鴕鳥。

21. Pobiner 2016.

22. Roach 2013, 483.

23. 擲箭器、弓和箭發明的日期和次序並不確定，因為這些武器的木頭部分因時間而毀壞。

24. Chatterjee 2015.

25. 後來我發現做這個研究的不只我一人。見 See Young 2003。

26. Young 2003, 170.

27. Morgan 2013.

28. 可以肯定的是，如獅子和土狼所示，在合作狩獵時，未必非要語言不可。但是若沒有語言，就不可能有較複雜的合作形式。

29. Horan 2005.

30. Wrangham 2009, 139-140.

31. Wrangham 2009, 97.

32. 食物本身的營養會更豐富，而且由於經過烹煮，你的消化系統為獲取營養所必須花費的能量就減少。烹飪對食物熱量的影響，請參見 Twilley 2016。

第四章

1. Mora 2011 年估計有 870 萬種真核生物。在此之上，我們必須再加上原核物種，其數量必然以百萬計。因此我用 1 千萬作為大概的整數下限。

2. 藉由比較現存物種和已滅絕的數量，可以得出已滅絕物種的百分比。兩個數字都是高度揣測，因此所得的百分比也是高度揣測，不過許多來源的估算都是 99％已滅絕，似乎可信。

3. Tattersall 2015.

4. 更精確地說，小行星撞擊使較大型的恐龍死亡，較小型的則倖存下來，後來演化出現代鳥類。此外，我們有理由認為多個因素造成恐龍的滅絕，小行星撞擊可能是「最後一根稻草」。我們也有理由認為早在 6 千 6 百萬年前，恐龍的數量就一直在減少。參見 Sakamoto 2016。

5. 馬島蝟蟄伏的時間不是冬天，而是在炎熱乾燥的季節，因此不該稱冬眠，而是夏眠（estivation）。

6. White 2002.

7. Schrag 2002.

8. 我們將看到這種概括「幾乎是正確的」。不過在我作概括時，還有另一個原則：我們對於生物所做的每一個概括，幾乎都會有例外。不過，既然生命出現在地球上並不是為了實現一個宏偉的計畫，而是為了解決生物所碰上的問題，而臨時湊和的無數解決辦法，因此會有例外，也是意料中事。

9. 尤其，尚未生兒育女就已死亡的物種成員不會出現在你的家譜上。

10. Frazer 2015.

11. Kuban n.d.

12. Gordon 2014.

第五章

1. 其他更複雜的染色體組合（例如 XXY）也有其可能。具有這種遺傳構成的個體可能會自我識別為男性、女性或其他，他們可能能有生殖力，也可能不孕。

2. 化石紀錄顯示，有性生殖到 2 億年前開始發生。見 Butterfield 2000。

3. 許多因素都會影響我們的性偏好，包括基因、大腦結構和我們的環境，無論是在子宮內還是我們童年時期的環境。

4. 關於我們的「線路」（wiring）和它在我們生活中所發揮的作用，見 Irvine 2006。

5. 生物學家常稱之為「女兒」細胞，似乎意味著它們是雌性，其實不然，它們一樣也可以稱為「兒子」細胞。由於它們是無性的，應該稱之為細胞後代會更合道理。

6. Kindlmann 1989.

7. Hales 2002.

8. Lane 2009, 123.

9. 關於這種辯論，請參見 Scudellari 2014。

10. Kirschner 2005, 94.

11. Ross 1978. 有關魚類變換性別的討論，見 "Sex Change in Fish Found Common" 1984。

12. Lane 2006, 235.

13. Quirk 2013.

14. Lane 2006, 236-237.

15. Jacob 1977. 此言並不是說演化會像修補匠那樣，能夠有目的。演化是盲目的。這段話的意思是，演化過程最後的結果和精心修補的結果類似。

第六章

1. Green 2010.

2. 回想一下，當一個人出現在家譜上時，此人所有的祖先也會出現在家譜上。因此，如果我們假設尼安德塔人會有尼安德塔人的祖先，你的家譜上就不可能只有一個尼安德塔人。

3. 這就是所謂的生物種概念（biological species concept）。它只是當前許多物種概念之一，參見 Queiroz 2007, 880。

4. 這當然不是一個人能夠完成的任務——的確，即使是由數千位時光旅行科學家組成才氣縱橫的團隊，也會覺得這工作教人望而生畏——但我不會讓這點阻礙我的故事。

5. 時間旅行是否可行，還不得而知。對於和時間旅行相關各種矛盾的介紹，請參閱 Christoforou 2014。

6. Quinn 2013.

7. De Graciansky 2011, 359.

8. Lyons 2014.

9. Surridge 2003.

10. 現代鳥類的恐龍祖先例外，但如暴龍和三角龍等「經典」恐龍，則全都會消失。

11. Weiss 2016。不過我該補充說明，並非人人都接受這種說法。見 Wade 2016。

12. 一個物種不會生出另一個不同物種，這條規則的一個例外是由多倍體形成的物種，也就是突變導致一個生物具有兩套以上的染色體。我們會在第十一章關於內共生的討論中探究另一個例外。

13. 發射光譜（emission spectrum）就是這樣。

14. 我的這兩棵生命樹是受生物學家凱文・德・奎羅茲（Kevin de Queiroz）所啟發，見 de Queiroz 2007, 882。

15. 這似乎已是共識，但絕非放之四海皆準。

16. 按桴（raft）的字義，是非自願乘著漂浮的水生植物，被風吹或潮水帶到島上。

17. "Romance Languages" 2017.

18. 我們在第十七章會提到例外。

19. 由於南西是 Rh 陰性，因此她的 Rh 因子基因必然是陰性（由於 Rh 因子基因是顯性，因此只要有一個陽性基因，就會是 Rh 陽性。）由於保羅是 Rh 陽性，他的 Rh 因子基因不是＋＋ ，就是＋－。如是前者，他和南西生的每一個寶寶都會帶有陽性基因，也就是 Rh 陽性。如是後者，則他們寶寶的 Rh 因子基因有 $1/2$ 的機會是陰性，表示寶寶是 Rh 陰性。

20. 所幸對 Rh 陰性血型的婦女而言，注射抗因子球蛋白〔Rho（D）immune globulin〕就能防止她們的免疫系統因 Rh 陽性的胎兒而啟動。

21. 如果是公馬母驢，生出的就是驢騾（hinny），同樣也不能繁殖後代。

22. Lofholm 2007.

23. Gibbons 2011.

24. 如果男性智人與女性尼安德塔人交配，其後代將有50%的尼安德塔人基因。如果這個後代再與智人交配，尼安德塔人基因的百分比將下降到25%。

25. Reich 2010.

26. 智人獲得丹尼索瓦人DNA的另一個方法，是與祖先曾與丹尼索瓦人交配的尼安德塔人交配，因為這樣的尼安德塔人帶有丹尼索瓦人的DNA。

27. 有美拉尼西亞血統的人基因組中攜帶異常大量的丹尼索瓦人DNA，也帶有尼安德塔人的DNA。他們大多居住在新幾內亞和澳洲西北方的其他島嶼上。這大概是他們移出非洲時所走的路線，以及他們在遷徙時冒險經歷的結果。見Vernot 2016。

28. Singer 2016a.

29. Huerta-Sánchez 2014.

30. Ackermann 2016.

第七章

1. 有關酶和蛋白質的催化作用的簡介，請參見Hobbs 2015。

2. 簡單的蛋白質可以折疊。複雜蛋白質則需要稱為分子伴侶（chaperonins）的蛋白質協助正確折疊。

3. Lane 2006, 10.

4. 蛋白質編碼基因的配方可以編輯，以製造許多不同的蛋白質。這種現象的一個極端例子可以在果蠅身上看到：它們有一個蛋白質編碼基因提供了超過3萬8千種不同蛋白質的配方！這些被稱為「手足」的蛋白質可以做不同，甚至相反的事。相關討論，請參見Greenwood 2016。

5. 你的身體沒有「蛋白質製造機」，而是有不同的生物成分，合作「讀取」DNA，以構建蛋白質分子。這個「機器」的一些部分在細胞核內發揮作用，其他則在細胞質發揮功能，運用製出的蛋白質。

6. 你身體的蛋白質製造機實際上用的不是一個，而是兩個代碼，一個用於轉錄DNA密碼子變成信使RNA，第二個代碼則以這些信使RNA為基礎，建構胺基酸鏈。圖7.1說明了應用這兩個代碼的「淨效應」。

7. 這個圖看來彷彿蛋白質是由附著在細胞核中DNA上的單一分子「機器」製造的。實際上在像你這樣的真核生物中發生的情況是，RNA聚合酶沿著DNA鏈移動，並轉錄它在那裡找到的訊息。轉錄以信使RNA分子的形式，然後離開細胞核，進入細胞質，細胞質的核糖體根據信使RNA上寫的「配方」，建構蛋白質。

8. 表示蛋胺酸的方法有一種，表示蘇胺酸的方法有4種，表示亮胺酸的方法有6種。請

注意 1×4×4×6 ＝ 96。

9. Bohannon 2016.

10. Zhang 2017.

11. 如果有 4 個核苷酸（A、T、C 和 G），則 3 個核苷酸長的密碼子可以具有 4×4×4 ＝ 64 種不同的形式。如果有 6 個核苷酸可用，則密碼子可以具有 6×6×6 ＝ 216 種不同的形式。

12. Loury 2012.

13. Wang, Haui, 2015.

14. 由於密碼子為 3 個核苷酸長，並且由於 4 個核苷酸（A、T、C 和 G）中的任何一個都可能出現在這三處中的每一處，因此可能有 4×4×4 ＝ 64 個不同的密碼子。

15. 更準確地說，有 $1.5×10^{84}$ 種不同的方式可以把 64 個密碼子與 20 個胺基酸及「停止代碼」配對。Yarus 2010, 163。

16. 請注意，2^{279} ＝ $9.7×10^{83}$，略小於 $1.5×10^{84}$。

17. 某些遺傳密碼在防止遺傳錯誤方面的能力優於其他遺傳密碼。參見 Zhu 2003。由於演化過程「嘗試」有效的設計，因此我們可能會發現兩個獨立演化的遺傳密碼之間會有一些相似之處。不過就算把這一點納入考量，任何兩個這樣的密碼之間，也幾乎一定會有廣泛的差異。

18. Elzanowski 2016.

第八章

1. 當然，第一個活生物體的身分不明。此外，任何想要確定它的嘗試，都要取決於我們所選擇「生命」的定義。如果我們派 10 位生物學家回到過去，他們選擇的第一個生物可能會有 10 種不同的答案。但邏輯告訴我們，如果根據某個特定的生物定義，在某個時候，世上沒有生物，但後來卻有了生物，那麼在這兩個時候之間，必定會有「第一個生物」（或多個同時存在的第一批生物）出現的時間。

2. 有關沒有 RNA 或 DNA 的生物可能性討論，請參閱 Benner 2004。

3. 在第七章，我們探討了遺傳密碼可能不同的一種方式，即密碼子對應的胺基酸不同。不過它們所用的核苷酸也可能不同：如我們所見，腺嘌呤、胸腺嘧啶、胞嘧啶和鳥嘌呤並非唯一可能的核苷酸。遺傳密碼的密碼子長度也可以不同。例如它們的「編碼單位」可能是 4 個核苷酸長，而不是 3 個，或者可能只有兩個核苷酸長。此外，它們還可以把密碼子與不同於我們代碼使用的 20 個胺基酸相連。

4. 有關生命影子樹的討論，請參閱 Davies 2007。

5. DNA 是用來貯存用核苷酸書寫的「配方」。不過如果不讀它們時，這些核苷酸與它們的互補核苷酸配對，A 與 T、C 與 G，形成 DNA 雙螺旋的扭曲梯子的梯級。你的 DNA 長 32 億個鹼基對，意思是你的 DNA 配方書中 32 億個這種梯級。還有一點：你的 DNA 配方並非貯存在化學配方書中，而是在稱為染色體的 46 個不同的分子中。

6. Zimmer, Carl, 2013.

7. Hutchison 2016.

8. Singer 2016b.

9. Aron 2015. Also see Extance 2016.

10. 更準確地說，核糖體具有蛋白質成分。

11. Glasco 2016.

12. 儘管大多數基因是製造蛋白質的配方，但 tRNA 基因卻是製造轉運 RNA 分子的配方，這個分子本質上帶著遺傳密碼之鑰，告訴哪些密碼子「代表」哪些胺基酸。

13. 這種 RNA「自我複製」可能並非單一 RNA 分子本身複製，而是此類分子的合作網路複製它們自己。相關討論請見 Lehman 2015。

14. Cech 2012.

15. 水在生命形成中所扮演的角色，請見 Ball 2003。

16. 相關討論請見 Martin 2014。

17. 聽到我用「古代的太空人」一詞，具有科學視野的讀者可能會不寒而慄。當然有些人好發驚人之語，鼓吹「定向泛種論」，但也有嚴謹的科學家為此說辯護。和詹姆斯·華生（James Watson）一起發現 DNA 結構的法蘭西斯·克里克（Francis Crick）就是其中之一，見 Crick 1973。

18. 「航海家」（Voyager）太空船於 1977 年發射升空，花了 33 年才到達太陽系邊緣。如果它繼續以當前速度朝著正確的方向前進，會需要 9 萬 3 千年才能到達比鄰星。

第九章

1. 體外受精是一個明顯的例外。

2. 其實真要比這複雜得多。精子和卵子合併的細胞核並不會自行「合併」（按這個詞一般的意義），而是溶解，讓它們所包含的男性和女性染色體結合在一起，然後形成新的核膜包裹它們。還有一個技術面的澄清：當卵子含有精子和卵子兩者的核時，這些核稱為原核（pronuclei）。

3. 令人驚訝的是，同卵雙胞胎也可能不同性別。這是因為不論在遺傳或生理結構上，性都比大多數人想像的要複雜。請參見 Tachon 2014。

4. Ainsworth 2015.

5. Ainsworth 2015.

6. 在人類中，有一些例外。首先也是最明顯的是，卵子和精子細胞合併成為合子。但你的肌肉細胞也可能會融合成有兩個原子核的細胞，稱作合體細胞（syncytium）。

7. Bianconi 2013. 其實，由於細胞不斷死亡，受精卵必須分裂成遠超過 37 兆個細胞，才能讓你擁有 37 兆細胞。順帶一提，這個數字還有待商榷。見 Sender 2016。

8. 女性出生之後是否繼續製造卵細胞，還有爭議。相關討論請見 Dell'Amore 2012。

9. Spalding 2005.

第十章

1. 這些細胞是構成你的細胞的直系祖先，因此將會是「細胞層面」的你的直系祖先。

2. 襟鞭毛蟲群落的進一步討論，請見 McGowan 2014。

3. 章魚是有趣的例外。你憑本能想稱為章魚頭部的部位，其實該說是章魚的身體。牠的眼和腦位於其觸腕和這個「頭」之間。而且，這種身體設計還不是章魚唯一的奇怪之處。牠們還有 3 個心臟，充滿銅基而非鐵基的血液，因此是藍色的。牠們眼睛的視神經和血管非常明智地位於視網膜的背面，而不是像我們一樣位於正面。最後：牠們的食道穿過大腦的中部，而大腦中部僅含有約 $1/3$ 的神經元，其餘的神經元位於其觸腕中。

4. Dayel 2011.

5. 要更進一步了解這種簡單但傑出的生物，請見 WormAtlas.org 網站。

6. 科學家發現，用顯微鏡引導的雷射光除去秀麗隱桿線蟲的一些神經元，會使牠對性失去興趣。Narayana 2016。

7. 細胞類型的確切數目尚不清楚，但是目前在進行的人類細胞圖譜計畫將會使我們對有什麼樣的細胞類型，以及各種類型的細胞位於我們體內的位置，有更深入的了解。見 Nowogrodzki 2017。

8. Rensberger 1996, 12-13.

9. 牠們未必會運用這種能力。比如在大部分的蜜蜂品種，牠們都是各自單獨存在。見 Singer 2014。

10. Ostwald 2016.

11. 更確切地說，你的受精卵是全能幹細胞。它就像任何多能幹細胞一樣，可以發展為現在組成你的各種不同專門細胞。最特別的是，它也可以發展為整個個體。

12. Coghlan 2014.

13. Slack 2014.

第十一章

1. 這個發現更進一步的探討，見 Irvine 2015。

2. 關於此事件發生的時間有很大的分歧，估計的數字由 21 億年前至 15 億年前都有。

3. Ettema 2016, 39.

4. 給微生物取名字似乎很無聊，但是這樣做能讓我們記住，真核生物很可能是由於兩種特定微生物的單一事件而來。

5. Nick Lane（2006）提出此說，但並非人人同意。

6. 古菌和細菌並非有性生物，因此應使用「它」作為代名詞才合邏輯。阿奇雖通常是男性名字，但卻並非總是如此。

7. 你的血液細胞例外。

8. 順帶一提，你的粒線體不是由一個膜，而是由兩個膜包圍著。這有時被當作其內共生起源的證據。想想如果你把手指推入氣球，會發生什麼情況？氣球的橡皮會纏繞在你的手指上。科學家認為當阿奇吞噬貝姬時就發生了這樣的情況。（在圖 11.1 第二個「結構」中，可以看到阿奇的膜圍繞著貝姬。）有人認為你的粒線體內膜起源於貝姬的外膜，而你粒線體的外膜則可追溯到阿奇的外膜。但也有人認為貝姬本身是 α- 變形菌，本來就具有雙層膜，這表示你粒線體的內膜和外膜都起源於它。相關討論，請參見 Moran 2010。

9. Wang, Xu, 2015.

10. 如我們所見，這個說法有例外。如果你體內有任何嵌合細胞，它們的祖先就無法追溯到你的合子，而如果地球有影子生命樹——見圖 8.1，那就並不是每個現存的細胞都能追溯其祖先到 LUCA。

11. 這種觀點受到質疑。見 Ankel-Simons 1996。

12. Zimmer, Marc, 2015, 29.

13. Alberts 2002, 770.

14. Lane 2006, 3, 11.

15. 許多真核生物的基因組都簡單得多。比如你廚房中酵母的基因組只有 1 千 2 百萬個鹼基對。

16. 生物學家最近發現，身為你身體熱度來源的粒線體，比你的身體熱得多。就彷彿它們創建了自己的溫熱微環境。見 Le Page 2017。

17. Ettema 2016.

18. 化石證據顯示，這一日期可能早於 12 億年前。見 Bjorn 2009。

19. 藍菌有時被稱為藍綠藻，但按照最嚴格的定義，只有真核生物才可以稱為藻類。

20. Jukes 1990.

21. 藍菌依然會生產它。

22. 有性生殖最古老的化石證據可追溯到 12 億年前。見 Butterfield 2000。

第十二章

1. Chawla 2014.

2. Dickson 2015.

3. 最近發現，古菌在我們的腸道生物群系中發揮的作用比我們以前所知更大。見 Raymann 2017。

4. Rose 2015.

5. 這個 $1/10$ 的比例受到質疑。根據 Sender 2016，該比率比較可能是兩個中有一個，但是在他的細胞普查中，他把血液細胞視為身體的細胞。這會大幅影響比例，因為你的細胞中有 $5/6$ 是血液細胞。有的人會主張血液細胞並不真正是你的一部分，因此應從細胞普查中刪除。這會大幅減少身體細胞與「寄宿」細胞的比例。

6. Manriquea 2016.

7. Grens 2014.

8. Gill 2011.

9. Nunes-Alves 2016.

10. Rogier 2014. 另請見 Yong 2016。

11. David 2013. 腸道生物群系隨時間的變化，請見 Zeldovich 2014 的有趣描述。

12. Alcock 2014.

13. Goldman 2016.

14. Goldman 2016.

15. Engelhaupt 2015.

16. Ehrenberg 2015.

17. Mole 2014.

18. Hamzelou 2015.

19. Ridaura 2013.

20. Hentschel 2012.

21. Kembel 2014.

22. "Plants Prepackage" 2014.

23. Brucker 2013.

24. Arnold 2014.

25. 關於無菌世界中生命的詳細討論，請參閱 Gilbert 2014。

第十三章

1. Freitas 1998.

2. 質量有可能直接轉化為能量，能量也可能轉化為質量，但在通常的情況下，這種轉換可以忽略不計。

3. 一種例外的情況是注入你體內的物質。

4. 通常，只有在你營養不足時，身體才會「燃燒」蛋白質。

5. 我們大氣中大部分的氧是由兩個氧原子組成的氧分子。氧也可能以單一原子的方式存在，稱為氧原子，但通常不久後，這些原子就會結合起來形成氧分子。最後可能有三個氧原子結合，形成一個臭氧分子。

6. Muller 2012.

7. United States Department of Agriculture 2003, 14-21.

8. Zmuda 2011.

9. 在考量這些數字時請記住，你喝的水，比例可能不到每天 100 加侖用水（洗澡、淋浴、沖馬桶、給草坪澆水等等）的 1%。

10. Creager 2013, 31.

11. Aebersold 1954, 231-232.

第十四章

1. 如果對你的原子進行普查，那麼其中的 12% 將是碳。但因為這些原子相對較重，因此它們占你質量的 18.5%。

2. 證據顯示，植物大量吸收了我們人類排放入大氣層的碳。見 Zimmer, Carl, 2017。

3. Bellows 2008.

4. Biello 2008.

5. 由於燃燒不完全，其他分子的數量也較少，包括一氧化碳（CO）。

6. 對這個過程細節有興趣的讀者請參考卡爾文循環（Calvin cycle）。

7. Reece 2014, 188.

8. Dillon 2012, 37.

9. 全球最近生產了約1兆公噸的玉米。見 United States Department of Agriculture 2017。不過要了解此數字的意義，必須知道這些玉米很少是餐桌上的甜玉米（sweet corn）而是飼料玉米（field corn），大半不是用來製造用作汽油添加劑的乙醇，就是用來製造動物飼料。

10. 科學家藉著有系統地剝奪實驗動物的元素，由其結果而發現哪些元素為生物所必須。如果由牠們的飲食中去除某種元素會導致牠們死亡，這就是必要元素。他們最近就用這個過程，把溴加入必要元素之中。見 McCall 2014。

第十五章

1. 這並非關於「大霹靂」的唯一問題。確實，在本書最後一章，我們還會提出另兩個問題，並嘗試再回答。首先，為什麼會有大霹靂？其次，在大霹靂發生後，為什麼會生成這個宇宙，而非具有不同物理定律的其他宇宙？

2. 要知道，原子核不想合併。因為它們帶正電荷，所以彼此排斥，而且彼此越接近，排斥力就越強。早期宇宙中以極大的高壓，才克服這種排斥的力量。

3. 我們不禁疑惑，如果電子和原子核原本沒有結合，怎麼能「復合」？這就像墨式料理中的「回鍋豆泥」（refried beans）一樣，教人誤解。

4. 天文物理學家把這種障礙稱為核合成中的 mass-5 和 mass-8 瓶頸。關於此現象的技術性討論，請參閱 "Nucleosynthesis" 1998-2018。

5. 你可能擁有從未出現在恆星中的氫原子，這些原子因此並未在超新星事件中因爆炸而在太空中飛揚。

6. "Earth's Gold" 2013. 另請見 Sokol 2017.

7. 天文學家把這第一批恆星稱為第三星族星（Population III stars），教人有點困惑。

8. "Astronomers Find Sun's 'Long-Lost Brother'" 2014.

第十六章

1. 這是它們的質量組成。如果切換到原子數組成，則92％都是氫。

2. Love 2004.

3. Valley 2014.

4. 但是，如果有些鉛與鈾一起融入晶體中怎麼辦？這會不會使岩石年齡計算不正確？科學家已經確定，由於鉛和鈾的化學差異，因此鉛不能取代鋯石形成晶體，意即鋯石中發現的任何鉛，都必定是鈾衰變的結果。

5. Rumble 2013.

6. Genge 2017.

7. Willbold 2011.

8. 地球上有些山脈並不是由於板塊構造，而是地函熱柱（mantle plume）的結果。這些熱柱是熱岩石由地函底部上升所造成。位於板塊構造中間的夏威夷火山就被認為是這種熱柱所造成。

9. 據估計，地球有 1.386×10^9 立方公里的水，表面積為 5.1×10^8 平方公里。因此在大理石般平坦光滑的地球上，海洋的平均深度為（1.386×10^9 立方公里）／（5.1×10^8 平方公里）＝ 2.7 公里，約 9 千呎。

10. "Abundance in Earth's Crust of the Elements" n.d.

11. Mikhail 2014.

第十七章

1. 這是簡化的說法，因為除了我描述的 3 種常見變體之外，還有數 10 種不常見的變體。

2. Chi 2016.

3. 在真核生物中，基因通常被分為稱為內含子（introns）和外顯子（exons）的區域。可以把內含子想成是基因中無用的垃圾 DNA。在蛋白質建構開始之前，它們會被稱為剪接體（spliceosome）的複雜分子機器刪除。我們已經看到你用編碼蛋白質的 DNA 不到 2%。然而這 2% 之中，只有一小部分會位於你蛋白質編碼基因的外顯子區域。其餘的都會被刪除。結論：如果我們把你的基因組當成是製造蛋白質的食譜，那會是非常奇特的食譜。它只有 2% 的頁面刊載了食譜，而且在使用這些食譜前，必須經過大規模的編輯。儘管我們體內會有內含子看來可能很奇怪，但它在遺傳上有利。把基因分為多個外顯子讓你的剪接體能選擇是否包括某些外顯子，而省略其他外顯子。這就是為什麼一個基因可以產生多種蛋白質的原因。

4. Nee 2016.

5. 就像對生物學所做任何大膽概括一樣，這一點也有例外：男性的 X 和 Y 染色體頂端可以重組。參見 Hinch 2014。

6. 注意，在 40 年的生育期中，每月一個卵子就是 480 個卵子。每天 1 億個精子／每天 86,400 秒＝每秒 1,157 個精子。最後，如果一名男子在 60 年的生育期中平均每天產生 1 億個精子，那麼他這一生總計會產生 1 億 ×365×60 ＝ 2,190,000,000,000 個精子。

7. 其實小的變更是可能的。如前注所述，互換可能發生在你父親由他父母那裡繼承的性染色體之間，但僅影響那些染色體的頂端，也就是大多數 Y 染色體 DNA 都可以在父子相傳，保持不變。突變也有可能改變父親傳給兒子的 Y 染色體中間部分。

8. Prufer 2012.

9. Fan 2002.

10. 藉著查看生物共有的基因，我們可以進一步了解 LUCA，假設基因最可能流傳的方式是它們由 LUCA 以最小的改變向下傳遞。最近，科學家已辨識出 355 個這種「高度保守基因」（highly conserved genes），他們根據發現的結果得出的結論是，LUCA 可能生活在海底的散熱口。見 Weiss 2016。

11. Magadum 2013.

12. Meyer 2017.

13. Harris 1991.

14. Arnold 2016.

15. Dawkins 1976.

16. 工蜂有時會產下未受精的卵，這些卵會發育成與有繁殖力蜂后交配的雄蜂。

第十八章

1. Bertone 2016.

2. 蜈蚣（百足蟲）英文為 centipedes，字首 cent 表示它們有 100 隻腳，或 100 對腳。一般在人類建築物中看到的蜈蚣有 15 對腳，但有些種類有數百對腳。雖然千足蟲（millipedes，馬陸）的腳通常比蜈蚣多，但並沒有 1 千隻腳。

3. 微生物學家羅拉·哈格（Laura A. Hug）把草坪形容為「在地球上就微生物而言最複雜的環境之一」。Zimmer, Carl, 2016。

4. 化合物 2- 甲基異莰醇（2-methylisoborneol）也會造成雨後的氣味。另外，臭氧分子是在雷雨之前出現雨水氣味的原因。

5. See Meganathan n.d. and "The chemical compounds behind the smell of rain" n.d.

6. Clarke 2002.

7. Borgonie 2011.

8. Barras 2013.

9. DeLeon-Rodriguez 2013.

10. Fox 2015.

11. Engelhaupt 2016.

12. Grossman 2010.

13. Trager 2016.

14. Gombay 2016.

15. 關於這種 "Great Plate Count Anomaly," 的討論，請見 Lewis 2010。

16. Ratnarajah 2014. See also Monbiot 2014.

17. Dodd 2008.

18. Kirkby 2016.

19. 地質學家會主張，由於煤炭的碳來自有機來源，因此不算礦物。但是律師可能會不同意。見 Reservation of Coal and Mineral Rights, 43 U.S.C. §299（1993）.

20. Hazen 2014.

第十九章

1. 《約翰福音》第十一章第二十五節引述耶穌的話說：「復活在我，生命也在我。信我的人雖然死了，也必復活。」基督徒傾向不以自己的思想，而是以靈魂或精神發言。然而靈魂與精神之間如果有區別，是什麼樣的區別猶未可知。這兩個實體除了是思想之外，究竟是什麼，也不清楚。

2. 《哥林多前書》第十五章第四二至五三節。

3. 相信輪迴的人可能會說回來的是你的靈魂或意識。但這些如果不是你通常認為的心智，究竟是什麼則不得而知。

4. Buswell 2013: 49-50, 708-709.

5. 在拙著《論欲望：為何人類欲其所欲》（2006）中，我詳細探討了此現象。

6. Graziano 2016.

7. 他怎麼獲得挖掘許可，或者他是否有申請挖掘許可，都不得而知。或許墓地被遷移了？

8. Motter 1898, 203.

9. Palmer 2014.

10. Loeffler 2002, 162.

11. Hamilton 1996, 87.

12. Coyne 2012.

13. 在創造受精卵時，母親和父親的貢獻並不平等。父親全部的貢獻就是 23 對染色體，而母親除了貢獻染色體外，還包括細胞的其他部分。她也貢獻了該細胞粒線體的 DNA。當我們發現在極其罕見的情況下，卵細胞可以在不加入男性 DNA 的情況下發展成一個人，它所扮演的主要角色就變得更加清晰。見 Strain 1995。因此可以斷定，死後細胞依舊存活的是母親，父親只是在促進細胞永生中發揮了作用。

14. 如我們所知，你攜帶兩套不同的 DNA，其中一套位於你的細胞核中，另一套位於你的粒線體中。你基因組的完整描述將包括關於這兩種 DNA 的資訊。

15. 雖然還沒有複製人成功，但這種事很可能有朝一日會發生。關於複製，有一點要提醒的是：要「完美」地複製自己，你必須複製你的細胞核 DNA 和粒線體 DNA。

第二十章

1. 1983 年，公尺的定義做了調整，以求該數字準確無誤。一公尺的定義為光在真空中，於 1/299,792,458 秒內行進的距離。

2. Smolin 1979, 39.

3. Rig Veda 10:121.

4. 11 世紀的修士馬爾穆蒂耶的高尼羅（Gaunilo of Marmoutier）攻擊了本體論論點。他指出，如果按照安瑟莫的說法，我們把「完美之島」定義為無法想像比它更大的島嶼，就能夠證明完美的島嶼存在──但它顯然不存在。邏輯學家隨後提出，由於假設存在是一種屬性，就像無所不知和無所不能一樣，使得本體論爭論誤入歧途。因為它其實是一種必須先具備才能擁有屬性的條件。

5. 在《創世紀》第二章中，我們獲悉上帝把亞當放在伊甸園中（《創世紀》2：8），這表示伊甸園比亞當先存在。我們還獲悉，上帝之所以把亞當放在那裡，是因為他可以在花園裡工作，並照顧花園。見《創世紀》2：15。

6. 《出埃及記》16:3。

7. Bostrom 2003.

8. 天空是藍色的，因為大氣中微小的 N_2 和 O_2 分子散射藍光。當你往沒有太陽的地方看去時，就會看到散射光，所以天空看上去是藍色的。但當然，這個答案並沒有徹底解決問題。例如，我們接下來遭遇的問題是，為什麼大氣中含有 N_2 和 O_2 分子，為什麼光會散射，以及為什麼分子和光存在，等等。

引文出處

"Abundance in Earthwedsite's Crust of the Elements." N.d. Wolfram Research's PeriodicTable website, http://periodictable.com/Properties/A/CrustAbundance.v.log.html.

Ackermann, Rebecca Rogers, et al. 2016. "The Hybrid Origin of 'Modern' Humans." *Evolutionary Biology* 41(1):1-11

Aebersold, Paul C. 1954. "Radioisotopes-New Keys to Knowledge." *Annual Report of the Board of Regents of the Smithsonian Institution: 1953.* Washington, DC: United States Government Printing Office, 219-240.

Ainsworth, Claire. 2015. "Sex Redefined." *Nature* 518(7539): 288-291.

Alberts, Bruce, et al. 2002. *Molecular Biology of the Cell.* 4th edition. New York: Garland Science.

Alcock, Joe, et al. 2014. "Is Eating Behavior Manipulated by the Gastrointestinal Microbiota? Evolutionary Pressures and Potential Mechanisms." *BioEssays* 36(10): 940-949.

Alexander, Robert M. 2004. "Bipedal Animals, and Their Differences from Humans." *Journal of Anatomy* 204(5): 321-330.

Ankel-Simons, Friderun, et al. 1996. "Misconceptions about Mitochondria and Mammalian Fertilization: Implications for Theories on Human Evolution." *PNAS* 93(24): 13859-13863.

Arnold, Carrie. 2014. "Evolving with a Little Help from Our Friends." *Quanta Magazine* website, June 4, https://www.quantamagazine.org/20140604-evolving-with-a-little-help-from-our-friends/.

Arnold, Carrie. 2016. "Virus Pumps up Male Muscles——In Mice." *Nature News* website, September 12, http://www.nature.com/news/virus-pumps-up-male-muscles-in-mice-1.20574.

Aron, Jacob. 2015. "DNA in Glass——The Ultimate Archive." *New Scientist* 225(3008): 15.

"Astronomers Find Sun's 'Long-Lost Brother', Pave Way for Family Reunion." 2014. *Astronomy Magazine* website, May 13, http://www.astronomy.com/news/2014/05/astronomers-find-suns-long-lost-brother-pave-way-for-family-reunion.

Balaresque, Patricia, et al. 2015. "Y-chromosome Descent Clusters and Male Differential Reproductive Success: Young Lineage Expansions Dominate Asian Pastoral Nomadic Populations." *European Journal of Human Genetics* 23: 1413-1422.

Ball, Philip. 2003. "Water: The Molecule of Life." An Interview by "Astrobio" for *Astrobiology Magazine*, May 7, https://www.astrobio.net/origin-and-evolution-of-life/water-the-molecule-of-life/.

Balter, Michael. 2014. "How Farming Reshaped Our Genomes." *Science* website, January 26, http://www.sciencemag.org/news/2014/01/how-farming-reshaped-our-genomes.

Barras, Colin. 2013. "Deep Life: Biology's Final Frontier." *New Scientist* 218(2914):36-39.

Barton, Fiona. 2008. "Shock for the Married Couple Who Discovered They Are Twins Separated at Birth." *Daily Mail* website, January 11, http://www.dailymail.co.uk/news/article-507588/Shock-married-couple-discovered-twins-separated-birth.html.

Bellows, Sierra. 2008. "The Hair Detective." *University of Virginia Magazine*, Summer, http://uvamagazine.org/articles/the_hair_detective/.

Benner, Steven A., et al. 2004. "Is There a Common Chemical Model for Life in the Universe?" *Current Opinion in Chemical Biology* 8(6):672-689.

Bertone, Matthew A., et al. 2016. "Arthropods of the Great Indoors: Characterizing Diversity inside Urban and Suburban Homes." *PeerJ*, January 19, https://peerj.com/articles/1582/.

Bianconi, Eva, et al. 2013. "An Estimation of the Number of Cells in the Human Body." *Annals of Human Biology* 40(6):463-471.

Biello, David. 2008. "That Burger You're Eating Is Mostly Corn." *Scientific American* website, November 12, http://www.scientificamerican.com/article/that-burger-youre-eating-is-mostly-corn/.

Björn, Lars Olof, and G. Govindjee. 2009. "The Evolution of Photosynthesis and Chloroplasts." *Current Science* 96(11):1466-1474.

Bohannon, John. 2016. "Biologists Are Close to Reinventing the Genetic Code of Life." *Science* website, August 18, http://www.sciencemag.org/news/2016/08/biologists-are-close-reinventing-genetic-code-life.

Borgonie, Gaetan, et al. 2011. "Nematoda from the Terrestrial Deep Subsurface of South Africa." *Nature* 474(7349):79-82.

Bostrom, Nick. 2003. "Are You Living in a Computer Simulation?" *Philosophical Quarterly* 53(211):243-255.

Brucker, Robert, and Seth Bordenstein. 2013. "The Hologenomic Basis of Speciation: Gut

Bacteria Cause Hybrid Lethality in the Genus Nasonia." *Science* 341(6146):667-669.

Buswell, Robert E., and Donald S. Lopez. 2013. *The Princeton Dictionary of Buddhism*. Princeton, NJ: Princeton University Press.

Butterfield, Nicholas J. 2000. "*Bangiomorpha pubescens* n. gen., n. sp.: Implications for the Evolution of Sex, Multicellularity, and the Mesoproterozoic/Neoproterozoic Radiation of Eukaryotes." *Paleobiology* 26(3):386-404.

Carter, Chelsea J. 2012. "Secret Revealed: Ohio Woman Unknowingly Married Father." CNN website, September 23, http://www.cnn.com/2012/09/21/us/ohio-woman-marries-father/.

Cassidy, Lara M., et al. 2016. "Neolithic and Bronze Age Migration to Ireland and Establishment of the Insular Atlantic Genome." *PNAS* 113(2):368-373

Chatterjee, Prata. 2015. "Drone Pilots Are Quitting in Record Numbers." *Mother Jones* website, March 5, http://www.motherjones.com/politics/2015/03/drone-pilots-are-quitting-record-numbers.

Chawla, Dalmeet Singh. 2014. "Bacteria on Pubic Hair Could Be Used to Identify Rapists." *Science* website, December 15, http://www.sciencemag.org/news/2014/12/bacteria-pubic-hair-could-be-used-identify-rapists.

Cech, Thomas R. 2012. "The RNA Worlds in Context." *Cold Spring Harbor Perspectives in Biology* 4(7):a006742.

"The Chemical Compounds behind the Smell of Rain." N.d. Compoundchem website. http://www.compoundchem.com/2014/05/14/thesmellofrain/.

Chi, Kelly Rae. 2016. "The Dark Side of the Human Genome." *Nature* 538(7624):275-277.

Christoforou, Peter 2014. "5 Bizarre Paradoxes Of Time Travel Explained." *Astronomy Trek* website, December 20, http://www.astronomytrek.com/5-bizarre-paradoxes-of-time-travel-explained/.

Clarke, Tom. 2002. "Goldmine Yields Clues for Life on Mars." *Nature* website, December 9, http://www.nature.com/news/2002/021209/full/news021209-1.html.

Coghlan, Andy. 2014. "Amaze Balls: Testicles Site of Most Diverse Proteins." *New Scientist* website, November 6, https://www.newscientist.com/article/dn26506-amaze-balls-testicles-site-of-most-diverse-proteins/.

Conger, Krista. 2012. "Genetic Analysis of Aricient 'Iceman' Mummy Traces Ancestry from Alps to Mediterranean Isle." Stanford Medicine news center website, March 12, https://med.stanford.edu/news/all-news/2012/03/genetic-analysis-of-ancient-iceman-mummy-traces-ancestry-from-alps-to-mediterranean-isle.html.

Connor, Steve. 2008. "There's Nothing Wrong with Cousins Getting Married, Scientists Say." *Independent* website, December 23, http://www.independent.co.uk/news/science/theres-nothing-wrong-with-cousins-getting-married-scientists-say-1210072.html.

Coyne, Jerry A. 2012. "A Visit to the Grave of W. D. Hamilton." *Why Evolution Is True* blog, September 16, https://whyevolutionistrue.wordpress.com/2012/09/16/a-visit-to-the-grave-of-w-d-hamilton/.

Creager, Angela N. H. 2013. *Life Atomic: A History of Radioisotopes in Science and Medicine.* Chicago: University of Chicago Press.

Crick, Francis, and Leslie Orgel. 1973. "Directed Panspermia." *Icarus* 19:341-346.

Curnoe, Darren. 2016. "When Humans Split from the Apes." *The Conversation* website, February 21, https://theconversation.com/when-humans-split-from-the-apes-55104.

David, Lawrence A., et al. 2013. "Diet Rapidly and Reproducibly Alters the Human Gut Microbiome." *Nature* 505(7484):559-563.

Davies, Paul. 2007. "Are Aliens among Us?" *Scientific American,* 297(December):62-69.

Dawkins, Richard. 1976. *The Selfish Gene.* Oxford, UK: Oxford University Press.

Dayel, Mark J., et al. 2011. "Cell Differentiation and Morphogenesis in the Colony-Forming Choanoflagellate Salpingoeca rosetta." *Developmental Biology* 357(1):73-82.

de Graciansky, Pierre-Charles, et al. 2011. *The Western Alps, from Rift to Passive Margin to Orogenic Belt.* New York: Elsevier.

DeLeon-Rodriguez, Natasha. 2013. "Microbiome of the Upper Troposphere: Species Composition and Prevalence, Effects of Tropical Storms, and Atmospheric Implications." *PNAS* 110(7):2575-2580.

Dell'Amore, Christine. 2012. "Women Can Make New Eggs After All, Stem-Cell Study Hints." *National Geographic* website, March 1, http://news.nationalgeographic.com/news/2012/02/120229-women-health-ovaries-eggs-reproduction-science/.

de Queiroz, Kevin. 2007. "Toward an Integrated System of Clade Names." *Systematic Biology,* 56(6):956-974.

Dickson, Robert P., and Gary B. Huffnagle. 2015. "The Lung Microbiome: New Principles for Respiratory Bacteriology in Health and Disease." *PLoS Pathogens.* 11(7), July 9, http://journals.plos.org/plospathogens/article?id=10.1371/journal.ppat.1004923.

Dillon, Patrick F. 2012. *Biophysics: A Physiological Approach.* Cambridge, UK: Cambridge University Press.

Dodd, Scott. 2008. "DMS: The Climate Gas You've Never Heard Of." *Oceanus* 46(3).

Durant, Will, and Ariel Durant. 1963. *The Story of Civilization: The Age of Louis XIV, 1648-1715*. New York: Simon and Schuster.

"Earth's Gold Game from Colliding Dead Stars." 2013. Harvard-Smithsonian Center for Astrophysics website, July 17, https://www.cfa.harvard.edu/news/2013-19.

Ehrenberg, Rachel. 2015. "Microbes May Be a Forensic Tool for Time of Death." *Science News* blog, July 22, https://www.sciencenews.org/blog/culture-beaker/microbes-may-be-forensic-tool-time-death.

Elhaik, Eran. 2014. "Geographic Population Structure Analysis of Worldwide Human Populations Infers Their Biogeographical Origins." *Nature Communications* 5:3513.

Elzanowski, Andrzej(Anjay), and Jim Ostell. 2016. "The Genetic Codes." National Center for Biological Information website, April 30, http://www.ncbi.nlm.nih.gov/Taxonomy/Utils/wprintgc.cgi.

Engelhaupt, Erika. 2015. "You're Surrounded by Bacteria That Are Waiting for You to Die." *Gory Details* blog, December 12, http://phenomena.nationalgeographic.com/2015/12/12.youre-surrounded-by-bacteria-that-are-waiting-for-you-to-die/.

Engelhaupt, Erika. 2016. "See the Ugly Beauty That Lives in a Toxic Cave. *Gory Details* blog, June 6, http://phenomena.nationalgeographic.com/2016/06/03/see-the-ugly-beauty-that-lives-in-a-toxic-cave/.

Ettema, Thijs J. G. 2016. "Mitochondria in the Second Act." *Nature* 531(7592):39-40.

Extance, Andy. 2016. "How DNA Could Store All the World's Data." *Nature* 537(7618):22-24.

Fan, Yuxin. 2002. "Genomic Structure and Evolution of the Ancestral Chromosome Fusion Site in 2q13-2q14.1 and Paralogous Regions on Other Human Chromosomes." *Genome Research* 12(11):1651-1662.

Fields, R. Douglas. 2008. "Are Whales Smarter Than We Are?" *Scientific American* news blog, January 15, http://blogs.scientificamerican.com/news-blog/are-whales-smarter-than-we-are/.

Fox, Douglas. 2015. "Scientists Drill through 2,400 Feet of Antarctic Ice for Climate Clues." *Scientific American* website, January 16, https://www.scientificamerican.com/article/scientists-drill-through-2-400-feet-of-antarctic-ice-for-climate-clues/.

Frazer, Jennifer. 2015. "Two-Billion-Year-Old Fossils Reveal Strange and Puzzling Forms." *Scientific American* news blog, January 29, http://blogs.scientificamerican.com/artful-amoeba/two-billion-year-old-fossils-reveal-strange-and-puzzling-forms/.

Freitas, Robert A., Jr. 1998. "Nanomedicine." Foresight Institute website, http://www.foresight. org/Nanomedicine/Ch03_1.html.

"Generation Length." 2015. International Society of Genetic Genealogy wiki, January 15, http:// isogg.org/wiki/Generation_length.

Genge, Matthew J., et al. 2017. "An Urban Collection of Modern-Day Large Micrometeorites: Evidence for Variations in the Extraterrestrial Dust Flux through the Quaternary." *Geology* 45(2):119-122.

Gibbons, Ann. 2011. "The Species Problem." *Science* 331(6013):394.

Gibbons, Ann. 2015a. "How Europeans Evolved White Skin." *Science* website, April 2, http:// www.sciencemag.org/news/2015/04/how-europeans-evolved-white-skin.

Gibbons, Ann. 2015b. "Trove of Teeth from Cave Represents Oldest Modern Humans in China." *Science* 350(6258):264.

Gilbert, Jack A., and Josh D. Neufeld. 2014. "Life in a World without Microbes." *PLoS Biology* 12 (12), December 16, http://journals.plos.org/plosbiology/article?id=10.1371%2Fjournal. pbio.1002020.

Gill, Erin E., and Fiona S. L. Brinkman. 2011. "The Proportional Lack of Archaeal Pathogens: Do Viruses/Phages Hold the Key?" *BioEssays* 33(4):248-254.

Glasco, Derrick M. 2016. "Beyond the DNA-Protein Paradox: A 'Clutch' of Other Chicken-Egg Paradoxes in Cell and Molecular Biology." *Answers Research Journal* 9: 209-227.

Goldman, Bruce. 2016. "Gut Bust: Intestinal Microbes in Peril." Stanford Medicine website, http://stanmed.stanford.edu/2016spring/gut-bust.html.

Gombay, Katherine. 2016. "Nearing the Limits of Life on Earth." McGill University website, January 19, https://www.mcgill.ca/newsroom/channels/news/nearing-limits-life-earth-257865.

Gordon, Kara. 2014. "The Pope's Views on Evolution Haven't Really Evolved." *The Atlantic* website, October 30, http://www.theatlantic.com/national/archive/2014/10/pope-francis-evolution/382143/.

Graziano, Michael. 2016. "Why You Should Believe in the Digital Afterlife." *The Atlantic* website, July 14, https://www.theatlantic.com/science/archive/2016/07/what-a-digital-afterlife-would-be-like/491105/.

Green, Richard E., et al. 2010. "A Draft Sequence of the Neandertal Genome." *Science* 328(5979):710-722.

Greenwood, Veronique. 2016. "A Secret Flexibility Found in Life's Blueprints," *Quanta Magazine* website, April 26, https://www.quantamagazine.org/20160426-one-gene-many-proteins/.

Grens, Kerry. 2014. "The Maternal Microbiome." *The Scientist* website, May 21, http://www.thescientist.com/?articles.view/articleNo/40038/title/The-Maternal-Microbiome/.

Grossman, Lisa. 2010. "Underground Oasis Found Below Earth's Driest Desert." *New Scientist* website, February 18, https://www.newscientist.com/article/dn21497-underground-oasis-found-below-earths-driest-desert/.

Hales, Dinah F. 2002. "Lack of Detectable Genetic Recombination on the X Chromosome During the Parthenogenetic Production of Female and Male Aphids." *Genetics Research* 79:203-209.

Hamilton, W. D. 1996. "My Intended Burial and Why." In *Narrow Roads of Gene Land: The Collected Papers of W. D. Hamilton*. Volume 3. New York: W. H. Freeman.

Hamzelou, Jessica. 2015. "Don't Give Me That Crap." *New Scientist* 225(3008):8-9.

Harris,J.R. 1991. "Hypothesis:The Evolution of Placental Mammals." *FEBS Letters* 295(1-3):3-4.

Haub, Carl. 2011. "How Many People Have Ever Lived on Earth?" *Population Research Bureau* website, http://www.prb.org/publications/Articles/2002/HowManyPeopleHaveEverLivedonEarth.aspx.

Hazen, Robert. 2014. "Mineral Fodder." *Aeon* website, June 24, https://aeon.co/essays/how-life-made-the-earth-into-acosmic-marvel.

Hein, Jotun. 2004. "Human Evolution: Pedigrees for All Humanity." *Nature* 431(7008):518-519.

Hentschel, Ute, et al. 2012. "Genomic Insights into the Marine Sponge Microbiome." *Nature Reviews Microbiology* 10(9):641-654.

Hinch, Anjali G., et al. 2014. "Recombination in the Human Pseudoautosomal Region PAR1." *PLoS Genetics* 10(7), July 17, http://journals.plos.org/plosgenetics/article?id=10.1371/journal.pgen.1004503.

Hobbs, Bernie. 2015. "Chemistry: Not As Easy as A + B → C." *ABC Science* website, May 25, http://www.abc.net.au/science/articles/2015/05/25/4229949.htm.

Horan, Richard D., et al. 2005. "How Trade Saved Humanity from Biological Exclusion: An Economic Theory of Neanderthal Extinction." *Journal of Economic Bebavior & Organization* 58(1):1-29.

Hublin, Jean-Jacques, et al. 2017. "New Fossils from Jebel Irhoud, Morocco and the Pan-African Origin of Homo sapiens." *Nature* 546(7657):289-292.

Huerta-Sánchez, Emilia, et al. 2014. "Altitude Adaptation in Tibetans Caused by Introgression of Denisovan-like DNA." *Nature* 512(7513):194-197.

Hutchison, Clyde A., III, et al. 2016. "Design and Synthesis of a Minimal Bacterial Genome." *Science* 351(6280):1414-1424.

Irvine, William B. 2006. *On Desire: Why We Want What We Want.* New York: Oxford University Press.

Irvine, William B. 2015. *Aha! The Moments of Insight That Shape Our World.* New York: Oxford University Press.

Jacob, Francois. 1977. "Evolution and Tinkering." *Science* 196(4295):1161-1166.

Jukes, T. H., and S. Osawa. 1990. "The Genetic Code in Mitochondria and Chloroplasts." *Experientia* 46(11-12):1117-1126.

Kembel, Steven W., et al. 2014. "Relationships between Phyllosphere Bacterial Communities and Plant Functional Traits in a Neotropical Forest." *PNAS* 111(38):13715-13720.

Kindlmann, Pavel, et al. 1989. "Developmental Constraints in the Evolution of Reproductive Strategies: Telescoping of Generations in Parthenogenetic Aphids." *Functional Ecology* 3(5):531-537.

Kirkby, Jasper, et al. 2016. "Ion-induced Nucleation of Pure Biogenic Particles." *Nature* 533(7604):521-526.

Kirschner, Marc W., et al. 2005. *The Plausibility of Life: Resolving Darwin's Dilemma.* New Haven, CT: Yale University Press.

Kolbe, J. J., et al. 2012. "Founder Effects Persist Despite Adaptive Differentiation: A Field Experiment with Lizards." *Science* 335:1086-1089.

Kuban, Glen J. N.d. "The Texas Dinosaur/'Man Track' Controversy." *The TalkOrigins* website, http://www.talkorigins.org/faqs/paluxy.html.

Lane, Nick. 2006. *Power, Sex, Suicide: Mitochondria and the Meaning of Life.* Oxford, UK: Oxford University Press.

Lane, Nick. 2009. *Life Ascending: The Ten Great Inventions of Evolution.* New York: W. W. Norton.

Lanier, Shannon. 2000. "Book Discussion on Jefferson's Children: The Story of One American Family." An interview with C-SPAN, October 16, http://www.c-span.org/video/?160092-1/

book-discussion-jeffersons-children-story-one-american-family.

Lehman, Niles. 2015. "RNA Self-assembly: Cooperation at the Origins of Life." YouTube video, March 25, https://www.youtube.com/watch?v=vrpADqF3VBo.

Le Page, Michael. 2017. "The Energy Generators inside Our Cells Reach a Sizzling 50°C." *New Scientist* website, May 4, https://www.newscientist.com/article/2129849-the-energy-generators-inside-our-cells-reach-a-sizzling-50c/.

Lewis, Kim. 2010. "The Uncultured Bacteria." *Small Things Considered* blog, July 12, http://schaechter.asmblog.org/schaechter/2010/07/the-uncultured-bacteria.html.

Llorente, M. Gallego, et al. 2015. "Ancient Ethiopian Genome Reveals Extensive Eurasian Admixture in Eastern Africa." *Science* 350(6262):820-822.

Loeffler, Jack. 2002. *Adventures with Ed: A Portrait of Abbey.* Albuquerque: University of New Mexico Press.

Lofholm, Nancy. 2007. "Mule's Foal Fools Genetics with 'Impossible' Birth." *Denver Post* website, July 26, http://www.denverpost.com/news/ci_6464853/mule-foal-fools-genetics-impossible-birth.

Loury, Erin. 2012. "The Origin of Blond Afros in Melanesia." *Science* website, May 3, http://www.sciencemag.org/news/2012/05/origin-blond-afros-melanesia.

Love, Stanley G. and Donald R. Pettit. 2004. "Fast, Repeatable Clumping of Solid Particles in Microgravity." *Lunar and Planetary Science* 35:1119.

Lyons, Timothy W., et al. 2014. "The Rise of Oxygen in Earth's Early Ocean and Atmosphere." *Nature* 506(7488):307-315.

Magadum, Santoshkumar, et al. 2013. "Gene Duplication as a Major Force in Evolution." *Journal of Genetics* 92(1):155-161.

Main, Douglas. 2014. "Galapagos Giant Tortoise Brought Back from Brink of Extinction." *Newsweek* website, October 28, http://www.newsweek.com/galapagos-giant-tortoise-brought-back-brink-extinction-280593.

Manriquea, Pilar, et al. 2016. "Healthy Human Gut Phageome." *PNAS* 113(37):10400-10405

Marino, Lori, et al. 2007. "Cetaceans Have Complex Brains for Complex Cognition." *PLoS Biology* 5 (5), May 15, http://journals.plos.org/plosbiology/article?id=10.1371/journal.pbio.0050139.

Martin, William F., et al. 2014. "Energy at Life's Origin." *Science* 344(6188):1092-1093.

McCall, A. Scott, et al. 2014. "Bromine Is an Essential Trace Element for Assembly of Collagen

IV Scaffolds in Tissue Development and Architecture." *Cell* 157(6):1380-1392.

McGowan, Kat. 2014. "Where Animals Come From." *Quanta Magazine* website, July 29, https://www.quantamagazine.org/20140729-where-animals-come-from/.

Meganathan, Rangaswamy. N.d. "What Causes the Characteristic Smell of Soil?" Northern Illinois University website, http://niu.edu/biology/about/faculty/meganathan/smell-of-soil.shtml.

Meyer, Thomas J., et al. 2017. "Endogenous Retroviruses: With Us and against Us." *Frontiers in Chemistry* website, April 7, https://www.ncbi.nlm.nih.gov/pubmed/28439515.

Mikhail, Sami, and Dimitri A. Sverjensky. 2014. "Nitrogen Speciation in Upper Mantle Fluids and the Origin of Earth's Nitrogen-Rich Atmosphere." *Nature Geoscience* 7:816-819.

Mole, Beth. 2014. "Triclosan May Spoil Wastewater Treatment." *Science News* website, June 19, https://www.sciencenews.org/article/triclosan-may-spoil-wastewater-treatment.

Monbiot, George. 2014. "Why Whale Poo Matters." *Guardian* website, December 12, https://www.theguardian.com/environment/georgemonbiot/2014/dec/12/how-whale-poo-is-connected-to-climate-and-our-lives.

Mora, Camilo, et al. 2011. "How Many Species Are There on Earth and in the Ocean?" *PLoS Biology*, August 23, http://journals.plos.org/plosbiology/article/asset?id=10.1371%2Fjournal.pbio.1001127.PDF.

Moran, Laurence A. 2010. "On the Origin of the Double Membrane in Mitochondria and Chloroplasts." *Sandwalk: Strolling with a Skeptical Biochemist* website, http://sandwalk.blogspot.com/2010/06/on-origin-of-double-membrane-in.html.

Morgan, M. H., et al. 2013. "Protective Buttressing of the Human Fist and the Evolution of Hominin Hands." *Journal of Experimental Biology* 216(2): 236-244.

Motter, Murray G. 1898. "A Contribution to the Study of the Fauna of the Grave." *Journal of the New York Entomological Society*, 6(4): 201-231.

Muller, Derek, 2012. "Are You Lightest in the Morning?" *Veratisium: An Element of Truth* blog, February 11, https://www.youtube.com/watch?v=1L2corWvjKI.

"Names." N.d. Open Domesday website, http://opendomesday.org/name/?indexChar=R.

Narayana, Anusha, et al. 2016. "Contrasting Responses within a Single Neuron Class Enable Sex-Specific Attraction in Caenorhabditis elegans." *PNAS* 113(10):E1392-E1401.

Nee, Sean. 2016. "How Many Genes Does It Take to Make a Human?" *Real Clear Science* website, October 18, http://www.realclearscience.com/articles/2016/10/19/how_many_

genes_does_it_take_to_make_a_human_109785.html.

"New App Urges Icelanders to 'Bump the App Before You Bump in Bed.'" 2013. *Gadgets* website, April 19, http://gadgets.ndtv.com/apps/news/new-app-urges-icelanders-to-bump-the-app-before-you-bump-in-bed-356344.

"Nomenclature of Inbred Mice." N.d.Jackson Laboratory website, https://www.jax.org/jax-mice-and-services/customer-support/technical-support/genetics-and-nomenclature/inbred-mice.

"Not Smith and Jones —— Rare British Surnames on the Cusp of Extinction." 2011. *My Heritage* blog, April 26, http://blog.myheritage.com/2011/04/rare-british-surnames/.

Nowogrodzki, Anna. 2017. "How to Build a Human Cell Atlas." *Nature* 547(7661):24-26.

"Nucleosynthesis." 1998-2018. *The Physics Hypertextbook* website, http://physics.info/nucleosyn-thesis/.

Nunes-Alves, Cláudio. 2016. "Add the Microbiota to Your Birth Plan." *Nature Reviews Microbiology* 14(3):131.

Ostwald, Madeleine M., et al. 2016. "The Behavioral Regulation of Thirst, Water Collection and Water Storage in Honey Bee Colonies. "*Journal of Experimental Biology* 219(14):2156-2165.

Palmer, Chris. 2014. "The Necrobiome." *The Scientist* website, February 1, http://www.the-scientist.com/?articles.view/articleNo/38946/title/The-Necrobiome/.

Parton, Ash, et al. 2015. "Alluvial Fan Records from Southeast Arabia Reveal Multiple Windows for Human Dispersal." *Geology* 43(4):295-298.

Perkins, Sid. 2013. "Baseball Players Reveal How Humans Evolved to Throw So Well." *Nature News* website, June 26, http://www.nature.com/news/baseball-players-reveal-how-humans-evolved-to-throw-so-well-1.13281.

"Plants Prepackage Beneficial Microbes in Their Seeds." 2014. *ScienceDaily* website, September 29, www.sciencedaily.com/releases/2014/09/140929180055.htm.

Pobiner, Briana. 2016. "Meat-Eating among the Earliest Humans." *American Scientist* 104(2):110-117.

Prüfer, Kay, et al. 2012. "The Bonobo Genome Compared with the Chimpanzee and Human Genomes." *Nature* 486(7404):527-531.

Pugach, Irina. 2013. "Genome-wide Data Substantiate Holocene Gene Flow from India to Australia." *PNAS* 110(5):1803-1808.

Quinn, Helen. 2013. "How Ancient Collision Shaped New York Skyline." *BBC Science* website,

June 7, http://www.bbc.com/news/science-environment-22798563.

Quirk, Trevor. 2013. "How a Microbe Chooses among Seven Sexes." *Nature* website, March 27, http://www.nature.com/news/how-a-microbe-chooses-among-seven-sexes-1.12684.

Ratnarajah, Lavenia, et al. 2014. "Bottoms Up: How Whale Poop Helps Feed the Ocean." *Science Alert* website, August 11, http://www.sciencealert.com/bottoms-up-how-whale-poop-helps-feed-the-ocean.

Raymann, Kasie, et al. 2017. "Unexplored Archaeal Diversity in the Great Ape Gut Microbiome." *mSphere* 2(1):1-12.

Reece, Jane B., et al. 2014. *Campbell Biology*. 10th edition. Boston: Pearson.

Reich, David, et al. 2010. "Genetic History of an Archaic Hominin Group from Denisova Cave in Siberia." *Nature* 468(7327):1053-1060.

Rensberger, Boyce. 1996. *Life Itself: Exploring the Realm of the Living Cell*. New York: Oxford University Press.

Reservation of Coal and Mineral Rights, 43 U.S.C. §299(1993).

Ridaura, Vanessa K., et al. 2013. "Gut Microbiota from Twins Discordant for Obesity Modulate Metabolism in Mice." *Science* 341(6150):1069-1070.

Roach, Neil T., et al. 2013. "Elastic Energy Storage in the Shoulder and the Evolution of High-Speed Throwing in Homo." *Nature* 498(7455):483-487.

Rogers, Alan R. et al. 2004. "Genetic Variation at the MCIR Locus and the Time Since Loss of Human Body Hair." *Current Anthropology* 45(1):105-108.

Rogier, Eric W., et al. 2014. "Secretory Antibodies in Breast Milk Promote Long-Term Intestinal Homeostasis by Regulating the Gut Microbiota and Host Gene Expression." *PNAS* 111 (8):3074-3079.

"Romance Languages." 2017. *Wikipedia: The Free Encyclopedia*, August 12, https://en.wikipedia.org/wiki/Romance_languages.

Rose, C., et al. 2015. "The Characterization of Feces and Urine: A Review of the Literature to Inform Advanced Treatment Technology." *Critical Reviews in Environmental Science and Technology* 45(17):1827-1879.

Ross, Robert M. 1978. "Reproductive Behavior of the Anemonefish *Amphiprion melanopus* on Guam." *Copeia* 1978(1):103-107.

Rumble, Douglass, et al. 2013. "The Oxygen Isotope Composition of Earth's Oldest Rocks and Evidence of a Terrestrial Magma Ocean." *G3: Geochemistry, Geophysics, Geosystems*

14(6):1929-1939.

Sakamoto, M., et al. 2016. "Dinosaurs in Decline Tens of Millions of Years before Their Final Extinction." *PNAS* 113(18):5036-5040.

Salvini-Plawen, L. V., et al. 1977. "On the Evolution of Photoreceptors and Eyes." *Evolutionary Biology* 10:207-263.

Schrag, Daniel P., et al. 2002. "On the Initiation of a Snowball Earth." *Geochemistry, Geophysics, Geosystems* 3(6):1-21. http://www.snowballearth.org/pdf/Schrag_2002.pdf.

Scudellari, Megan. 2014. "The Sex Paradox." *The Scientist* website, July 1, http://www.the-scientist.com/?articles.view/articleNo/40333/title/The-Sex-Paradox/.

Seid, Marc A., et al. 2011. "The Allometry of Brain Miniaturization in Ants." *Brain, Behavior and Evolution.* 77(1):5-13.

Sender, Ron, et al. 2016. "Revised Estimates for the Number of Human and Bacteria Cells in the Body." *bioRxiv* website, January 6, http://biorxiv.org/content/early/2016/01/06/036103.

"Sex Change in Fish Found Common." 1984. *New York Times* website, December 4, http://www.nytimes.com/1984/12/04/science/sex-change-in-fish-found-common.html.

Singer, Emily. 2014 "In Bees, a Hunt for Roots of Social Behavior." *Quanta Magazine* website, May 6, https://www.quantamagazine.org/20140505-in-bees-a-hunt-for-the-roots-of-social-behavior/.

Singer, Emily. 2016a. "How Neanderthal DNA Helps Humanity." *Quanta Magazine* website, May 26, https://www.quantamagazine.org/20160526-neanderthal-denisovan-dna-modern-humans/.

Singer, Emily, 2016b. "In Newly Created Life-Form, a Major Mystery." *Quanta Magazine* website, March 24, https://www.quantamagazine.org/20160324-in-newly-created-life-form-a-major-mystery/.

Slack, Jonathan. 2014. "A Twist of Fate." *The Scientist* website, March 1, http://www.the-scientist.com/?articles.view/articleNo/39241/title/A-Twist-of-Fate/.

Smolin, Lee. 1979. *The Life of the Cosmos*. New York: Oxford University Press.

Sockol, Michael D., et al. 2007. "Chimpanzee Locomoter Energetics and the Origin of Human Bipedalism." *PNAS* 104(30):12265-12269.

Sokol, Joshua. 2017. "A New Blast May Have Forged Cosmic Gold." *Quanta Magazine* website, March 23, https://www.quantamagazing.org/did-neutron-stars-or-supernovas-forge-the-universes-supply-of-gold-20170323.

Spalding, Kirsty L., et al. 2005. "Retrospective Birth Dating of Cells in Humans." *Cell* 122:133-143.

Strain, Lisa, et al. 1995. "A Human Parthenogenetic Chimaera." *Nature Genetics* 11(2):164-169.

Surridge, Christopher. 2003. "Ginkgo Is Living Fossil." *Nature* website, June 19, http://www.nature.com/news/2003/030619/full/news030616-9.html.

Tachon, Gaelle, et al. 2014. "Discordant Sex in Monozygotic XXY/XX Twins: A Case Report." *Human Reproduction* 29(12):2814-2820.

Tattersall, Ian. 2015. "Reimagining Humanity." *The Scientist* website, June 1, http://www.the-scientist.com/?articles.view/articleNo/43061/title/Reimagining-Humanity/.

Thomas, David. 2015. "What Other Animals Walk Upright with a Vertical Spine Like Humans?" *Quora* website, January 23, https://www.quora.com/What-other-animals-walk-upright-with-a-vertical-spine-like-humans.

"The Time I Accidentally Married My Cousin." 2013. *A Charleston Accent* blog, September 26, http://acharlestonaccent.com/beautiful-places/2013/9/26/the-time-i-accidentally-married-my-cousin.

Trager, Rebecca. 2016. "Fungi Eat Up Old Batteries and Spit Out Metals." *Chemistry World* website, August 23, https://www.chemistryworld.com/news/fungi-eat-up-old-batteries-and-spit-out-metals/1017317.article.

Tudge, Colin. 1996. *The Time before History: 5 Million Years of Human Impact*. New York: Scribner.

Twilley, Nicola, et al. 2016. "Why the Calorie Is Broken." *Real Clear Science* website, January 26, http://www.realclearscience.com/articles/2016/01/26/why_the_calorie_is_broken_109521.html.

United States Department of Agriculture. 2003. *Agriculture Fact Book: 2001-2002*.

United States Department of Agriculture. 2017. "World Agricultural Supply and Demand Estimates." September 12, https://www.usda.gov/oce/commodity/wasde/latest.pdf.

Valley, John W., et al. 2014. "Hadean Age for a Post-Magma-Ocean Zircon Confirmed by Atom-Probe Tomography." *Nature Geoscience* 7:219-223.

Vernot, Benjamin. 2016. "Excavating Neandertal and Denisovan DNA from the Genomes of Melanesian Individuals." *Science* 352(6282):235-239.

Wade, Nicholas, 2016. "Meet Luca, the Ancestor of All Living Things." *New York Times* website, July 25, http://www.nytimes.com/2016/07/26/science/last-universal-ancestor.html.

Walls, Jerry G. N.d. "Breeding Anoles." *Reptiles Magazine* website, http://www.reptilesmagazine.com/Breeding-Lizards/Breeding-Anoles/.

Wang, Huai, et al. 2015. "Evidence That the Origin of Naked Kernels during Maize Domestication Was Caused by a Single Amino Acid Substitution in tgai." *Genetics* 200(3):965-974.

Wang, Xu, et al. 2015. "Antibiotic Use and Abuse: A Threat to Mitochondria and Chloroplasts with Impact on Research, Health, and Environment." *BioEssays* 37(10):1045-1053.

Weiss, Madeline C., et al. 2016. "The Physiology and Habitat of the Last Universal Common Ancestor." *Nature Microbiology* 1(16116).

White, Rosalind V. 2002. "Earth's Biggest 'Whodunnit': Unravelling the Clues in the Case of the End-Permian Mass Extinction." *Philosophical Transactions of the Royal Society of London Series A* 360(1801):2963-2985.

Wichura, Henry, et al. 2015. "A 17-My-Old Whale Constrains Onset of Uplift and Climate Change in East Africa. *PNAS* 112(13):3910-3915.

Wilkinson, Emma. 2008. "Cousin Marriage: Is It a Health Risk?" *BBC News* website, May 16, http://news.bbc.co.uk/2/hi/health/7404730.stm.

Willbold, Marthias, et al. 2011. "The Tungsten Isotopic Composition of the Earth's Mantle before the Terminal Bombardment." *Nature* 477(7363):195-198.

Wrangham, Richard. 2009. *Catching Fire: How Cooking Made Us Human*. New York: Basic.

Yarus, Michael. 2010. *Life from an RNA World: The Ancestor Within*. Cambridge, MA: Harvard University Press.

Yong, Ed. 2016. "Breast-Feeding the Microbiome." *New Yorker Magazine* website, July 22, http://www.newyorker.com/tech/elements/breast-feeding-the-microbiome.

Young, Richard W. 2003. "Evolution of the Human Hand: The Role of Throwing and Clubbing." *Journal of Anatomy* 202(1):165-174.

Zeldovich, Lina. 2014. "These Two Guys Studied Their Feces for a Year." *The Atlantic* website, September 3, http://www.theatlantic.com/technology/archive/2014/09/these-two-guys-studied-their-feces-for-a-year/378862/.

Zhang, Yorke, et al. 2017. "A Semisynthetic Organism Engineered for the Stable Expansion of the Genetic Alphabet." *PNAS* 114(6):1317-1322.

Zhu, Chen-Tseh, et al. 2003. "Codon Usage Decreases the Error Minimization within the Genetic Code." *Journal of Molecular Evolution* 57(5):533-537.

Zihlman, Adrienne, L., et al. 2015. "Body Composition in *Pan paniscus* Compared with *Homo sapiens* Has Implications for Changes during Human Evolution." *PNAS* 112(24):7466-7471.

Zimmer, Carl. 2013. "And the Genomes Keep Shrinking…" *The Loom* website, August 23, http://phenomena.nationalgeographic.com/2013/08/23/and-the-genomes-keep-shrinking/.

Zimmer, Carl. 2016. "Scientists Unveil New 'Tree of Life.'" *New York Times* website, April 11, http://www.nytimes.com/2016/04/12/science/scientists-unveil-new-tree-of-life.html.

Zimmer, Carl. 2017. "Antarctic Ice Reveals Earth's Accelerating Plant Growth." *New York Times* website, April 5, https://www.nytimes.com/2017/04/05/science/carbon-dioxide-plant-growth-antarctic-ice.html.

Zimmer, Marc. 2015. *Illuminating Disease: An Introduction to Green Fluorescent Proteins*. New York: Oxford University Press.

Zmuda, Natalie. 2011. "Bottom's Up! A Look at America's Drinking Habits." *Advertising Age* website, June 27, http://adage.com/article/news/consumers-drink-soft-drinks-water-beer/228422/.

科學人文 75

我們為何存在，又該如何定義自己？
You: A Natural History

作　　者—威廉·歐文（William B. Irvine）
譯　　者—莊安祺
編　　者—張啟淵
封面設計—兒　日
執行企劃—林進韋

總 編 輯—胡金倫
董 事 長—趙政岷
出 版 者—時報文化出版企業股份有限公司
　　　　　108019 台北市和平西路三段二四〇號四樓
　　　　　發行專線—（〇二）二三〇六—六八四二
　　　　　讀者服務專線—〇八〇〇—二三一一七〇五·（〇二）二三〇四—七一〇三
　　　　　讀者服務傳真—（〇二）二三〇四—六八五八
　　　　　郵撥——九三四四七二四時報文化出版公司
　　　　　信箱— 10899 台北華江橋郵局第九九信箱
時報悅讀網— http://www.readingtimes.com.tw
法律顧問—理律法律事務所　陳長文律師、李念祖律師
印　　刷—勁達印刷有限公司
初版一刷—二〇二〇年六月十九日
定　　價—新台幣四五〇元
（缺頁或破損的書，請寄回更換）

時報文化出版公司成立於一九七五年，
並於一九九九年股票上櫃公開發行，於二〇〇八年脫離中時集團非屬旺中，
以「尊重智慧與創意的文化事業」為信念。

我們為何存在，又該如何定義自己？ / 威廉·歐文
（William B. Irvine）著；莊安祺譯 . – 初版 . – 臺北
市：時報文化, 2020.06
　　面；　　公分 . –（科學人文；75）
　　譯自：You: A Natural History
　　ISBN 978-957-13-8216-6

390　　　　　　　　　　　109006671

ISBN 978-957-13-8216-6
Printed in Taiwan